Mathematische Grundlagen der Informatik
Mathematisches Denken und Beweisen Eine Einführung
Sixth Edition

计算机数学基础
（第6版）

[德] 克里斯托弗·迈内尔（Christoph Meinel）
马丁·马德亨克（Martin Mundhenk）　著

季松　程峰　等译

清华大学出版社
北京

北京市版权局著作权合同登记号　图字：01-2019-6520

图书在版编目（CIP）数据

计算机数学基础：第 6 版/（德）克里斯托弗·迈内尔（Christoph Meinel），（德）马丁·马德亨克（Martin Mundhenk）著；季松等译. —北京：清华大学出版社，2022.1（2022.11重印）

（清华计算机图书译丛）

ISBN 978-7-302-57966-3

Ⅰ.①计…　Ⅱ.①克…②马…③季…　Ⅲ.①电子计算机-数学基础　Ⅳ.①TP301.6

中国版本图书馆 CIP 数据核字(2021)第 065977 号

责任编辑：龙启铭
封面设计：傅瑞学
责任校对：李建庄
责任印制：宋　林

出版发行：清华大学出版社
　　　　网　　　址：http://www.tup.com.cn, http://www.wqbook.com
　　　　地　　　址：北京清华大学学研大厦 A 座　　邮　　编：100084
　　　　社 总 机：010-83470000　　邮　　购：010-62786544
　　　　投稿与读者服务：010-62776969, c-service@tup.tsinghua.edu.cn
　　　　质量反馈：010-62772015, zhiliang@tup.tsinghua.edu.cn
印 装 者：三河市铭诚印务有限公司
经　　销：全国新华书店
开　　本：185mm×260mm　　印　张：18　　　　字　数：416 千字
版　　次：2022 年 1 月第 1 版　　　　　　　　印　次：2022 年 11 月第 2 次印刷
定　　价：69.00 元

产品编号：084651-01

译 者 序

在德国，计算机科学 (Informatik) 作为一门独立的学科，主要可以划分为理论计算机科学 (Theoretische Informatik)、实用计算机科学 (Praktische Informatik) 和技术计算机科学 (Technische Informatik) 三个门类。除此之外，许多大学还独立开设有与计算机科学相关的其他专业，包括经济信息学 (Wirtschaftsinformatik)、生物信息学 (Bioinformatik)、地理信息学 (Geoinformatik)、数字医疗 (Medieninformatik) 等跨学科的信息技术应用专业，以及人工智能、数据科学、网络空间安全等新兴数字化技术专业。德国大学对于计算机科学及所有与之相关的专业的数学要求非常高，"数学"课程几乎贯穿了专业培养的各个时期。这些课程一般都由计算机专业 (特别是理论计算机科学方向) 的教授自行开设。计算机教授根据专业自身需要设计和讲授的"数学"课显然更具针对性。

本书由德国波茨坦大学哈索·普拉特纳研究院 (Hasso Plattner Institut–HPI, Universität Potsdam) 克里斯托弗·迈内尔 (Christoph Meinel) 教授和德国耶拿大学 (Friedrich-Schiller-Universität Jena) 马丁·马德亨克 (Martin Mundhenk) 教授合作完成，是专门为帮助计算机及其相关专业第一学期新生打下良好的数学基础而设计的课程教材。迈内尔教授现任哈索·普拉特纳研究院 (HPI) 院长、波茨坦大学数字工程学部"互联网技术和系统"教席正教授 (C4)、德国计算机学会 (GI) 会士、德国国家科学工程院 (Acatech) 院士。作为德国计算机科学领域的著名学者，迈内尔教授在德国大学和科研机构有超过 40 年的教学和研究经历，成果丰硕。马德亨克教授是耶拿大学数学和计算机科学学部"复杂性理论与逻辑"教席正教授，从 20 世纪 90 年代就开始面向计算机及相关专业学生开设数学基础、离散数学、算法工程、计算复杂度、逻辑及数据结构等基础课程，在计算机科学教育，特别是理论计算机科学的教学上造诣颇深。本书第 1 版于 2000 年出版，近 20 年来在两位作者的教学实践中不断地被修订和补充，先后 6 次再版，已成为德国计算机科学基础教育的经典教材之一。

受作者以及清华大学出版社之托，我们很高兴也很荣幸地将本书的德文原版直接翻译成中文呈现给大家。我们希望本书能够成为我国计算机及相关专业学生获得专业所需的数学基础知识和培养数学思维的一本专用教材。与大家在学习中经常用到的英文版书籍不同，德语在描述科学和技术时的遣词造句更为复杂，对于非母语的读者来说很难理解透彻。在翻译过程中，我们在保证与原书思想和内容严格一致的原则下，适当调整了部分描述，使译文读起来更为顺畅和流利。书中包含大量的公式和图表，我们对部分公式和图标做了必要的处理甚至重绘，使之更符合我国高等教育的规范并同时满足相关的学科标准。尽管如此，我们意识到翻译稿距离完全贴切地体现原版的内容还有一定的距离，错误遗漏之处请广大读者原谅，并欢迎与我们沟通交流。

本书中文版的翻译、出版和发行工作得到了斯普林格出版社和清华大学出版社的大力支持，在此表示衷心的感谢！

译 者

2022 年 1 月于波茨坦

第 6 版前言

在本书的第 6 版中，我们增加了"词汇索引"。同时，该版本还进行了电子书版本的更新。此外，我们对书中存在的错误和不一致的内容进行了进一步的修订。对此，我们对广大热心读者给予的帮助致以诚挚的感谢。

Christoph Meinel

Martin Mundhenk

2015 年 5 月，波茨坦/耶拿

第 1 版前言

本书是作者之一迈内尔教授 (Christoph Meinel) 在德国特里尔大学任教时，为计算机科学专业及经济信息学专业第一学期的学生设计的全新课程。该课程的主要目的是为学生提供专业的数学知识和技能，以便他们可以掌握计算机科学及其相关专业所必需的数学基础。在完成本课程后，学生应该具备使用准确严格的数学逻辑方法来有条理地表达自己思维过程所必需的逻辑性，而这种逻辑性是从事计算机科学等信息技术相关工作不可缺少的。与其他数学课程不同的是，在本课程中，读者从开始阶段就会接触到抽象数学的思维逻辑。对于这一点，读者需要谨慎对待，认识到数学的难点有时是从一开始就会出现的。因此，本书的第一部分使用了一种非正式的"叙事"方式来介绍命题逻辑和集合论的相关概念。希望能够帮助读者在开始阶段就形成对精确的数学描述及论证一种形象的理解。该部分也会论述数学定理证明的重要性，并且通过讨论关系和映射等概念进行系统的数学思维的演练。接下来，本书的第二部分将给出计算机科学中会用到的重要数学证明技巧。例如，通过随机理论的一些应用介绍组合学中的完整归纳法、计数法等。最后，本书的第三部分将讨论一些基本的离散结构知识，例如，图论、布尔代数等。本书的最后一章将使用精确的数学思维逻辑的方法来重新阐述那些在前面几章中用非正式方式介绍过的螺旋式术语。那时，读者将已经具备了更为准确的数学直觉，其数据思维也会达到一个更高的境界，有能力在数学的海洋中不断前行。我们由衷希望这本书可以弥补广大学生或其他对计算机科学感兴趣的读者在学习过程中遇到的专用数学教材不足的缺憾，为他们能够更进一步地学习数学减少障碍。在此，我们非常感谢在本书内容教授的过程中，特里尔大学计算机科学系的学生们提出了许多建设性意见。有时候甚至是一些误解促进了我们重新思考教材的内容修订和展示风格。而我们与特里尔大学计算机科学系的同仁们都持有一个共同的观点，那就是扎实的数学基础是计算机科学以及经济信息学的必要条件。最后，我们要感谢 Jochen Bern、Benjamin Boelter、Carsten Damm、Lilo Herbst、Lothar Jost 和 Harald Sack 在本书插图和校对等工作上给予的大力支持。

Christoph Meinel

Martin Mundhenk

2000 年 2 月，特里尔

目　　录

第二部分　技术支持

第1章　绪　　论

在生活中，我们从来不需要数学定理，而只是使用数学定理从其他不属于数学的领域中推导出非数学的定理。

Tractatus logico-philosophicus, 6.211
Ludwig Wittgenstein

本章，我们将给出撰写本书的出发点，并且简要说明书中各个章节将会涉及的主题。

计算机科学作为一门系统的、并且需要尽可能自动处理信息的学科，如果没有数学的思维方式和技术作为基础，那么这门学科将不会存在。无论是算法的制定和分析，还是信息和通信技术系统与设备的构造和理解，数学的方法、抽象模型和形式描述始终起着核心的作用。因此，对数学科学中的概念、思维方式和记录方式的介绍是对那些想要成功设计或者管理计算机信息处理系统和计算机网络，或者进行软件开发，或者希望设计和实现面向未来的应用程序的所有人进行培训的基础部分。

本书面向的是所有想要深入了解计算机科学，并因此需要具备扎实的数学知识和技术的读者。除了中学高年级的那些读者，本书也希望适用于具有中等数学背景的那些读者。因此，本书会在第一部分"数学基础知识"中以非正式的、更具叙述性的风格对命题和集合论的基本数学概念进行介绍。这样做是为了让读者可以对抽象的和基本的术语形成一个更直观的认识，而不会对抽象的数学模式和论证感到茫然。事实上，我们希望读者通过本书的学习可以认识到数学思维和记录方式的更深层含义和目的，并且获得并不总是会轻松得到的学习动力。

在第 2 章"命题"中，会向读者开启数理逻辑世界的大门，并开始介绍数学的思维模式。首先会从句子开始介绍。这些句子不是"真的"就是"假的"，即所谓的命题。判断句子是真的还是假的本身通常并不是逻辑问题。相反，逻辑与命题判断的结果有关。其中，涉及检查命题联结、建立真值表和处理那些不需要判断各个组成部分的真实性，并且始终为真（重言式）或者为假（矛盾式）的特殊的命题联结。这里的描述形式对于数学科学（对事实的准确描述非常重要）来说虽然是非正式的，但是这种形式可以有效地升启对数学思维模式的介绍。在这个章节的最后，读者还可以学习到存在量词和全称量词，可以使用带有变量的命题（即所谓的命题公式）来构造句子，这些句子可以是真的，也可以是假的。

在第 3 章"集合和集合运算"中，将介绍所有有关数学集合的基本概念。使用的还是非正式的描述和论证，这是为了培养直觉，激发对更精确有效表达形式的渴望。也就是说，为了引出正式的数学记录方式。与集合概念一起介绍的还有集合联结。其中涉及一些重要的知识点，如数字，以及我们世界中的其他对象，例如，使用集合这种抽象的对象，可以进行正确"计算"。这里有固定的规则，各个操作都需要遵守这些规则，并且确定它们之间的互动。这些规则可以自动化，并且由计算机执行或者检查，然后得出我们无法感知到的关系领域中的结论。

在第 4 章"数学证明"中，讨论了数学证明的意义和目的。讨论了使用主张和事实来论证数学以及相关领域的特征的方式方法。在所有科学中，数学思维方式的独一无二性体现在了数学证明中。因此，理解这种数学证明方式，并且能够独立进行证明的能力是所有严肃数学教育的首要目标，也是本书的重点。

在第 5 章"关系"中，会讨论关系的概念。首先会对关系进行数学定义，并使用大量的示例进行说明。然后给出有关关系重要性质的命题，并且进行数学证明。读者可以通过这些证明过程，掌握如何借助数学证明来证实问题中断言的有效性。随后详细讨论了偏序关系和等价关系，并且重点介绍了等价类形成的概念。第 6 章是本书第一部分的最后一章，讨论了数学及其应用的映射和函数的主要概念。这些概念对于在集合和关系的概念世界中的归类尤为重要。

本书的第一部分介绍了数学的基本概念，通过这些概念将所介绍的抽象概念与可靠的直觉相关联，在激发使用简洁的和正式的数学表达和记录方法的动机之后，本书的第二部分将介绍基本的数学技术支持。首先，在第 7 章"数学证明方法"中，会对常用证明方法，如直接证明法、换质位法证明、反证法、个案分析证明等进行分类，并且使用大量短小示例进行演示和实践。随后，使用单独的一章 (第 8 章) 专门介绍"完全归纳法"技术，并且还使用了大量的示例来帮助读者对该技术进行消化理解，而这对于计算机科学来说尤其重要。

由于集合元素的具体性质在数学思维中的重要性，有关集合元素的数量、执行某些构造或者进行特殊选择的可能性数量迅速成为了考虑的重点。例如，要确定计算机算法的最坏情况下的复杂度，必须考虑可能的输入情况的数量。因此，第 9 章"组合计数"介绍了确定这些数量的组合技术。其中，包括了很多众所周知的有趣的数学公式，前面介绍过的证明技术正好可以用于这些数学公式的证明。随后，在一个单独的章节 (第 10 章)"离散概率论"中，计数技术会被用于检测一个随机试验中某个特定事件发生的概率。例如，计数技术在计算机科学的密码加密的安全性评估中起到了重要的作用。与随机变量的概念一起给出介绍的还有对随机试验重要参数的描述，例如，期望值和方差。

本书的第三部分介绍了一些重要的"数学结构"。当来自生命或者自然的情况被简化到其本质的核心后，那么就会进行抽象的数学建模和描述。首先，在第 11 章中，我们介绍了"布尔代数"的数学结构，即给出了具有特定性质的三个运算 (被称为加法、乘法和负运算) 的集合的数学结构。这种结构的布尔代数不仅可以在数学逻辑中找到，而且还可以在人脑功能模型的检查或者在电子电路设计中找到。在本章中，在使用一系列示例展现这种结构的广泛性之后，我们会证明布尔代数的有趣性质，使用运算来定义关系，并且使用不同的范式来处理布尔代数元素的统一表示。最后，我们可以使用同构定理将顺序这个概念带入到有限布尔代数的世界中。

在第 12 章"图和树"中介绍由基本集、结点、基本集上的关系和边组成的结构。实际上，可以使用图来描述来自企业和社会的日常生活中的大量情况。由图论的案例，我们可以更详细地考虑图形中的路径，并且可以借助二次数方案来描述图，即所谓的矩阵，以及关于同构的基本数学原理。

到了第 13 章，我们的数学之旅又转了回来，将回到命题逻辑这个主题上，但是着重点会放到抽象的数学层面上。在检查命题演算时，我们利用其与布尔代数的紧密联系，给出逻辑表达式的范式，并且处理对应的核心问题，即如何尽可能有效地测试数学命题的可满足性。为此，我们介绍了霍恩子句的演算，并且给出了归结原理。

在本书的最后一章第 14 章"模算术"中，介绍了信息安全和密码系统的数学基础知识。为此，我们首先回顾有关等价关系的概念，并且特别关注余数类算术。之后引出费马小定理，该定理在十七世纪就已经为安全加密方法奠定了基础。最后，我们介绍了如今每个互联网用户（即使没有意识到）都在使用的 RSA 加密算法。

读者在阅读完这本书之后，应该具备了可以成功处理有关数学领域中其他问题的能力，以及理解数学文献中通常水平的能力。例如，关于"有限状态机"用于对有限存储器和计算机芯片的切换过程的建模和检查，或者作为用于描述物理学中的对称性的重要结构的"群"。

第一部分　数学基础知识

第2章 命　题

在本章中，我们会介绍如何从数学的角度对事务进行精确阐述。这种方式是证明事务共性的一个先决条件。首先，我们会讲解一些基本概念，如命题和命题公式，同时给出思考，人们如何将命题与数理逻辑原则联结起来。

2.1　定义和举例

命题就是一个陈述句，并且这个陈述句不是真的，就是假的。命题是科学描述世界的基石。在解答有关原始命题真假的过程中，相关学科的任务是使用其所涉及的数理逻辑和其中存在的命题逻辑来确定复杂的复合命题的真实性。事实上，一个复合命题的真值并不取决于其各个组成部分的具体内容，而是由这些组成部分的命题的真值和它们对应的联结类型决定的。需要注意的是，这里我们描述和刻画的是复杂的离散数学结构。为了确保这些命题联结演算的安全性，我们会从数理逻辑最重要的基本概念开始，以一种非正式形式给出我们的介绍。

▲　**定义 2.1**　一个命题就是一个陈述句，这个陈述句可以是真的，也可以是假的，但是不会同时既是真的又是假的（即非真即假）。真命题具有的真值记作 T，假命题具有的真值记作 F。

示例 2.1

(1) 命题"11 是一个质数"是一个真命题，这个命题的真值为 T。事实上，自然数 11 确实只能被 1 和 11 这两个因子整除，而这个条件满足质数被定义的属性。

(2) 命题"$\sqrt{2}$ 是一个有理数"是一个假命题，因此这个命题具有的真值为 F。事实上可以证明，假设 $\sqrt{2}$ 是一个有理数，而有理数都可以表达为两个整数之比，这样就很容易产生了矛盾。

   这个已经被希腊数学家欧几里得证明过的定理相传是由毕达哥拉斯的学生希帕索斯发现的。当时希帕索斯所在的毕达哥拉斯学派认为"万物皆（有理）数"，而希帕索斯却发现了"无限不循环小数"，即无理数的存在。这个发现在当时引起了该学派的巨大恐慌，以至于相传希帕索斯被自己的老师毕达哥拉斯判处淹死的极刑。

(3) 哥德巴赫猜想"任何一个大于 2 的偶数，都可以表示为两个质数之和"。这句话显然非真即假，也就是说这是一个命题。那么这个命题的真值是什么呢？直到如今仍然是一个未知数。如果对于无限多个自然数中的每个偶数，都可以表示为两个质数之和，那么这个命题就是真的。如果可以找出一个例外的偶数，这个偶数不能表示为两个质数之和，那么这个命题就是假的。而由于上面提到的两种情况不可能同时出现，那么就说明哥德巴赫猜想是一个命题。

(4) 费马猜想"当正整数 $n > 2$ 时，不存在 $x, y, z > 0$ 这样的三个自然数，使得不定式方程 $x^n + y^n = z^n$ 成立"同样是一个命题。如果确实不存在三个满足条件的自然数使得不定式方程成立，那么这句话就是真的。而如果确实存在三个满足条件的自然数，那么这句话就是假的。事实上，寻找这个由费马在书本不起眼的空白处提出的命题的真值的过程被认为是过去 350 年来最令人兴奋的科学猜想。而费马猜想的最后结论是命题的真值为真，这是由英国数学家安德鲁·怀尔斯（Andrew John Wiles）在 1995 年证明的。有关对这个独特数学难题进行解答历史的详细介绍可以参考 Simon Singh 出版的畅销书《费马最后定理》。

(5) 还存在一种情况：一个句子既可以是真的，也可以是假的，那么就可以断定这个句子不是一个命题。现在我们来看罗素悖论（Russell's paradox）"这句话是假的"。假设，如果这句话原本表述的内容是真的，那么"这句话是假的"就是假的。但是反过来，如果这句话原本表述的内容是假的，那么"这句话是假的"就是真的。

顺便说一下，这个悖论最初流传的形式是"一名理发师要为自己村子里所有不为自己刮胡子的人刮胡子（理发师悖论）"。罗素使用这个悖论非常简洁地驳斥了数学界中的一个根深蒂固的假设：所有的句子都归属于一个真值。而这个悖论在 20 世纪初也触发了基础数学的危机。

2.2　命题联结词

通过命题联结词的使用，简单的命题可以被联结成高度复杂的命题（复合命题）。有趣的是，通过这种方式联结而成的命题的真值不再依赖于单个命题的具体内容，而是取决于各个命题的真值以及联结词的种类。对于复合命题真值的决定因素的研究是命题逻辑的主要方向，而命题逻辑是数理逻辑中的一个重要分支。

例如，两个命题："11 是一个质数"和"$\sqrt{2}$ 是一个有理数"。这两个命题可以组成一个新的句子："11 是一个质数，并且 $\sqrt{2}$ 是一个有理数"。事实上，这个新组合还是一个命题，因为这个复合命题基于了一个被验证的事实，即 $\sqrt{2}$ 不是一个有理数，因此这个命题的真值为假。现在，如果我们将命题"11 是一个质数"联结一个任意的假命题，即通过联结词"合取"（与）相联结，那么我们总是会得到一个真值为 F 的命题。因此，命题的内容"$\sqrt{2}$ 是一个有理数"对于复合命题的真值是没有意义的，只有这个命题的真值才是最重要的。

我们也可以将两个单独的命题："11 是一个质数"和"$\sqrt{2}$ 是一个有理数"通过一个联结词"析取"（或）联结起来。那么基于 11 确实是质数的事实，这个新的复合命题的真值就是 T。这里，命题的具体内容也是没有意义的，而只依赖于两个参与命题的真值中是否有一个是真的。

从这个意义上来说，在确定复合命题的真值过程中，一贯普遍的做法是：只需要关注通过命题变量表示的各个组成部分。也就是说，只关心各个单独命题的真值。例如，如果字母 p 代表命题"11 是一个质数"，字母 q 代表命题"$\sqrt{2}$ 是一个有理数"。那么上面描述的由两个命题组成的新的复合命题就可以简化表示为："p 与 q"或者"p 或 q"。这时，新命题的真值只用通过 p 和 q 的真值就可以推断出来。

为了能够精确地得出复合命题的真值和各个单独命题的真值之间的关联，必须将口语化的联结词，如"与""或""非"或者"如果 ……，则 ……"等使用数学命题逻辑的术语联结词来表示。结合前面提到的命题变量就会得出这样的思路：首先查看作为数学运算的单个联结词，然后从逻辑命题的布尔值中"计算"出复合语句的真值。

我们首先来了解口语化的联结词"与"。

▲ **定义 2.2** 如果 p 和 q 是两个命题。那么"p 与 q"（表示为 $p \wedge q$）也是一个命题，即所谓的（逻辑）合取。当 p 和 q 两个命题同时为真的时候，命题 $(p \wedge q)$ 的真值才为真。

命题 p 和 q 的真值决定了复合命题 $(p \wedge q)$ 的真值。这种决定因素可以用真值表的形式清晰地给出。在真值表中，人们首先列出了命题 p 和 q 所有可能的真值组合。然后将从各种组合中产生的复合命题 $(p \wedge q)$ 的真值填写到表格中。这里，在真值表中的命题 p 和 q 很像初等数学中的变量，因此被称为可以赋予任何内容的命题变量（命题变项）。

p	q	$(p \wedge q)$
T	T	T
T	F	F
F	T	F
F	F	F

上面真值表的四行中，每一行都含有一个命题 p 的真值（第一列）和一个命题 q 的真值（第二列），以及由此产生的复合命题 $(p \wedge q)$ 的真值（第三列）。事实上，真值表可以准确地反映出上述定义中所涉及的规范标准。

现在来看一个命题："15 可以被 3 整除，并且 26 是一个质数"。为了确定该命题的真值，我们首先来考虑通过"合取"联结词联结起来的两个子命题："15 可以被 3 整除"和"26 是一个质数"。我们可以很容易地看出：第一个子命题是真值为 T 的真命题，而第二个子命题是真值为 F 的假命题。这时我们可以从真值表中读取命题 $(p \wedge q)$ 的逻辑"与"的真值，即命题 p 的值为 T，命题 q 的值为 F 的那行。在这行中，命题 $(p \wedge q)$ 的真值为 F，因此这个命题的真值为 F。

接下来，我们来学习口语化联结词"或"。

▲ **定义 2.3** 如果 p 和 q 是两个命题。那么"p 或 q"（表示为 $p \vee q$）也是一个命题，即所谓的（逻辑）析取。当命题 p 和 q 中有一个为真，或者两个都为真的时候，命题 $(p \vee q)$ 为真。

　　这里，口语化联结词"或"不能与口语中的"不是 …… 就是 ……"相混淆。命题"15 可以被 3 整除，或者 29 是一个质数"是由两个子命题通过联结词"析取"相联结而成的。其中，两个子命题的真值都为 T，因此复合命题的真值也为真。但是，用口语表达的"不是 15 可以被 3 整除，就是 29 是一个质数"的命题却不是一个真命题。也就是说，当两个子命题 p 和 q 中有一个是真的，那么"不是 p 就是 q"这种表达方式也是真的。当两个子命题都是真的，或者都是假的时候，那么命题"不是 p 就是 q"就是假的。相反，当两个子命题都是真的情况下，命题"p 或 q"也是真的。

　　现在我们将上述定义再次以真值表的形式给出。

p	q	$(p \vee q)$
T	T	T
T	F	T
F	T	T
F	F	F

　　正如前面提到的那样，简单命题（原子命题）可以进行组合得到新的复杂的命题（复合命题）。例如，我们使用三个简单命题："15 可以被 3 整除""16 小于 14"和"26 是一个质数"来重新组合成两个新的复合命题：

"15 可以被 3 整除，并且16 小于 14"

和

"16 小于 14，或者 26 是一个质数"

由这两个新的复合命题还可以衍生出一个更加复杂的复合命题：

"（15 可以被 3 整除，并且 16 小于 14）

或者

（16 小于 14，或者 26 是一个质数）"

　　为了更加清晰、无歧义地表示上述复合命题被联结的结构，我们将各个子命题设置在了括号中。因为整个复合命题的真值是由各个子命题的真值决定的，所以我们需要首先确定两个由联结词"或者"（析取）联结的子命题是真还是假。为了确定两个子命题的真值，我们再次来观察这些子命题：第一部分是由一个真子命题和一个假子命题通过联结词"并且"（合取）组成的，那么联结后的命题就是一个假命题。第二部分是由两个假子命题通过联结词"或者"（析取）组成的，那么联结后的命题同样是假命题。因此，由联结词"或者"联结的整个命题也是一个假命题。

　　如果使用命题变量来替代具体的命题内容（毕竟我们只是对各个单独命题的真值感兴趣），那么上面的由三个简单命题组成的复合命题可以表示为：$((p \wedge q) \vee (q \vee r))$。为了确定该复合命题的真值，我们可以再次列出一个真值表。在建立联结词真值表之前，我们首先列举出简单命题 p、q 和 r 的真值的所有可能组合。

p	q	r
T	T	T
T	T	F
T	F	T
T	F	F
F	T	T
F	T	F
F	F	T
F	F	F

然后通过 $\wedge$ 和 $\vee$ 两个真值表就可以得出由子命题 p 和 q 以及 q 和 r 组成的复合命题 $(p \wedge q)$ 以及 $(q \vee r)$ 的真值。

p	q	r	$(p \wedge q)$	$(q \vee r)$
T	T	T	T	T
T	T	F	T	T
T	F	T	F	T
T	F	F	F	F
F	T	T	F	T
F	T	F	F	T
F	F	T	F	T
F	F	F	F	F

最后，我们可以通过由 $\vee$ 和被确定了真值的子命题 $(p \wedge q)$ 和 $(q \vee r)$ 得到复合命题 $((p \wedge q) \vee (q \vee r))$ 的真值。这里，我们首先需要考虑"$\vee$"真值表中每行作为输入的子命题 $(p \wedge q)$ 和 $(q \vee r)$ 的真值，然后将得到的真值结果添加到 $((p \wedge q) \vee (q \vee r))$ 列。

p	q	r	$(p \wedge q)$	$(q \vee r)$	$((p \wedge q) \vee (q \vee r))$
T	T	T	T	T	T
T	T	F	T	T	T
T	F	T	F	T	T
T	F	F	F	F	F
F	T	T	F	T	T
F	T	F	F	T	T
F	F	T	F	T	T
F	F	F	F	F	F

在逻辑联结词中，除了"与"（合取）和"或"（析取），还存在一些其他有趣的常用联结词。

▲ **定义 2.4** 如果 p 是一个命题。那么"非 p"（表示为 $\neg p$）也是一个命题，即所谓的（逻辑）否定。当命题 p 是假的时候，命题 $(\neg p)$ 为真。

在口语应用中，人们否定一个命题通常并不是在其前面加一个"非"字实现的。例如，命题"今天不下雨"要比命题"今天非下雨"听着舒服。但是，为了实现复杂复合运算逻辑结构的清晰度，使用前缀"非"可以快速弥补文本的明显缺陷。

由于对于命题来说只有一个否定操作，因此对应的真值表只有两列。

p	$(\neg p)$
T	F
F	T

▲ **定义 2.5** 如果 p 和 q 是两个命题。那么"如果 p 则 q"（表示为 $p \to q$）也是一个命题，即所谓的 (逻辑) 蕴含。当命题 p 为真，同时 q 为假的时候，那么命题 $(p \to q)$ 是假的。

联结词"蕴含"描述了一个命题可以从另一个命题推断出来（又称推断符号）。因此，在蕴含联结 $(p \to q)$ 中，第一个命题 p 被称为命题 q 的条件、前件或者前项，而第二个命题 q 被称为是第一个命题 p 的结论、后件或者后项。只有当存在一个真的条件和一个假的结论时，由联结词"蕴含"联结的命题的真值才为假。也就是说，由联结词"蕴含"联结的一个假的条件得出的任何一个结论的命题都是真的。

联结词"蕴含"的真值表具有如下形式：

p	q	$(p \to q)$
T	T	T
T	F	F
F	T	T
F	F	T

在命题的逻辑联结词中还有一个比较重要的联结词：(逻辑) 双条件（当且仅当）。

▲ **定义 2.6** 如果 p 和 q 是两个命题。那么"p 当且仅当 q"（表示为 $p \leftrightarrow q$）也是一个命题，即所谓的（逻辑）双条件（等价）。当两个命题 p 和 q 具有相同的真值时，命题 $(p \leftrightarrow q)$ 的真值就是真的。

逻辑联结词"双条件"描述了与两个命题相关的布尔值的相等性。对应的真值表如下:

p	q	$(p \leftrightarrow q)$
T	T	T
T	F	F
F	T	F
F	F	T

进一步研究后,我们会得出如下结果:对两个条件命题 $(p \rightarrow q)$ 和 $(q \rightarrow p)$ 进行"合取"联结得到的复合命题 $((p \rightarrow q) \wedge (q \rightarrow p))$ 总是和由命题 p 和 q 组成的双条件命题 $(p \leftrightarrow q)$ 具有相同的真值;而复合命题

$$((p \rightarrow q) \wedge (q \rightarrow p)) \leftrightarrow (p \leftrightarrow q)$$

的真值也总是为真。这样一来,人们就可以很容易地得出如下的真值表:

p	q	$(p \rightarrow q)$	$(q \rightarrow p)$	$((p \rightarrow q) \wedge (q \rightarrow p))$	$(p \leftrightarrow q)$
T	T	T	T	T	T
T	F	F	T	F	F
F	T	T	F	F	F
F	F	T	T	T	T

2.3 重言式和矛盾式

在前面的章节中,我们通过使用命题变量已经可以非常简洁和抽象地给出命题的陈述。也就是说,可以完全忽略命题的具体内容而只去关注命题本身的真值。通过对应子命题的真值来确定由逻辑联结词联结得出的复合命题的真值表明了我们的切入点是正确的。现在,我们希望将这种方法进行更深入地研究,使其更接近于处理具有两个真值(T 或者 F)的命题变量的命题演算。

使用逻辑联结词对命题变量进行的联结被称为命题公式(亦称合式公式)[1]。在这里,命题变量与真值 T 和 F 一起也被称为原子公式。如果给这些命题变量分配真值,那么就会从命题公式中得到一个命题。例如,对于命题公式

$$(\neg((p \wedge q) \vee (\neg r))) \rightarrow (\neg r)$$

可以列出如下的真值表。这里,为了简化我们将公式外面的括号省略了。

---

[1]该公式的定义会在 8.3 节给出。

p	q	r	$p \wedge q$	$\neg r$	$(p \wedge q)$ $\vee (\neg r)$	$\neg((p \wedge q)$ $\vee (\neg r))$	$(\neg((p \wedge q) \vee (\neg r)))$ $\to (\neg r)$
T	T	T	T	F	T	F	T
T	T	F	T	T	T	F	T
T	F	T	F	F	F	T	F
T	F	F	F	T	T	F	T
F	T	T	F	F	F	T	F
F	T	F	F	T	T	F	T
F	F	T	F	F	F	T	F
F	F	F	F	T	T	F	T

在这个真值表中，每行都为涉及的命题变量分配了两个真值 T 和 F 中的一个。而且，每种可能的分配只能出现一次。真值表中的最后一列给出了命题公式的真值结果。从中可以看出，通过命题公式的结构以及被联结的子公式的结构可以确定出唯一的真值结果。

这里需要特别注意一些具有特殊性质的命题公式，因为这些公式的真值结果完全独立于所涉及的命题变量的真值。例如，在上面的章节中，我们给出过这样一个公式：

$$((p \to q) \wedge (q \to p)) \leftrightarrow (p \leftrightarrow q)$$

▲ **定义 2.7** 重言式（永真式）是一个公式，是一个永远为真的公式，在它的真值结果中只会出现真值 T。矛盾式（永假式）是一个公式，是一个永远为假的公式，在它的真值结果中也只会出现真值 F。

对于公式的属性，无论重言式还是矛盾式，它们的真值并不依赖于子命题真值的可能性，而是取决于子命题的命题逻辑联结的特殊结构。

重言式的一个非常简单的例子是公式 $p \vee (\neg p)$。在真值表的帮助下，我们可以很容易地验证这个公式永远为真，并且不依赖于命题变量 p 的真值。这是因为：如果命题变量 p 所代表的命题是真的，那么由 p 使用联结词"或"（析取）组成的任意命题也是真的；如果命题变量 p 所代表的命题是一个假命题，那么它的否定命题 $\neg p$ 就是真的，这样一来由 $\neg p$ 使用联结词"或"组成的任意命题也是真的。此外，公式 $p \vee (\neg p)$ 还代表了排中律（law of excluded middle），即一个命题和其否定命题的"或"联结永远是真的。这里我们再强调一次，由命题变量 p 表示的命题的具体内容没有任何意义。例如，我们可以将命题变量 p 使用一个任意命题逻辑公式 F 代替，那么根据联结的构成，复合公式 $F \vee (\neg F)$ 仍然是一个重言式。

对于矛盾式也可以举个例子：公式 $p \wedge (\neg p)$。这个公式也被称为矛盾律（law of noncontradiction）。也就是说，命题变量 p 无论被赋予了哪个真值，p 或者 $\neg p$ 总会有一个是假的，那么由联结词"与"（合取）联结的两个命题也是假的。

重言式和矛盾式是双重概念，因为重言式的否定总是矛盾式，而矛盾式的否定总是重言式。下面，我们给出一系列比较有趣的重言式。通过这些示例可以确定，如果给出的公式是重言式，那么查看相应的真值表就足够了。

示例 2.2

(1) $(p \wedge q) \rightarrow p$ 或者 $p \rightarrow (p \vee q)$

(2) $(q \rightarrow p) \vee (\neg q \rightarrow p)$

(3) $(p \rightarrow q) \leftrightarrow (\neg p \vee q)$

(4) $(p \rightarrow q) \leftrightarrow (\neg q \rightarrow \neg p)$ (换质位法)

(5) $(p \wedge (p \rightarrow q)) \rightarrow q$ (肯定前件)

(6) $((p \rightarrow q) \wedge (q \rightarrow r)) \rightarrow (p \rightarrow r)$

(7) $((p \rightarrow q) \wedge (p \rightarrow r)) \rightarrow (p \rightarrow (q \wedge r))$

(8) $((p \rightarrow q) \wedge (q \rightarrow p)) \leftrightarrow (p \leftrightarrow q)$

根据定义，所有不同形式的重言式都具有相同的、恒定的、永远为真的真值结果。但是，有些公式具有相同真值结果的属性，但并不是重言式。例如，我们来看看两个公式 $\neg(p \wedge q)$ 和 $(\neg p) \vee (\neg q)$ 的真值结果：

p	q	$\neg(p \wedge q)$	$(\neg p) \vee (\neg q)$
T	T	F	F
T	F	T	T
F	T	T	T
F	F	T	T

显然，这两个完全不同的公式具有相同的真值结果。也就是说，这两个公式描述了相同的逻辑结果。

▲ **定义 2.8** 两个公式 p 和 q 被称为是（逻辑）等值或者等价（表示为 $p \equiv q$）的，当且仅当公式 $(p \leftrightarrow q)$ 是一个重言式。公式 q 被称为是由公式 p 衍生的，当且仅当公式 $(p \rightarrow q)$ 是一个重言式。

逻辑等值的一个非常有趣的应用是：人们可以在一个公式中使用一个逻辑等值的子公式置换一个任意的子公式，而不会改变整个公式的真值结果。如果不断重复地利用这个属性，使用逻辑等值将复杂的子公式替换成结构简单的子公式，那么人们就可以在很多情况下大大简化给定公式的结构，以及对应逻辑行为的确定。在这种简化过程中，下面给出的等值定律往往会非常有帮助。而对应公式的正确性可以很容易地通过设置对应的真值表进行验证。

交换律:	$(p \wedge q)$	$\equiv$	$(q \wedge p)$
	$(p \vee q)$	$\equiv$	$(q \vee p)$
结合律:	$(p \wedge (q \wedge r))$	$\equiv$	$((p \wedge q) \wedge r)$
	$(p \vee (q \vee r))$	$\equiv$	$((p \vee q) \vee r)$
分配律:	$(p \wedge (q \vee r))$	$\equiv$	$((p \wedge q) \vee (p \wedge r))$
	$(p \vee (q \wedge r))$	$\equiv$	$((p \vee q) \wedge (p \vee r))$
等幂律:	$(p \wedge p)$	$\equiv$	p
	$(p \vee p)$	$\equiv$	p
双重否定律:	$(\neg(\neg p))$	$\equiv$	p
德·摩根律:	$(\neg(p \wedge q))$	$\equiv$	$((\neg p) \vee (\neg q))$
	$(\neg(p \vee q))$	$\equiv$	$((\neg p) \wedge (\neg q))$
重言式规范:	如果 q 是一个重言式,那么		
	$(p \wedge q)$	$\equiv$	p
	$(p \vee q)$	$\equiv$	q
矛盾式规范:	如果 q 是一个矛盾式,那么		
	$(p \vee q)$	$\equiv$	p
	$(p \wedge q)$	$\equiv$	q

为了演示一个至少可以使用所列出的逻辑等值定律进行简化的小例子,我们来看这个公式: $\neg(\neg p \wedge q) \wedge (p \vee q)$。

$$\neg(\neg p \wedge q) \wedge (p \vee q)$$
$$\equiv (\neg(\neg p) \vee (\neg q)) \wedge (p \vee q) \quad \text{(德·摩根律)}$$
$$\equiv (p \vee (\neg q)) \wedge (p \vee q) \quad \text{(双重否定律)}$$
$$\equiv p \vee ((\neg q) \wedge q) \quad \text{(分配律)}$$
$$\equiv p \vee (q \wedge (\neg q)) \quad \text{(交换律)}$$
$$\equiv p \vee F \quad \text{(补余律)}$$
$$\equiv p \quad \text{(矛盾式规范)}$$

通过上面的置换可以看到: $\neg(\neg p \wedge q) \wedge (p \vee q)$ 和 p 在逻辑上是等值的。那么,现在就可以使用具有简单结构的原子公式 p 来替代复合公式 $\neg(\neg p \wedge q) \wedge (p \vee q)$ 对事实进行逻辑描述了。

借助上面定义的逻辑等值,我们现在可以在公式中利用一些规范进行去括号来达到简化的目的。一般来说,如果公式的真值结果可以被唯一确定,那么该公式中的括号总是可以被去掉的。例如,公式 $((p \wedge q) \wedge r)$ 或者 $(p \wedge (q \wedge r))$ 可以被简化为 $p \wedge q \wedge r$。事实上,基于关联的结合律,公式 $((p \wedge q) \wedge r)$ 和 $(p \wedge (q \wedge r))$ 在逻辑上是等值的。这就意味着,它们的真值结果是相同的。因此,对应被简化公式的真值结果是被唯一确定的。类似地,逻辑联结词"或"(析取)的结合律也可以去掉括号。对公式中的括号还能做更近一步简化的是：位于最外面的括号总是可以去掉的。逻辑联结词之间还存在优先级：符号 "¬" 的联结优于 "∧"，"∧" 的联结优于 "∨"，这样我们最终会得到另外一个括号简化的规则。

2.4 命题形式化

一个与（数理）命题关联十分密切的概念是命题形式化。命题形式化是一个自然语句的形式化，这种句子中会出现一个或者多个命题变量。命题形式可以表示为 $p(x_1, \cdots, x_n)$，其中 $x_1, \cdots, x_n$ 表示在命题形式化中出现的自由变量。当每个变量都被替换为一个具体的自然对象时，$p(x_1, \cdots, x_n)$ 就是一个命题了。这时，命题对应的真假取决于每次变量被赋予的对象。例如，$p(x)$："x 是一个质数"是一个命题形式。如果 x 被赋值 5，那么我们会得到一个命题 $p(5)$，即 "5 是一个质数"。显然，这个命题是真的。如果 x 被赋值 4，那么我们会得到一个假的命题 $p(4)$，即 "4 是一个质数"。如果在命题形式 $p(x, y)$："$x + y$ 是一个质数" 中，x 和 y 分别被赋值 6 和 8，那么所得命题 $p(6, 8)$，即 "14 是一个质数" 很显然也是个假命题。

一个命题形式中的那些自由变量可以由来自一个被称为个体域中的所有对象所替代。例如，命题形式 $p(x)$："$(x^2 < 10)$" 的个体域可以由实数集合组成，也可以由整数集合组成。对于命题形式 $p(x)$："x 开红花" 的个体域可以是包含所有花的集合，或者只是所有不同玫瑰品种的集合。一个命题形式化通常每次都会被指定一个对应的个体域。

▲ **定义 2.9** 一个具有个体域为 $U_1, \cdots, U_n$ 的命题形式是一个具有自由变量 $x_1, \cdots, x_n$ 的公式。当每个自由变量 x_i 都被对应的个体域 U_i 中的一个元素所替代时，那么这个命题形式就转变为了一个命题。

在数学中，个体域经常是如下的数字集合：

$$整数集合：\mathbb{Z} = \{\cdots, -1, 0, 1, 2, \cdots\}$$
$$自然数集合：\mathbb{N} = \{0, 1, 2, \cdots\}$$
$$正自然数集合：\mathbb{N}^+ = \{1, 2, 3, \cdots\}$$
$$有理数集合：\mathbb{Q}$$
$$实数集合：\mathbb{R}$$

示例 2.3

(1) "x 可以被 3 整除" 是一个个体域为 $\mathbb{Z}$ 的命题形式化 $p(x)$。如果自由变量 x 被 5 替代，那么可以得到命题 $p(5)$，即 "5 可以被 3 整除"。显然，这个命题是假的。如果用 6 替代 x，那么可以得到真命题 $p(6)$。

(2) 如果 $p(x)$："x 可以被 3 整除" 是一个个体域为 3、6、9 和 18 组成的集合的命题形式。那么自由变量 x 被个体域中的每个元素替代所得到的命题都是真的。

(3) "$(x+y)^2 = x^2 + 2xy + y^2$"是一个命题形式化 $p(x,y)$。其中，自由变量 x 和 y 可以取值实数，即所谓众所周知的二项式公式。这里，无论 x 和 y 被哪个实数所替代，所得到的命题都是真的。

与命题一样，命题形式也可以通过引入逻辑联结词被联结成复合命题的形式。通过使用个体域中的元素替代命题形式中的变量，就可以确定这些复合命题形式的真值。其中，联结规则可以使用命题联结中所使用的规则。

2.5 命题的量化

在 2.4 节中，我们将命题形式 $p(x)$ 定义为 x 的命题逻辑函数。根据自由变量由个体域中的哪个对象所替代，可以得到对应命题的具体真值。其实，命题形式还可以通过其他途径转变成命题。一个有趣的例子是：是否至少存在一个对象，由它替代的命题形式可以得到一个真命题。而这个例子的答案也是非常有启发性的：是否每次替代都能得到一个真命题。在这两种情况下，一个给定的命题形式通过将其自由变量进行量化可以得到一个命题。

▲ **定义 2.10** $p(x)$ 是一个个体域为 U 的命题形式。

"$\exists x : p(x)$"表示一个命题：该命题是命题形式 $p(x)$ 通过量化"在个体域 U 中存在一个 u，使得命题 $p(u)$ 成立"生成的。"$\exists x : p(x)$"是一个真命题，当且仅当在 U 中存在一个 u，使得命题 $p(u)$ 是真的。

"$\forall x : p(x)$"表示一个命题：该命题是命题形式 $p(x)$ 通过量化"在个体域 U 中的每个 u 都使命题 $p(u)$ 成立"生成的。"$\forall x : p(x)$"是一个真命题，当且仅当在 U 中的每个 u 都使得命题 $p(u)$ 为真。

符号 $\exists$ 和 $\forall$ 被称为量词。"$\exists$"被称为存在量词，而"$\forall$"被称为全称量词。每个量词都与它对应量化的自由变量相绑定。使用全称量词生成的命题被称为全称命题。使用存在量词生成的命题被称为存在命题。

示例 2.4

(1) 如果 $p(x)$: $(x \leqslant x + 1)$ 表示个体域为 $\mathbb{N}$ 的命题形式，并且 $\forall x : p(x)$ 表示为命题"对于 $\mathbb{N}$ 中的任意一个 n, $(n \leqslant n + 1)$ 都成立"。那么，这个命题是真的，因为对于每个自然数 n, $p(n)$ 都提供了一个真值为 T 的命题。

(2) 如果 $p(x)$ 与 (1) 中相同，并且 $\exists x : p(x)$ 表示为命题："在 $\mathbb{N}$ 中存在一个 n，使得 $(n \leqslant n + 1)$ 成立"。那么，这个命题同样是真的，因为像 $p(5)$ 就是真的。

(3) 如果 $p(x)$:"x 是一个质数"是一个个体域为 $\mathbb{N}$ 的命题形式，并且 $\forall x : p(x)$ 表示为命题:"对于 $\mathbb{N}$ 中的任意一个 n, n 都是一个质数"。那么，这个命题是假的，因为像 4 就不是一个质数。也就是说，命题 $p(4)$ 不是真的，$p(n)$ 并不是对 N 中的每个 n 都是真的。

(4) 如果 $p(x)$ 与 (3) 中相同，并且 $\exists x : p(x)$ 表示命题："存在一个自然数 n，使得 n 是一个质数"。这个命题是真的，因为像 3 就是一个质数，进而 $p(3)$ 是一个真命题。

对于一个任意给定的命题形式 $p(x)$，如果存在一个仅由有限个对象 $O_1, O_2, \cdots, O_t$ 组成的个体域 U，那么基于如下的逻辑等值（等价），借助存在量词和全称量词，$p(x)$ 的存在命题和全称命题可以被表示为

$$\exists x : p(x) \equiv p(O_1) \vee p(O_2) \vee \cdots \vee p(O_t)$$

和

$$\forall x : p(x) \equiv p(O_1) \wedge p(O_2) \wedge \cdots \wedge p(O_t)$$

示例 2.5

对于命题形式 $p(x)$："$(x^2 > 10)$"，其自由变量由元素 1、2、3、4 组成的个体域可得如下等式：

$$\exists x : p(x) \equiv (1 > 10) \vee (4 > 10) \vee (9 > 10) \vee (16 > 10)$$

和

$$\forall x : p(x) \equiv (1 > 10) \wedge (4 > 10) \wedge (9 > 10) \wedge (16 > 10)$$

为了将一个具有多个变量的命题形式通过量化生成命题，命题形式中的每个变量必须与一个单独的量词进行绑定。例如，对于命题形式 $p(x, y)$："$(x < y)$"，其中 x 和 y 是个体域 N 中的变量。这里，$\forall x : p(x, y)$ 和 $\exists y : p(x, y)$ 仍然还是命题形式，而不是命题。因为，在 $p(x, y)$ 中并不是所有出现的变量都被绑定了量词。

但是，命题形式 $\forall x \exists y : p(x, y)$ [1] 就是一个命题，因为命题形式中所有的变量都被绑定了量词。对应的命题可以描述为："对于 N 中的每个 x：在 N 中都存在一个 y，使得 $(x < y)$ 成立"。显然这个命题的真值为 T。具有连续量词的命题通常可以表达得更"流畅"。例如，"对于 N 中的每个 x，在 N 中都存在一个 y，使得 $(x < y)$ 成立"。为了确定命题 $\forall x \exists y : p(x, y)$ 的真值，我们首先会注意到，对于每个自然数 n，$p(n, n+1)$ 都是一个真命题。因此，$\exists y : p(n, y)$ 对于每个被确定的 n 来说都是一个真命题。现在，我们用变量 x 来表示剩下的 n。这时我们就可以发现，对于每个 x 都存在一个 y，例如 $y = x + 1$，对于 $p(x, y)$ 是真的。因此，命题 $\forall x \exists y : p(x, y)$ 是一个真命题。

现在，我们来观察命题 $\forall x \forall y : p(x, y)$，即"对于 N 中的每个 x，都存在 N 中的所有 y，使得 $(x < y)$ 成立。"或者更直白地说："对于 N 中的每个 x 和每个 y，$(x < y)$ 都成立"。那么这时就可以发现：命题 $\forall y : p(5, y)$ 是假的，因此 $\forall x \forall y : p(x, y)$ 也是假的。

---

[1] 命题必须写成 $\forall x : \exists y : p(x, y)$ 的形式。如果对可读性有影响，我们可以将冒号忽略。

$\exists y \forall x : p(x, y)$ 描述了命题 "对于 N 中存在一个 y, 使得对于 N 中的所有 x, $(x < y)$ 都成立"。通俗地讲就是: " 在 N 中存在一个 y, 对于 N 中的所有 x 来说, $(x < y)$ 都成立"。这里, 无论用 N 中的哪个数 n 替代 x, 命题 $(n < n)$ 都是假的。同样, 对于每个确定的 n, $\forall x : p(x, n)$ 总是一个假命题。因此, $\exists y \forall x : p(x, y)$ 是一个假命题。

最后, 还剩下一个命题 $\exists y \exists x : p(x, y)$。这个命题可以基于事实, 例如, 对 $p(1, 2)$ 来说, 马上就可以证明是真命题。

根据上面讨论的例子, 我们还可以得出另外一个结论: 量词的顺序至关重要。两个命题: $\exists y \forall x : p(x, y)$ 和 $\forall x \exists y : p(x, y)$, 在形式上的 "唯一" 区别在于: 两个量词的顺序被颠倒了。根据上面的讨论我们已经得出了结论: 这两个命题一个是真的, 另外一个是假的。因此, 这个例子很好地阐述了在使用量词时需要注意量词的出现顺序。

与简单命题一样, 命题形式借助于量词构建的命题可以被再次联结成复合命题。而由此生成的命题的真值也如简单命题一样是通过所包含的子命题的真值确定的。对于命题形式 $p(x)$, 例如 $\neg \forall x : p(x)$, 就是一个命题。这个命题是真的, 当且仅当个体域中存在一个变量 u, $p(u)$ 是假的。我们还可以借助一个存在量词得到这个命题的逻辑等值 (等价), 即 $\exists x : (\neg p(x))$。事实上, 对于具有量词的命题, 除了这个逻辑等值, 还有一整个系列的有趣等值。

否定规则: 　 $\neg \forall x : p(x) \equiv \exists x : (\neg p(x))$

$\neg \exists x : p(x) \equiv \forall x : (\neg p(x))$

去括号规则: 　 $(\forall x : p(x) \wedge \forall x : q(x)) \equiv \forall x : (p(x) \wedge q(x))$

$(\exists x : p(x) \vee \exists x : q(x)) \equiv \exists x : (p(x) \vee q(x))$

交换规则: 　 $\forall x \forall y : p(x, y) \equiv \forall y \forall x : p(x, y)$

$\exists x \exists y : p(x, y) \equiv \exists y \exists x : p(x, y)$

第3章　集合和集合运算

本章中，我们将引入集合的概念，并且在其基础上实践命题和命题形式的构造和应用。为此，我们将讨论集合（子集、超集）之间的关系、集合的运算（交、并、补、笛卡儿积），以及所有集合的集合（幂集、集合族）。

3.1　集合

集合的形成，即将一些确定的、不同的事物汇聚在一起组成一个整体，是每个人从幼儿园时期就熟悉的场景，例如，父母和他们的孩子组成了一个集合，即家庭；一所小学里所有在一起上课的学生组成了一个集合，即班级；一个公司的所有员工组成了一个集合，即雇员；所有非负整数组成了一个集合，即自然数，等等。将集合形成的过程抽象化，可以实现将复杂的现象简单化，同时提高对应的可控性。

人们最初对集合的认识所面临的问题是：使用严格的数学来定义集合的基本概念在原则上是无法实现的。这个问题在二十世纪初引发了数学领域中一场具有深远意义的有关原理基础的危机。在数学定义中，必须从某个更广泛的概念出发，通过专业解读给出有关集合概念。但是，由于概念的通用性，人们很难在数学领域给出集合的一个精确定义。考虑到这个根本性的困难，集合论的创始人 Cantor（德国数学家）在 1895 年给出了一个至少可以对实际工作提供足够精确定义的集合概念。

声明：　集合是对某些在我们的直觉或者想法中完全不同的事物的总结。其中，每个事物都可以被唯一确定：是否属于这个集合。集合中的事物被称为对应集合的元素（简称为元）。

除了上面声明中的定义，还可以使用"总结"这个概念。在德语中，还有大量的词汇可以表示集合："系统""类""整体""收集""族"，以及在命题形式中提到的"个体域"。无论在哪种情况下人们都会面临一个问题：必须使用一个数学无法解释的概念对集合概念进行描述。

下面我们只讨论一种集合类型，即被定义清楚而没有矛盾，并且在构成上没有疑问的集合。这里，我们之所以要强调这个显而易见的事实，是因为定义通用集合概念的过程中出现的根本困难也会导致实际内容出现问题，就像如下的示例展示的那样。根据 Cantor 对集合的完美声明可以很显然地看出，被明确定义的"所有集合的集合"在现实的逻辑中并不能给出充分的描述，因此并不存在。用一个简单的问题就可以揭示这个矛盾：所有集合的集合本身是否属于集合的集合。现在假设答案是否定的，即所有集合的集合本身并不属于集合的集合，那么就可以得出在所有集合的集合中并不能涉及"所有"集合的集合。如果答案是肯定的，即所有集合的集合本身也是所有集合的集合的组成部分，那么所有集合的集合并不能是"所有"集合的集合，因为如果这样的话，所有集合的集合必须还有包含一个真正的所有集合的集合。

在集合论中，通常使用大写字母表示集合，使用小写字母表示集合中的元素（简称元）。事实上，一个属于集合 M 的元素 a 会借助符号 $\in$ 表示为"$a \in M$"的形式。如果 a 不属于 M，那么可以将"$\neg(a \in M)$"用更短的形式"$a \notin M$"替代。如果一个集合只包含有限多个元素，那么这样的集合被称为有限集合。集合 M 中元素的个数被称为 M 的基数或者势，表示为 $\sharp M$ 或者 $|M|$。

如果一个集合中的元素的数量是无限的，那么这个集合被称为无限集合。

有限集合的描述可以简单明了地通过列举其所有元素来给出。集合中的元素可以由两个大括号括起，每个元素之间由逗号分隔开。例如，由单词"INFORMATIK"中不同字母组成的集合可以表示为

$$\{I,N,F,O,R,M,A,T,K\}$$

在这个集合中，字母"I"只出现一次。这是因为，在单词"INFORMATIK"中出现两次的字母"I"是完全相同的，那么根据我们对集合元素的要求（集合中各个元素是可以相互区分开的），字母"I"在该集合中只能出现一次。这里需要注意的是，一个集合中元素的列举顺序并没有意义。对于集合 $\{I,N,F,O,R,M,A,T,K\}$ 来说，我们也可以将其表示为 $\{N,I,F,O,R,M,A,T,K\}$ 或者 $\{K,T,A,M,R,O,F,N,I\}$。每种表达形式表示的都是相同的集合，即都表示单词"INFORMATIK"中涉及的不同字母的集合。

示例 3.1

(1) 集合 $M = \{1,2,3,4,5\}$ 是由 5 个元素 1、2、3、4 和 5 组成的。因此，集合 M 的基数为 $\sharp M = 5$。

(2) 集合 $M = \{\Box, \Diamond, \triangle\}$ 是一个由 3 个元素组成的集合，即集合 M 的基数为 $\sharp M = 3$。

(3) 由拉丁字母表中的所有字母组成的集合

$$D = \{a,b,c,d,e,f,g,h,i,j,k,l,m,n,o,p,q,r,s,t,u,v,w,x,y,z\}$$

是一个有限集合。这个有限集合是由 26 个字母组成的，即集合 D 的基数为 $\sharp D = 26$。

(4) 由拉丁字母表构造的、所有长度为 5 的字母串所组成的集合是一个有限集合。这个集合由 $26^5 = 11\,881\,376$ 个元素组成。当然，其中只有少量的字符串是有意义的德语单词。为了尽可能降低本书的成本，这里我们将不会罗列出该集合的所有元素。

在最后一个示例中我们可以看到，在很多情况下通过罗列出所有元素来描述一个集合并不是很容易的事情。当然，对于无限集合来说这甚至是不可能实现的事情。因此，我

们需要通过一个被定义属性来给出集合的表示。这种属性仅仅是将被考虑集合中的元素与其他事务区分开。例如，通过"能被 2 整除"这个属性就可以在所有整数集合中构造出所有偶数集合。

用命题形式来描述被定义属性是非常适合的，即在替代所有属于集合中的元素时真值为 T，在替代所有不属于集合的事物时，真值为 F。例如，$E(x)$ 表示"x 是一个偶数"在个体域为整数 $\mathbb{Z}$ 上的命题形式。那么，该集合中所有偶数可以表示为 $\{x \in \mathbb{Z} \mid E(x)\}$。

示例 3.2

(1) 如果 $E(x)$："$x > 10$"是个体域为自然数 $\mathbb{N}$ 的命题形式，那么 $\{x \in \mathbb{N} \mid E(x)\}$ 表示所有大于 10 的自然数的集合。

(2) 如果 $E(x)$："$x > 10$"是个体域为实数 $\mathbb{R}$ 的命题形式，那么 $\{x \in \mathbb{R} \mid E(x)\}$ 表示所有大于 10 的实数集合。

(3) 如果命题形式 $E(x)$ 被定义为一个集合 U，并且对于 U 中的每个元素，$E(x)$ 都是假的，那么 $\{x \in U \mid E(x)\}$ 中没有一个元素，即为空集。

(4) 如果 $E(x)$ 的命题形式为"$x^2 - 3x + 2 = 0$"，那么集合 $\{x \in \mathbb{Z} \mid E(x)\}$ 正好由两个元素 $\{1, 2\}$ 组成。当我们将个体域为自然数的命题形式 $E'(x) : (0 < x < 3)$ 表示为 $\{x \in \mathbb{N} \mid (0 < x < 3)\}$ 时，我们得到的集合与集合 $\{x \in \mathbb{Z} \mid E(x)\}$ 完全相同。

3.2　集合相等

正如我们在单词"INFORMATIK"字母的示例中看到的那样，可以使用不同的表达方法来表示集合。除了前面已经介绍过的枚举法，我们还可以借助两个被定义的属性 $E(x)$："x 出现在单词 INFORMATIK 中"和 $E'(x)$："x 出现在单词 KINOFORMAT 中"在个体域为拉丁字母表的大写字母来刻画这个集合。为了更深入地研究这种现象，我们首先必须明确：什么时候两个集合被认为是相等的？

▲　**定义 3.1**　两个集合 A 和 B 是相等的（表示为 $A = B$），当且仅当集合 A 中的每个元素也是集合 B 中的元素，同时集合 B 中的每个元素也是集合 A 中的元素（即这两个集合具有相同的元素）。

当两个集合不相等的时候，人们通常使用"$M_1 \neq M_2$"来替代命题"$\neg(M_1 = M_2)$"的表示。

示例 3.3

(1) $\{a, b, c\} = \{a, c, b\} = \{b, a, c\} = \{b, c, a\} = \{c, a, b\} = \{c, b, a\}$

(2) $\{1, 2, 2, 2, 1\} = \{1, 2\}$

(3) $\{x, y, z\} \neq \{x, y\}$

同样地，对于无限集合也可以通过不同的命题形式进行描述。例如，如果 $E(x)$: "x 具有一个可以被 3 整除的校验和" 和 $E'(x)$: "x 可以被 3 整除" 是两个个体域为自然数 $\mathbb{N}$ 的命题形式。由于每个可以被 3 整除的校验和的自然数都可以被 3 整除，反之亦然，即每个可以被 3 整除的自然数都具有一个可以被 3 整除的校验和，因此可得：

$$E(x) \equiv E'(x)$$

当 $x \in \mathbb{N}$ 时可得：

$$\{x \in \mathbb{N} \mid E(x)\} = \{x \in \mathbb{N} \mid E'(x)\}$$

事实上，上面所使用到的论点都是通用的。

声明: 两个借助于命题形式 $E(x)$ 和 $E'(x)$ 在相同的个体域中被定义的集合是相等的，当且仅当 $E(x) \equiv E'(x)$ 成立，即对于个体域中的每个 a，$E(a)$ 和 $E'(a)$ 的真值都是一致的。

虽然这个总结没有进一步的论点进行支撑，但是我们仍然想在逻辑上给出这个有效声明的各个步骤，并且用数学证明的方法进行论证，从而获得数学证明的基本理论。

如果 M 和 M' 是两个借助于命题形式 $E(x)$ 和 $E'(x)$ 通过同一个个体域 U 被定义的集合: $M = \{x \mid E(x)\}$ 和 $M' = \{x \mid E'(x)\}$。那么可以声明: M 和 M' 是完全相等的，当且仅当 $E(x)$ 和 $E'(x)$ 是逻辑等值（等价）的。这个声明完全可以由以下给出的两个必须被单独证明的蕴含有效性来证明:

(1) $(M = M') \rightarrow (E(x) \equiv E'(x))$

(2) $(E(x) \equiv E'(x)) \rightarrow (M = M')$

正如我们所知的那样，一个错误的条件总是会影响整个蕴含的正确性。因此，我们每次只需要关心一种情况: 条件是真的，并因此显示出结论也是真的。

我们首先假设: 第一个蕴含的条件是满足的，即 $M = M'$ 成立。根据集合相等的定义，M 中的每个元素都属于 M'；反之亦然，M' 中的每个元素也都属于 M。为了证明 $E(x)$ 和 $E'(x)$ 是逻辑等值的，$E(x)$ 和 $E'(x)$ 在相同个体域 U 中给定的每个元素 a 必须满足: 由两个命题形式 $E(x)$ 和 $E'(x)$ 生成的命题 $E(a)$ 和 $E'(a)$ 具有相同的真值。现在我们假设: $E(a)$ 对于任意给定的元素 $a \in U$，$E(a)$ 都是一个真命题。根据对集合 $M = \{x \mid E(x)\}$ 的定义，并且基于 M 和 M' 的相等性，a 也属于 $M' = \{x \mid E'(x)\}$，因此 $E'(a)$ 同样是真命题。相反，如果假设 $E(a)$ 是假命题，那么可以得出 a 不属于 M，因此也不属于 M'，那么命题 $E'(a)$ 也是假的。因为 $E(x)$ 和 $E'(x)$ 被定义在了相同的个体域上，因此我们可以证明: 两个命题形式 $E(x)$ 和 $E'(x)$ 具有相同的真值结果，即这两个命题是逻辑等值（等价）的。

现在我们仍然需要证明两个蕴含的正确性。正如前面所述，当条件是正确的，那么结论中两个命题形式 $E(x)$ 和 $E'(x)$ 就是逻辑等值的。为了证明两个集合 $M = \{x \mid E(x)\}$ 和 $M' = \{x \mid E'(x)\}$ 是相等的，我们要从 M 中提取出任意一个元素 a。由于 $a \in M$，因

此 $E(a)$ 为真命题。基于逻辑等值的定义，可知 $E'(a)$ 也是真命题，即 $a \in M'$ 成立。另一方面，考虑任意一个元素 $a \in M'$ 会得出一个类似的结论，即 $a \in M$ 也成立。这就证明了，两个集合 M 和 M' 是相等的。

示例 3.4

(1) 当且仅当 $(0 < x < 3)$ 时，命题形式 $(x^2 - 3x + 2 = 0)$ 在自然数域 $\mathbb{N}$ 中是成立的。因此，两个通过命题形式被定义的集合 $\{x \in \mathbb{N} \mid x^2 - 3x + 2 = 0\}$ 和 $\{x \in \mathbb{N} \mid 0 < x < 3\}$ 是相等的，即

$$\{x \in \mathbb{N} \mid x^2 - 3x + 2 = 0\} = \{x \in \mathbb{N} \mid 0 < x < 3\}$$

(2) 众所周知，二项式的命题形式 $p(x, y) : (x + y)^2 = x^2 + 2xy + y^2$ 在实数域 $\mathbb{R}$ 上是重言式。因此，当 $y = 1$ 时，对于所有的实数 x，命题 $(x + 1)^2 = x^2 + 2x + 1$ 都是真的。那么我们可以得到：$\{x \in \mathbb{R} \mid (x + 1)^2 = x^2 + 2x + 1\} = \mathbb{R}$。

3.3　补集

到目前为止，我们借助一个基于所谓个体域 U 元素的命题形式 $E(x)$ 构造了一个集合 M。这种集合具有某种共同属性，并且对于命题形式 $E(x)$ 具有真值 T：

$$\{x \in U \mid E(x)\}$$

由 $E(x)$ 还可以得出 $\neg E(x)$ 也是一个个体域 U 上的命题形式。因此，我们也可以通过 U 中的元素构造一个集合 $\overline{M}$。这个集合满足被否定的命题形式 $\neg E(x)$，并且不具备上面提到的属性：

$$\overline{M} = \{x \in U \mid \neg E(x)\}$$

显而易见，集合 $\overline{M}$ 是被唯一确定的。对于 $u \in U$ 中的每个元素，命题 $E(u)$ 不是真的，就是假的。因此，U 中的每个元素肯定属于两个集合 M 和 $\overline{M}$ 中的一个，但是永远不会同时属于这两个集合。

▲　**定义 3.2**　如果 $E(x)$ 是一个关于集合 U 的命题形式。那么两个集合

$$M = \{x \in U \mid E(x)\} \text{ 和 } \overline{M} = \{x \in U \mid \neg E(x)\}$$

被称为在 U 上互补。$\overline{M}$ 称为集合 M 在 U 上的补集或者余集。

基于命题的等价性 $E(x) \equiv \neg(\neg(E(x)))$ 可得，M 在 U 中的补集 $\overline{M}$ 的补集 $\overline{(\overline{M})}$ 仍是 M 本身，即

$$\overline{(\overline{M})} = \{x \in U \mid \neg(\neg E(x))\} = \{x \in U \mid E(x)\} = M$$

示例 3.5

(1) $\overline{\{x \in \mathbb{Z} \mid x \text{ 是偶数}\}} = \{x \in \mathbb{Z} \mid x \text{ 是奇数}\}$

(2) $\overline{\{x \in \mathbb{N} \mid x \text{ 是质数}\}} = \{x \in \mathbb{N} \mid x \text{ 是合数}\}$

(3) $\overline{\{x \in \mathbb{N} \mid (x > 5)\}} = \{0, 1, 2, 3, 4, 5\}$

3.4　空集

现在,我们来看基于基础集合 U 上的一个命题形式:对于 U 中的所有元素,命题的真值都为真。例如,命题形式为 $(x = x)$,那么 U 可以写成 $U = \{x \in U \mid (x = x)\}$。这个集合的补集具有如下形式:

$$\overline{U} = \{x \in U \mid \neg(x = x)\} = \{x \in U \mid (x \neq x)\}$$

显而易见,集合 $\overline{U}$ 虽然和以前所提及的集合一样都是被正确定义的集合,但是该集合中并不包含元素。这样的集合 $\overline{U}$ 被称为基于 U 的空集,表示为 $\varnothing_U$。

按照构造我们首先会想到,集合 $\varnothing_U$ 应该是依赖于集合 U 的。但是按照以下的讨论可以发现,这种依赖性只是表面的。事实上,对于任何集合(或者个体域)M 和 N,$\varnothing_M = \varnothing_N$ 都是成立的。为了证实对应两个集合的相等性,我们根据集合相等的定义给出如下的证明:$\varnothing_M$ 中的每个元素也是 $\varnothing_N$ 中的元素,反之亦然,$\varnothing_N$ 中的每个元素也都属于 $\varnothing_M$。

我们首先考虑这个声明:$\varnothing_M$ 中的每个元素也是 $\varnothing_N$ 中的元素。根据 $\varnothing_M$ 定义可知:$\varnothing_M$ 中没有包含任何一个元素。因此,说法"$\varnothing_M$ 中的每个元素也是 $\varnothing_N$ 中的元素"是没有意义的。为了不让这种无意义的事情出现,我们需要将我们的论证放置到可靠的逻辑基础上。首先,我们将问题中的口语表达转换为具有严格数理逻辑的形式化语言,即可得到蕴含:"$(a \in \varnothing_M) \to (a \in \varnothing_N)$"。我们的声明"$\varnothing_M$ 中的每个元素都属于 $\varnothing_N$"显然证明了(如果该声明被证明成立)上面蕴含的真值总为真 $\mathbf{T}$。事实上对应的证明并不困难:由于 $\varnothing_M$ 并不具有单个的元素,因此条件命题"$(a \in \varnothing_M)$"对于每个元素 a 都是假的。根据蕴含的定义:具有假条件的蕴含命题总是真的,因此"$(a \in \varnothing_M) \to (a \in \varnothing_N)$"对于每个 a 都是真命题。

类似地,第二个需要被证明的蕴含"$(a \in \varnothing_N) \to (a \in \varnothing_M)$"也是真的。这样,两个集合的相等性就使用严格的数学证明方法证明了:

$$\varnothing_M = \varnothing_N$$

这个声明对于任意集合 M 和 N 都是成立的,因此空集是唯一的。

▲　**定义 3.3**　一个不包含元素的集合被称为空集,表示为 $\varnothing$。

这里需要说明的是：集合 $\{\varnothing\}$ 并不是空集，而是一个具有一个元素的集合，那个元素就是空集 $\varnothing$。

3.5　子集和超集

集合之间的关系，除了是否相等外，对于命题来说，两个不相等的集合以及它们之间的关系也是非常有意义的。例如，两个集合之间是否存在一个明显的差异，两个集合是完全不同，还是一个集合完全被包含在了另外一个集合中。

▲　**定义 3.4**　设 A 和 B 是两个集合。A 称为 B 的子集（表示为 $A \subseteq B$），当且仅当 A 的每个元素都是 B 的元素。用数理逻辑的语言可以表示如下：

$$(A \subseteq B) \equiv (\forall x : x \in A \to x \in B)$$

有时，命题形式 $A \subseteq B$ 也可以写成 $B \supseteq A$，这时 B 被称为 A 的超集。如果 $A \subseteq B$ 和 $A \neq B$ 同时成立，那么 A 称为 B 的真子集，或者 B 称为 A 的真超集。如果想强调这个事实，那么可以用 $A \subset B$ 以及 $B \supset A$ 来替代 $A \subseteq B$ 和 $B \supseteq A$。最后，可以用 $A \not\subseteq B$ 和 $B \not\supseteq A$ 来简化 $\neg(A \subseteq B)$ 和 $\neg(B \supseteq A)$。

示例 3.6

(1)　$\{a, b, c\} \subseteq \{a, b, c, d\}$

(2)　$\{a, b, c\} \subset \{a, b, c, d\}$

(3)　$\{1, 2, 3, 4, 5\} \subset \mathbb{N}$

(4)　$\mathbb{N} \subset \mathbb{Z} \subset \mathbb{Q} \subset \mathbb{R}$

(5)　$\mathbb{N} \not\subset \mathbb{N}^+$

如果我们将集合表示为平面上的曲面，那么两个不同集合之间的关系和基本运算就可以借助所谓的文氏图（Venn diagram）进行表示。下面给出了有关子集关系 $N \subseteq M$ 的两个可能的文氏图：

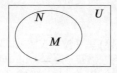 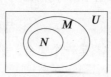

现在我们来看有关 $N \not\subseteq M$ 的可能文氏图：

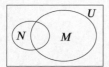 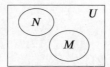 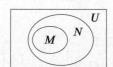

子集本身当然也是集合，也可以使用命题形式来表示。因此，一个集合 M 的任意一个子集 N 是借助逻辑等值通过由 M 的个体域组成的集合，对应被唯一确定的命题形式 $E(x)$ 可以显示为

$$N = \{x \in M \mid E(x)\}$$

例如，对于 $E(x)$ 可以使用命题形式 $E(x) : ”x \in N”$。更有趣的是：可以通过使用 $E(x)$ 来描述 N 的元素属性。该属性可以将 M 中的其他元素区分开。

空集 $\varnothing$ 是任意一个集合 B 的子集。这个断言可以参考如下论点：$\varnothing$ 不包含元素，因此 $\varnothing$ 中的每个元素都属于集合 B。这时就会有人对"空集 $\varnothing$ 中的每个元素"这样的表达提出异议，因为这种表达根本没有意义，$\varnothing$ 原本就不包含任何元素。因此，对于空集我们考虑使用来自两难的严格的逻辑论证公式。首先，我们给出子集关系事实的正式逻辑表达：命题"A 中的每个元素都是 B 中的元素"还可以表达得更复杂确切些："对于每个对象 x 都可以表示为：如果 x 是 A 的元素，那么 x 也是 B 中的元素"，或者用公式表达如下：

$$\forall x : (x \in A) \to (x \in B)$$

现在，为了证明对于任意的集合 M，"$\varnothing \subseteq M$"都成立，需要将上面定义中的 A 替代成 $\varnothing$，B 替代成 M，并且寻找由此产生的命题 $\forall x : (x \in \varnothing) \to (x \in M)$ 的真值。因为命题形式"$(x \in \varnothing) \to (x \in M)$"的前提"$(x \in \varnothing)$"，所以对于每个 x，被选择出的对象 a 都是假的。因此，该蕴含总为真，并且可以推论出统一量化的命题："$\forall x : (x \in \varnothing) \to (x \in M)$"。

有关集合相等性我们也可以单独使用子集关系来表达，并且形式会更容易处理。"$A \subseteq B$"表示"A 中的每个元素都是 B 中的元素"。$A = B$ 成立，当且仅当 $A \subseteq B$ 和 $B \subseteq A$ 同时成立。在数理逻辑的形式语言中，$A \subseteq B$ 可以由 $\forall x : x \in A \to x \in B$ 来表达。那么，集合等值（等价）可以被简洁地表述为

$$A = B \equiv (\forall x : (x \in A \to x \in B)) \wedge (\forall x : (x \in B \to x \in A))$$

3.6 幂集和集合族

对于任何一个集合 M，我们都可以使用 M 中的所有子集组成一个集族，即所谓的 M 的幂集。

▲ **定义 3.5** 假设 M 是一个集合。那么 $P(M) = \{N \mid N \subseteq M\}$ 是集合 M 的幂集。

由于 $\varnothing \subseteq M$ 和 $M \subseteq M$ 对于任何一个集合 M 都成立，因此 $\varnothing \in P(M)$ 和 $M \in P(M)$ 也成立。如果 M 是有限的，那么 $P(M)$ 也是有限的。

示例 3.7

(1) $P(\{1,2\}) = \{\varnothing, \{1\}, \{2\}, \{1,2\}\}$

(2)　$P(\{1,2,3\}) = \{\varnothing, \{1\}, \{2\}, \{3\}, \{1,2\}, \{1,3\}, \{2,3\}, \{1,2,3\}\}$

(3)　$P(\mathbb{N})$ 包含无限多个元素，例如

- 所有元素 $\{i\}$，$i \in \mathbb{N}$ 的自然数

- 所有两个数集合，三个数集合，……，自然数个数集合

- 所有可以被 2 整除的集合，被 3 整除的集合，……，被自然数个数整除的集合

- 所有三位数，四位数，……，自然数个数

- 包括集合 $\varnothing$ 和 $\mathbb{N}$ 本身。

如果 M 中只包含有限多个元素，那么人们可以借助由点和连接线组成的示意图很好地将其可视化。其中，点代表 M 中的子集，即 $P(M)$ 中的元素，连接线给出了被连接元素之间的关系。具有相同数量元素的子集会被排列到相同的高度，即具有较多元素的子集会位于具有较少元素的子集之上。例如，两个子集 N 与 N'，当 $N \subset N'$ 成立，但是不存在子集 N''，使得 $N \subset N'' \subset N'$ 成立，那么 N 与 N' 就会由一条连接线连接。接下来可以看到幂集 $P(\{1\})$、$P(\{1,2\})$ 和 $P(\{1,2,3\})$ 的示意图。

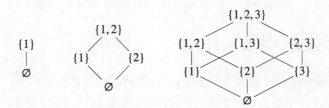

由于 $P(M)$ 本身仍然是一个集合，因此我们可以构造幂集 $P(M)$ 的幂集 $P(P(M))$，并且迭代这个过程。这种迭代过程通常被记作

$$P^m(M) = \underbrace{P(P(\cdots P}_{m \ \text{次}}(M)\cdots))$$

示例 3.8

$$\begin{aligned}
P^2\big(\{1,2\}\big) &= P\big(P(\{1,2\})\big) \\
&= P\big(\{\varnothing, \{1\}, \{2\}, \{1,2\}\}\big) \\
&= \big\{\ \varnothing,\ \{\varnothing\},\ \{\{1\}\},\ \{\{2\}\},\ \{\{1,2\}\}, \\
&\qquad \{\varnothing, \{1\}\},\ \{\varnothing, \{2\}\},\ \{\varnothing, \{1,2\}\},\ \{\{1\}, \{2\}\}, \{\{1\}, \{1,2\}\} \\
&\qquad \{\{2\}, \{1,2\}\},\ \{\varnothing, \{1\}, \{2\}\},\ \{\varnothing, \{1\}, \{1,2\}\}, \\
&\qquad \{\varnothing, \{2\}, \{1,2\}\},\ \{\{1\}, \{2\}, \{1,2\}\},\ \{\varnothing, \{1\}, \{2\}, \{1,2\}\}\big\}
\end{aligned}$$

　　这里需要注意的是：$\varnothing \neq \{\varnothing\}$。因为 $\varnothing$ 是一个没有元素的集合，而 $\{\varnothing\}$ 却是一个含有一个元素的集合，对应的元素为 $\varnothing$。

　　上面示例中，幂集族给出了第一个系列集合的集合。一般来说，集合的集合也被称为集合族。在幂集概念的框架下，下面被称为区间的集合族起着非常重要的作用。

▲　**定义 3.6**　假设 M 是一个集合，而 $P(M)$ 是该集合的幂集。对于两个属于 $P(M)$ 元素的集合 A 和 B，集合族

$$(A, B) = \{N \in P(M) \mid A \subset N \subset B\}$$

被称为 A 和 B 之间的(开) 区间。

　　集合族

$$<A, B> \;=\; \{N \in P(M) \mid A \subseteq N \subseteq B\}$$

$$<A, B) \;=\; \{N \in P(M) \mid A \subseteq N \subset B\}$$

$$(A, B> \;=\; \{N \in P(M) \mid A \subset N \subseteq B\}$$

分别称为集合 A 和 B 之间的闭合区间以及左闭合区间或者右闭合区间。

3.7　集合的交集、并集和补集

　　我们可以将两个集合 $\{1,3,5\}$ 和 $\{4,5,6\}$ 以自然的方式重组为三个集合 $\{1,3,4,5,6\}$、$\{5\}$ 和 $\{1,3\}$。在这三个集合中，第一个集合是由属于 $\{1,3,5\}$ 或者 $\{4,5,6\}$（或者同时属于这两个集合）集合中的所有的元素组成的。第二个集合是由两个集合中的共同元素组成的。而第三个集合则是由属于集合 $\{1,3,5\}$ 中的元素，但是不属于集合 $\{4,5,6\}$ 中的元素组成的。类似上面构造集合的方法在集合论中被称为集合运算。这个概念在最初是为了实现所谓的集合"计算"（稍后会给出详细的介绍），例如使用数字进行计算。其中，对应的计算规则应该遵循集合本身的规律。

　　一般来说，集合运算可以解释如下。

▲　**定义 3.7**　设 M 和 N 是两个任意的集合。

(1)　两个集合 M 和 N 中所有元素合并在一起构成了一个集合，称为 M 和 N 的并集，表示为 $M \cup N$。用形式逻辑语言记作

$$M \cup N = \{x \mid (x \in M) \vee (x \in N)\}$$

(2)　同时属于两个集合 M 和 N 的所有元素总和构成了一个集合，称为 M 和 N 的交集，表示为 $M \cap N$。用形式逻辑语言记作

$$M \cap N = \{x \mid (x \in M) \wedge (x \in N)\}$$

(3) 属于集合 M，却不属于集合 N 的所有元素总和构成了一个集合，称为集合 M 和 N 的补集（相对补集），表示为 $M - N$。用形式逻辑语言记作：

$$M - N = \{x \mid (x \in M) \wedge (x \notin N)\}$$

示例 3.9

(1) $\{1,3,5,7\} \cup \{1,2,4,5\} = \{1,2,3,4,5,7\}$

(2) $\{1,3,5,7\} \cap \{1,2,4,5\} = \{1,5\}$

(3) $\{1,3,5,7\} - \{1,2,4,5\} = \{3,7\}$

(4) $\{a,b\} \cup \{a,b\} = \{a,b\} = \{a,b\} \cap \{a,b\}$

(5) $\{a,b\} - \{a,b\} = \varnothing$

(6) $M \cap \overline{M} = \varnothing$

(7) $M - \overline{M} = M$

(8) 如果 $A,B \in P(M)$，那么 $(A,B) \cup \{A,B\} = <A,B>$ 成立

(9) 如果 $A,B \in P(M)$，那么 $<A,B> \cap (A,B) = (A,B)$ 成立

(10) $\{(x,y) \mid x,y \in \mathbb{R}$ 和 $x^2 + y^2 = 4\} \cap$
$$\{(x,y) \mid x,y \in \mathbb{R} \text{ 和 } y = 3x + 2\} = \{(0,2),(-6/5,-8/5)\}$$

前面介绍的集合运算还可以借助文氏图更好地进行可视化。

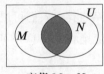
交集 $M \cap N$

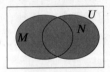
并集 $M \cup N$

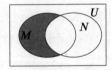
补集 $M - N$

通过这些文氏图可以很容易地看出，两个集合的交集和并集存在如下的关系：

$$M \cap N \subseteq M \quad N \subseteq M \cup N$$

当然，为了推理的准确性，我们不能这样草率地给出结论，必须从逻辑上完全证实这一说法。为此，我们首先回到交集和并集的定义上：根据定义，$M \cap N$ 是由来自两个集合 M 和 N 中共同的元素组成的集合。因此，$M \cap N$ 中的每个元素都同时属于 M 和 N。那么可得 $M \cap N \subseteq M$ 和 $M \cap N \subseteq N$ 成立。根据定义，我们可知 $M \cup N$ 中的所有元素完全包含了集合 M 和 N。因此，$M \subseteq M \cup N$ 和 $N \subseteq M \cap N$ 也是成立的。

根据对称性，在定义两个集合 M 和 N 的交集和并集中，并不需要考虑两个集合的顺序：即构建的 $M \cup N$ 或者 $N \cup M$ 集合，以及 $M \cap N$ 或者 $N \cup M$ 都是相同的集合：

$$M \cap N = N \cap M \quad M \cup N = N \cup M$$

虽然这种被称为交换律的规律对于集合的交集和并集运算是显而易见的,但是还有很多其他的集合操作并不具有这种规律。例如,集合的补集运算就是不可交换的。如果构建从集合 M 中删除集合 N 中元素的集合 $M - N$,或者构建从集合 N 中删除集合 M 中元素的集合 $N - M$,那么得到的两个集合会有很大的差别。

集合运算还具有很多其他的规律。我们首先来证明交集和并集运算的结合律。该规律并不依赖这些集合的运算顺序。为了证明这一说法,需要证明下面三个集合 L、M、N 构成的两个运算中的每个运算都是成立的:

$$L \cup (M \cup N) = (L \cup M) \cup N$$

$$L \cap (M \cap N) = (L \cap M) \cap N$$

这两个等式的证明基于的是一个非常类似的推理过程。因此,我们只需要证明第一个等式的有效性即可。这里,为了证明两个集合的等价性,我们必须同时证明 $L \cup (M \cup N) \subseteq (L \cup M) \cup N$ 和 $(L \cup M) \cup N \subseteq L \cup (M \cup N)$ 都成立。假设 $a \in L \cup (M \cup N)$ 是任意被选择的元素,那么根据并集定义可得: $(a \in L) \vee (a \in M \cup N)$ 和 $(a \in L) \vee ((a \in M) \vee (a \in N))$。根据析取的结合律可以得到一个逻辑等值公式: $((a \in L) \vee (a \in M)) \vee (a \in N)$,即 $(a \in L \cup M) \vee (a \in N)$。这样就可以得出: $a \in (L \cup M) \cup N$。类似地,人们可以对第二个包含关系进行证明。根据定义, $a \in (L \cup M) \cup N$ 可以被解释为: $(a \in L \cup M) \vee (a \in N)$ 和 $((a \in L) \vee (a \in M)) \vee (a \in N)$。根据析取的结合律可以得到一个逻辑等值公式: $(a \in L) \vee ((a \in M) \vee (a \in N))$ 是逻辑等于,即 $(a \in L) \vee (a \in M \cup N)$。因此就可以得出: $a \in L \cup (M \cup N)$。

通过上面的证明过程中被应用到的基本规律,即所谓的结合律,人们可以很容易地得出:一个给定的有限数量的集合不失一般性(w.l.o.g.[1])的交集和并集总是可以从左到右[2] 地执行,而不会影响最终的结果。

示例 3.10

对于任意给定的集合 A、B、C、D、E、F,可以得出:

$$(A \cup B) \cup (C \cup ((D \cup E) \cup F)) = ((((A \cup B) \cup C) \cup D) \cup E) \cup F$$

事实上,集合结合律的应用可以重复使用:

$$\begin{aligned}
(A \cup B) \cup (C \cup ((D \cup E) \cup F)) &= ((A \cup B) \cup C) \cup ((D \cup E) \cup F) \\
&= (((A \cup B) \cup C) \cup (D \cup E)) \cup F \\
&= ((((A \cup B) \cup C) \cup D) \cup E) \cup F
\end{aligned}$$

---

[1] w.l.o.g. 是一个数学上经常被使用的缩写:"Without loss of generality"。所表达的事实是: 给出的决定并不涉及一种特殊情况的考虑,而只是提供了通常情况下可能的事实。
[2] 不失一般性地,我们可以这么说:"从左到右",或者"从中间开始"等。

　　假设集合 M 和 N 使用了被定义的属性进行描述，即 $M = \{x \mid E_M(x)\}$ 和 $N = \{x \mid E_N(x)\}$ 是对两个命题形式 $E_M(x)$ 和 $E_N(x)$ 通过相同的个体域 U 描述的。那么，对应的交集、并集和补集可以简明地表示为：

$$M \cup N = \{x \mid E_M(x) \vee E_N(x)\}$$

$$M \cap N = \{x \mid E_M(x) \wedge E_N(x)\}$$

$$M - N = \{x \mid E_M(x) \wedge \neg E_N(x)\}$$

　　事实上，在这些关系中，命题形式的逻辑联结和集合运算之间的深层关系清晰可见：在第 2 章中讨论的命题联结和命题形式，以及被精准定义的真值表可以相当准确以及合乎逻辑地描述集合运算。我们稍后会一直重复不断地使用这些关系，例如，我们谈论非常特殊的集合，或者不同的、被复制构造的集合之间的本质的时候。为了特定集合运算属性的证明，也会应用命题逻辑和集合论之间的深层次关系。例如，对于两个集合运算 $\cup$ 和 $\cap$，对应的结合律或者交换律的充分证明，对应的就是命题逻辑运算中的 $\vee$ 和 $\wedge$ 证明那样。

　　为了说明这种关系，我们来看两个更准确的用于集合运算的计算规则。首先，我们来看交集和并集的转换，并且考虑集合运算 $L \cup (M \cap N)$，这里同时出现了 $\cup$ 和 $\cap$。根据定义，这个集合构造对应于逻辑命题联结 $p \vee (q \wedge r)$，其中 $p : x \in L$，$q : x \in M$ 和 $r : x \in N$。如果在该命题联结上对逻辑运算符 $\vee$ 和 $\wedge$ 使用分配律，那么可以得到：

$$p \vee (q \wedge r) \equiv (p \vee q) \wedge (p \vee r)$$

如果使用由 $\vee$ 和 $\wedge$ 定义的集合运算符 $\cup$ 和 $\cap$，那么马上可以得到等值集合：

$$L \cup (M \cap N) = (L \cup M) \cap (L \cup N)$$

也就是对应集合运算 $\cup$ 和 $\cap$ 的分配律。 当然，用于其他命题逻辑联结的分配律也适用于集合联结的分配律。

　　来自命题联结领域的两个德·摩根定律（De Morgan's laws）：

$$\neg(p \wedge q) \equiv (\neg p) \vee (\neg q) \quad \text{和} \quad \neg(p \vee q) \equiv (\neg p) \wedge (\neg q)$$

可以直接被转换到集合领域。我们使用了对应命题的非和补之间、或和并之间，以及与和交之间的定义：

$$\overline{(M \cup N)} = \overline{M} \cap \overline{N}$$

和

$$\overline{(M \cap N)} = \overline{M} \cup \overline{N}$$

基于对应的结合律和交换律，两个命题运算的交和并也可以被使用在集合族中。为了绕开前面给出的正式集合定义所产生的问题，我们只考虑一个幂集的子集所组成的集合族。

▲ **定义 3.8** 设 M 是一个集合，并且 $\mathscr{F} \subseteq P(M)$。那么集合

$$\bigcup \mathscr{F} = \{x \mid \exists N : (N \in \mathscr{F} \land x \in N)\}$$

称为来自 $\mathscr{F}$ 的所有集合的并集。

集合

$$\bigcap \mathscr{F} = \{x \mid \forall N : (N \in \mathscr{F} \to x \in N)\} \cap \bigcup \mathscr{F}$$

称为来自 $\mathscr{F}$ 的所有集合的交集。

两个被应用的命题形式：自由变量为 N 的 $N \in \mathscr{F} \land x \in N$ 和 $N \in \mathscr{F} \to x \in N$，对应的范围是 $P(M)$。

示例 3.11

(1) 假设 $M = \mathbb{N}$。由 $\mathscr{F} = \{\{1,2,3\}, \{3,4,5\}, \{5,6,7\}, \{7,8,9\}\}$ 可以得到：

$$\bigcup \mathscr{F} = \{1,2,3,4,5,6,7,8,9\} \quad 和 \quad \bigcap \mathscr{F} = \varnothing$$

(2) 对于 $\mathscr{G} = \{\{1,2,3,4\}, \{3,4,5,6\}\}$ 可以得到：

$$\bigcup \mathscr{G} = \{1,2,3,4,5,6\} \quad 和 \quad \bigcap \mathscr{G} = \{3,4\}$$

(3) 对于 $\mathscr{H} = \{B_0, B_1, B_2, B_3, \cdots\}$，其中 $B_i = \{x \in \mathbb{N} \mid 2^i \text{ 除以} x\}$，可以得到：

$$\bigcup \mathscr{H} = \mathbb{N} \quad 和 \quad \bigcap \mathscr{H} = \{0\}$$

3.8　笛卡儿积

从日常生活中，我们可以很容易地得出如下给出的集合构建原则：通过名的集合 {Julia, Martin} 和姓氏的集合 {Meier, Müller, Schulze}，人们可以构建出所有可能组合成的名字：

$$\{ \quad (Julia, Meier), (Julia, Müller), (Julia, Schulze),$$
$$(Martin, Meier), (Martin, Müller), (Martin, Schulze) \quad \}$$

这里，我们将每个来自名集合和姓氏集合的组合用一个小括号括起来。在任何情况下，小括号内的第一个位置都是来自第一个集合中的元素，即名。小括号内的第二个位置则是来自第二个集合中的元素，即姓氏。如果从数学的抽象角度来看，我们已经从给定的两个集合 M 和 N 中构建出了所有可能的二元组 (m, n)。其中，第一个元素满足 $m \in M$，另一个元素满足 $n \in N$。在数学中，这种二元组通常被称为有序对。为了更清晰地描述，必须同时指定出现的元素以及对应出现的顺序。两个有序对 (a, b) 和 (c, d) 被称为是相等的，当且仅当这两个二元组的第一个元素相等，第二个元素也相等，即 $a = c$

和 $b = d$ 成立。这时，如果我们来回忆一下集合的定义就会发现，集合中元素的顺序并没有起到任何作用。两个集合 $\{a, b\}$ 和 $\{c, d\}$ 是相等的，当且仅当 $a = c$ 和 $b = d$ 成立，或者 $a = d$ 和 $b = c$ 成立即可。基于这种根本区别，我们必须明确地区分 (a, b) 和 $\{a, b\}$ 之间的不同，有序对无论如何不能与含有两个元素的集合相混淆。

▲　**定义 3.9**　设 M 和 N 是两个（可以是相等的）集合。所有满足 $m \in M$ 和 $n \in N$ 的有序对 (m, n) 的整体组成了一个集合。这个集合被称为 M 和 N 的笛卡儿积（直积），表示为 $M \times N$：

$$M \times N = \{(m, n) \mid m \in M \wedge n \in N\}$$

对于空集这种特殊情况，下面等式成立：

$$M \times \varnothing = \varnothing, \quad \varnothing \times N = \varnothing$$

示例 3.12

(1)　如果两个集合为 $A = \{a, b\}$ 和 $B = \{\alpha, \beta, \gamma\}$，那么 A 和 B 的笛卡儿积 $A \times B$ 为

$$A \times B = \{(a, \alpha), (a, \beta), (a, \gamma), (b, \alpha), (b, \beta), (b, \gamma)\}$$

(2)　假设 $I = \{x \in \mathbb{R} \mid 0 \leqslant x \leqslant 5\}$ 和 $J = \{y \in \mathbb{R} \mid 0 \leqslant y \leqslant 1\}$ 是两个实数集合。那么来自笛卡儿积 $I \times J$ 的所有有序对为

$$I \times J = \{(x, y) \mid x \in I, y \in J\}$$

从学校的几何课程中我们已经知道，这种 $I \times J$ 类型的集合与（欧几里得）平面矩形关系密切。为此，我们首先在平面中定义一个直角坐标系。这样，每个点都可以通过对应的 x- 轴和 y- 轴坐标被唯一标识。在坐标轴中，对应第一个方向上的距离通常被作为 x- 轴，第二个通常被作为 y- 轴。对应的距离是以坐标系指定的单位进行测量的。当然，两个坐标的顺序是非常重要的。例如，$(2, 7)$ 表示的是一个与 $(7, 2)$ 完全不同的点。

如果现在来看点的分配，并且将集合 $I \times J$ 的有序对作为坐标对，那么 $I \times J$ 刚好可以描述为一个具有边长为 5 和 1 的平行矩形的所有点的集合。

为了进一步强化集合论的概念和抽象的数理逻辑思维，现在让我们简单地思考一下：如何才能在现有已知的集合语言范畴中对有序对的概念进行单独刻画。如前所述，含有两个元素的集合 $\{m, n\}$ 并不能准确地描述有序对。此外，我们还尝试了通过构造子集集合 $\{\{m\}, \{n\}\}$ 来刻画有序对。但是，由于存在 $\{\{m\}, \{n\}\} = \{\{n\}, \{m\}\}$ 的关系，因此这种构造也是失败的。接下来我们来看如下的构造 $\{\{m\}, \{m, n\}\}$。我们可得：$\{\{m\}, \{m, n\}\} = \{\{r\}, \{r, s\}\}$，当且仅当 $m = r$ 和 $n = s$。

为了证明这一说法，即两个命题 $\{\{m\},\{m,n\}\} = \{\{r\},\{r,s\}\}$ 和 $m = r \wedge n = s$ 是等价的。我们首先假设：$\{\{m\},\{m,n\}\} = \{\{r\},\{r,s\}\}$ 是成立的。根据集合相等的定义，这就意味着：$\{m\} = \{r\}$ 和 $\{m,n\} = \{r,s\}$ 成立，或者 $\{m\} = \{r,s\}$ 和 $\{r\} = \{m,n\}$ 成立。在第一种情况下马上可以得到 $m = r$，因此也可以得到 $n = s$。在第二种情况下得到 $m = r = s$ 和 $r = m = n$，因此也可以得到 $m = r$ 和 $n = s$。现在，我们反过来进行证明，即在 $m = r$ 和 $n = s$ 的情况下，$\{\{m\},\{m,n\}\} = \{\{r\},\{r,s\}\}$ 也成立。而这是显而易见的，因为通过 $m = r$ 和 $n = s$ 可以马上得到 $\{m\} = \{r\}$ 和 $\{m,n\} = \{r,s\}$，进而可以得到 $\{\{m\},\{m,n\}\} = \{\{r\},\{r,s\}\}$。

这个过程事实上表明了：我们可以只使用集合概念就可以定义有序对 (m, n) 的概念，即对应 $\{\{m\},\{m,n\}\}$ 形式的集合。

有序对的定义可以相对容易地使用递归方法推广到具有两个以上元素的有序元组，即

$$(m_1, \cdots, m_t) = ((m_1, \cdots, m_{t-1}), m_t)$$

在这个多元有序元组中，右边是一个普通的有序对。该有序对具有一个并不普通的第一部分，因为这个部分本身还是一个有序对。该有序对也具有一个不普通的第一部分，以此类推。

▲ **定义 3.10** 设 $M_1, \cdots, M_t$ 是一组集合。$M_1, \cdots, M_t$ 的笛卡儿积记作 $M_1 \times \cdots \times M_t$。那么对应集合就是由所有满足 $m_i \in M_i$, $i = 1, \cdots, t$ 的有序 t- 元组 $(m_1, \cdots, m_t)$ 组成的，即

$$M_1 \times \cdots \times M_t = \{(m_1, \cdots, m_t) \mid m_1 \in M_1 \wedge \cdots \wedge m_t \in M_t\}$$

如果 $M_1 = M_2 = \cdots = M_t = M$ 成立，那么长的表达式 $\underbrace{M \times M \times \cdots \times M}_{t \text{ 次}}$ 可以被缩写为 M^t。其中，M^0 在这种表示法中表示空集，M^1 表示集合 M 本身。

示例 3.13

二维空间的点可以通过有序的坐标对来表示。同样的道理，三维空间的点也可以通过有序的坐标元组，即通过有序的三元组来表示。表示空间中的点 (x, y, z) 是指：从坐标原点出发的三维坐标系的第一个方向上放置的是 x 度量单位、第二个方向是 y 度量单位，以及第三个方向上的 z 度量单位。如果添加了测量时间点的第四个坐标，那么就可以得到一个有序的四元组，即一个提供了在所谓的空间时间连续性的点描述。例如，集合

$$\{x \in \mathbb{R} \mid 0 \leqslant x \leqslant 1\} \times \{x \in \mathbb{R} \mid 0 \leqslant x \leqslant 1\} \times \{x \in \mathbb{R} \mid 0 \leqslant x \leqslant 1\}$$

描述了一个边长为 1 的立方体，即所谓的单位立方体。该立方体在空间中的位置与三个坐标轴平行，并且左面、前面和下面的角位于坐标原点上。

为了方便以后的应用，下面会给出几个非常有趣的集合。

▲　**定义 3.11**　笛卡儿积的集合 $M^0, M^1, \cdots, M^n, \cdots$ 的并集使用 M^* 来表示：

$$M^* = \bigcup_{0 \leqslant i} M^i$$

示例 3.14

(1)　$\varnothing^* = \bigcup_{0 \leqslant i} \varnothing^i = \bigcup_{0 \leqslant i} \varnothing = \varnothing$

(2)　$\{x\}^* = \bigcup_{0 \leqslant i} \{x\}^i = \varnothing \cup \{x\} \cup \{(x,x)\} \cup \{(x,x,x)\} \cup \cdots$

　　　　$= \{x, (x,x), (x,x,x), \cdots\}$

3.9　集合运算的其他基本规律

现在，我们来看集合运算的一些其他属性。这些属性表明：我们可以凭借已知的运算规律与集合进行运算，比如具有普通数字的集合。当然，这里要区分观察规律和计算规则，以及某些数值的计算规则。总的来说，可以认为是一种集合代数。这里，集合的例子都是范式。事实上，数学和计算机科学在工程和科学的不同应用中的许多方面取得的成功都是取决于对被考虑对象的可计算性的能力。从而使其可以通过使用正式的计算、转换以及简化规则进行处理。

大量用于集合运算的有趣的和重要的计算规则为命题和命题形式提供了逻辑相等（等价）的基础。第 1 章中介绍过的命题逻辑和集合论之间的紧密联系可以使我们立即将这些等价规律应用到集合世界中，因为集合运算就是借助命题逻辑联结被定义的。正如已经讨论的那样，∧ 提供了可交换的性质，规则的有效性如下：

$$(p \wedge q) \equiv (q \wedge p)$$

由此我们可以马上得到集合交集的交换性：

$$A \cap B = B \cap A$$

事实上，根据 ∩ 的定义，上面的可交换性也是成立的：

$$x \in A \cap B \equiv x \in A \wedge x \in B$$

由于命题 $x \in A \wedge x \in B$ 和 $x \in B \wedge x \in A$ 基于 ∧ 的交换律是逻辑等价的，即

$$\forall x : (x \in A \wedge x \in B) \equiv \forall x : (x \in B \wedge x \in A)$$

因此可以得到：

$$A \cap B = B \cap A$$

由此，可以通过非常类似的考虑给出下面基于计算规则的集合等式的证明。为了培养严密的逻辑数学证明能力，强烈建议读者将每个等式依据基础命题重言式进行回推。

交换律:	$A \cap B$	$=$	$B \cap A$
	$A \cup B$	$=$	$B \cup A$
结合律:	$A \cap (B \cap C)$	$=$	$(A \cap B) \cap C$
	$A \cup (B \cup C)$	$=$	$(A \cup B) \cup C$
分配律:	$A \cap (B \cup C)$	$=$	$(A \cap B) \cup (A \cap C)$
	$A \cup (B \cap C)$	$=$	$(A \cup B) \cap (A \cup C)$
	$A \times (B \cup C)$	$=$	$(A \times B) \cup (A \times C)$
	$A \times (B \cap C)$	$=$	$(A \times B) \cap (A \times C)$
	$(A \times B) \cap (C \times D)$	$=$	$(A \cap C) \times (B \cap D)$
幂等律:	$A \cap A$	$=$	A
	$A \cup A$	$=$	A
双重否定律:	$\overline{(\overline{A})}$	$=$	A
德·摩根律:	$\overline{(A \cap B)}$	$=$	$\overline{A} \cup \overline{B}$
	$\overline{(A \cup B)}$	$=$	$\overline{A} \cap \overline{B}$
吸收律:	$A \cap B$	$=$	A, 如果 $A \subseteq B$
	$A \cup B$	$=$	B, 如果 $A \subseteq B$

第4章 数学证明

为了让自己和他人相信观察的有效性，人们引入了数学证明。首先，我们来了解证明的基本想法，以便在接下来的章节中可以给出一些简单的证明方法。

在前面两章中，我们总是不断地遇到这样的情况：我们自己必须要确信所得出的结论的有效性。虽然一些结论可以显而易见地从被引入的概念推导出来，但是却需要其他更深远和深刻的论点进行支撑。事实上，数学及其相关的计算机科学领域的独特特征就是这样的形式。这里所介绍方法的关键词是正规化和（数学）证明。毫不夸张地说，数学可以被看作是进行严格证明的科学。在其他领域，理论基于的是经验或者教条、观察或者概率。在数学中，一个声明是唯一正确的，当且仅当这个声明可以被"证明"，即当声明的正确性可以借助一个数学证明来证明。因此，在接下来的章节中我们将对数学证明的现象做一些基本的评论，以便更清晰其对应的要求。而对于个案分析，我们将在稍后的章节中进行介绍和讨论。

数学证明需要同时满足不同的目的：首先，它总是允许对不断被提出异议的问题进行全面的审查和评估。也就是说，问题本身受到的不断质疑有助于消除错误和不明了的地方，同时引起对该事实的持续重新评估。证明则可以促使每个学生都能够独立地给出对被审查事实的理解，从而进一步渗透到数学研究的中心。对证明的充分洞察力和深入的理解通常都非常简洁，并且使用的是极其精确的数学命题和事实。这样可以更容易地深入事实的核心，并且揭示其内在的联系。证明使得事实的有效性背景变得透明，并且可以显示其局限性，同时为可能的推广给出建议。因此，数学证明释放了创造性的数学能力，实现了对调查材料的艺术处理，并且鼓励数学化的创作。难怪那么多的数学讲座和书籍只包含纯粹的语句和证明。

经过这么长的铺垫至少应该说清楚了，没有阅读能力和数学证明的独立发现是不可能更深入地理解数学事实的（数学事实通常被称为数学公理或者定理）。我们可以通过一个具体的例子来给出数学证明是如何工作，以及它的目标是什么。下面是一个自然数可分性理论中的一个小小的陈述。

■ **定理 4.1** 设 $p \geqslant 5$ 是一个质数。那么数字 $z = p^2 - 1$ 总是可以被 24 整除。

借助计算器的帮助，人们可以快速地证明，这个陈述在质数为：$p = 5$、7、11、13、17 时是正确的。如果人们有更多的时间去尝试更大的质数，那么也不会改变这个陈述给出结果的正确性。通常，人们通过个例观察（这在其他科学中是一种常见的做法）就可以进行阐述：$z = p^2 - 1$ 被 24 可分的结论是确定以及有效的。但是在数学领域，这种方法是绝对不能接受的。因为，这里声明的有效性是面向所有的质数，即不能存在任何一个反例。事实上，这种实验和尝试的策略从一开始就注定要失败，因为存在着无数多的质数。在我们（有限）的生命中，只能通过尝试来确定有限多个声明中的质数。因此，原则上不排除会出现一个非常非常大的、我们还没有尝试过的质数对于这个声明是无效的。

尽管如此，我们仍然可以确定：上面的声明适用于所有的质数。这种确定性来自于数学证明的存在：凭借严格的逻辑规则，将被声明的属性显示为已经被证明过的数学定理、定义或者少数一些公理（这些显然是有效的"终极"事实）的结论。

证明： 基于二项式定理的有效性，我们可以将 $z = p^2 - 1$ 分解为

$$p^2 - 1 = (p-1) \cdot (p+1)$$

首先，我们确定 $(p-1)$、p 和 $(p+1)$ 是三个相互连续的自然数。由于三个相互连续的自然数总是可以被 3 整除，并且由于 p 本身是大于 3 的质数，因此不能被 3 整除。这样一来就可以得出，$(p-1)$ 或者 $(p+1)$ 中的一个数必须能够被 3 整除。

此外，作为大于 5 的质数 p 一定是一个奇数，不然就会被 2 整除而不是质数了。那么可以断定：$(p-1)$ 和 $(p+1)$ 是两个偶数，即都可以被 2 整除。由于两个相互连续的偶数中的必定有一个可以被 4 整除，因此 $(p-1)$ 或者 $(p+1)$ 必定有一个数能被 4 整除。

综上所述，z 的两个组成部分 $(p-1)$ 和 $(p+1)$，一个可以被 3 整除，被 2 整除，另一个可以被 4 整除。因此，作为 $(p-1)$ 和 $(p+1)$ 乘积的 z 就可以如声明中陈述的那样可以被 $24 = 2 \times 3 \times 4$ 整除。

在实质性论证（从最初的不直观、曲折复杂的思路经过心里认知过程后才会得到无可辩驳的事实）之后，我们现在将重点放在这个简单证明的形式结构上：利用已经被证实的二项式公式对所讨论的数字进行转换，以便可以应用其他一些已经被证明了的数论公理。例如，三个相互连续的自然数中总是有一个是可以被 3 整除的。这里，所罗列的事实都是被单独评估过的，并且通过第 1 章中提出的逻辑规则组成了更为复杂的语句。例如，如果 z 同时可以被 2 和 3 整除，那么它也可以被 6 整除。

下面我们来简短地看看逻辑推理的过程。一个定理通常是由两个命题 A 和 B 以蕴含的形式关联在一起的：

"如果 A，那么 B"

每个单独的证明步骤必须是基于每个重言式的逻辑推理规则，即一个命题联结，不依赖单个命题的真值而总是真的（参见第 1 章）。尤其是下面给出的、被称为肯定前件（modus ponens）的重言式：

$$(p \wedge (p \to q)) \to q$$

这个重言式断言：通过 p 的有效性和蕴含 $p \to q$ 的有效性总是可以推断出 q 的有效性。因此，基于肯定前件推理规则的证明，首先得从假设 A 的正确性开始，并且在第一个证

明步骤中显示 $A \to p_1$ 的有效性。然后根据肯定前件给出命题 p_1 的有效性。接下来的证明步骤通过蕴含 $p_1 \to p_2$ 的有效性证明可以给出 p_2 的有效性。如果在第 i 个步骤中可以确定 p_i 和 $p_i \to p_{i+1}$ 的有效性，那么肯定前件就会给出命题 p_{i+1} 的有效性。这样该证明最终会提出：如果一个命题 p_i 的有效性可以显示蕴含 $p_i \to B$ 的有效性，那么 B 本身的有效性也可以被证明。

在证明中，被使用和借鉴的所有事实和定理都必须经过充分的证明。反过来，对于数学证明的特性引用不能无限期地继续下去。正如前面所述，必须由定义和公理来结束。这里，定义虽然只是精确的、没有异议的语言学定义，但是公理却涉及了其有效性不再受到质疑的事实。也就是说，这些公理即使没有证明也可以被接受。很明显，每个数学理论都应该使用尽可能少的这种公理的支持。

一个数学定理的真值总被证明与一个给定的公理系统有关。因此，一个（严谨的）数学家不会将数学事实视为绝对真理。而是确定，定理"仅"相对相关的、基于底层的公理系统来说是真的。这种对真相的谨慎处理使得数学相对于其他学科或者意识形态来说非常严谨，这也是数学在科学界享有盛誉的原因。

在这个框架下至少可以为公理系统提供一个简洁的、模糊的想法。我们来简单地介绍下自然数的佩亚诺公理（Peano axioms）系统。稍后我们将需要这个公理系统来理解，完整归纳法中重要的和成功的证明技巧的操作。

示例 4.1

自然数的佩亚诺公理：

- 公理 1: 0 是一个自然数。
- 公理 2: 每个自然数 n 都有一个后继数 $S(n)$。
- 公理 3: 通过 $S(n) = S(m)$ 可以得到 $n = m$。
- 公理 4: 0 不是一个自然数的后继数。
- 公理 5: 包含了 0、每个自然数 n，以及对应的后继数 $S(n)$ 的各个集合 X，也包含所有的自然数。

事实上，在过去的几个世纪里，已经出现了一种稳定的数学证明文化：首先，要证明的事实被表述为公理或者定理。如果这只是一个与一般情况相关的事实，那么就被称为引理（Lemma）。从公理和定理中得出的小结论被称为推论。

为了让证明可以被独立理解，除了那些已经被证实了的定理和推论，所有在证明过程中被使用的符号和名称都要给出清楚的解释。证明应该由完整的口语句子推导出，而且还应该加注对个别结论的解释说明。解释的详细程度应该对照读者的知识水平进行调整。无论是冗长详细的解释，还是只言片语的注释，都会对证明的理解有所帮助，但最终还是需要读者自己来领悟。证明过程会使用文字"⋯⋯, 证明结束"，或者使用拉丁文字"quod erat demonstrandum"（缩写为"q.e.d."）来结束，或者使用一个符号，例

如 "■"，来表示证明过程的结束。

证明过程中的典型错误有：

- 示例中存在无效参数；
- 使用相同的符号来表示不同的事务；
- 处理不准确或者相互矛盾的定义；
- 结论中存在不被允许的反转；
- 利用尚未证实的断言来证明个别证明步骤的合理性。

第5章 关 系

事物之间的联系在现实生活中扮演着非常重要的角色。在数学上，可以借助特殊的集合对这种联系进行很好的描述，即所谓的关系。通过对这些集合的描述可以研究关系的性质以及使用关系进行的运算（关系的逆、关系的复合等）。使用特殊的关系类型（等价关系、偏序关系）还可以将数字范围内众所周知的等价关系和排序关系推广到现实生活中的任意事物上。

5.1 定义和举例

同一个集合的元素或者不同集合的元素彼此间通常都存在着某种特定的关系。就好比去听同一个讲座的人相互间可以是朋友，也可以是那些都听过该教授另外一个讲座的人。或者一个画廊的绘画可以是那些具有相同价值的作品，也可以是出自同一位画家的作品。或者一个平面上的多个三角形可以是相似的，也可以是具有相同顶点的三角形。又或者那些被 7 整除后具有相同余数的整数集合，等等。在数学上，对于上面这些例子可以使用术语关系进行描述。关系是数学的基本概念之一，类似于集合或者逻辑命题的概念。

在数学中引入关系术语的这种形式我们在第 4 章中就已经提到过，即集合的笛卡儿积。事实上，关系通常可以表征为这种乘积集合的子集。

为了证明这一点，我们来看一个小例子：

$A = \{\text{Martin, Philipp, Louis}\}$ 是一个公司的所有程序员集合。

$B = \{\text{C++, Java, COBOL}\}$ 是这些程序员所掌握的编程语言的集合。

Martin 掌握了 C++ 和 Java, Philipp 和 Louis 是 COBOL 程序员。为了给出员工与所掌握程序之间的明确关系，以及更高效地使用其他应用程序（例如工作计划、服务热线、假期和代班计划等），我们使用大写字母 R 来表示掌握的编程语言，用"姓名 R 编程语言"的格式来表示"某位程序员所掌握的编程语言"。同时，使用"姓名 $(\neg R)$ 编程语言"的格式来表示"某位程序员没有掌握的编程语言"。通过这种格式我们就可以将上面给出的程序员以及他们所掌握的编程语言表示如下：

$$
\begin{array}{lll}
\text{Martin} & R & \text{C++} \\
\text{Martin} & R & \text{Java} \\
\text{Philipp} & R & \text{COBOL} \\
\text{Louis} & R & \text{COBOL}
\end{array}
$$

同时，这些程序员没有掌握某种编程语言的情况表示如下：

Martin	$(\neg R)$	COBOL
Philipp	$(\neg R)$	C++
Philipp	$(\neg R)$	Java
Louis	$(\neg R)$	C++
Louis	$(\neg R)$	Java

这时就可以很容易地验证出，上面列表给出了所观察关系的完整性描述。也就是说，上面的列表给出了两个集合的每一种可能的组合：Martin – C++；Martin – Java；Martin – COBOL；Philipp – C++；Philipp – Java；Philipp – COBOL；Louis – C++；Louis – Java；Louis – COBOL。这些组合包含了从程序员到编程语言的所有信息。而通过这些理论上的所有不同组合就可以得知每个配对是否属于给出的关系。现在来考虑从程序员到编程语言的所有可能组合的列表，更确切地说，是考虑程序员的集合 A 和他们对应所掌握的编程语言的集合 B 的直积 $A \times B$ 中的所有元素：

$$A \times B = \{(a, b) \mid a \in A \land b \in B\}$$

$$R = \{(\text{Martin,C++}), (\text{Martin, Java}), (\text{Philipp, COBOL}), (\text{Louis, COBOL})\}$$

这里所观察到的关系 R 可以理解为是 $A \times B$ 的子集。

现在，我们就可以说关系是集合笛卡儿积（直积）的子集。相反，是否可以认为一个集合笛卡儿积的每个子集都可以给出一个关系呢？为了解答这个疑问，我们来重温一下子集的定义：全集 U 中的每个子集 M 可以使用 U 上的命题形式 $E(x)$ 进行描述：

$$x \in M \equiv E(x) \text{ 为真}$$

那么应用在集合笛卡儿积 $A \times B$ 上的一个子集 M 可以表示为：

$$(a, b) \in M \equiv E(a, b) \text{ 为真}$$

如果现在一个集合笛卡儿积 $A \times B$ 上的任何一个子集 M 是通过一个命题形式给出的，那么可以马上在 A 和 B 之间定义一个恰好可以建立元素 $a \in A$ 和 $b \in B$ 彼此间联系的关系 R_M，而这个关系对于命题形式 $E(a, b)$ 来说是真的。这样一来，关系和一个对应集合笛卡儿积的子集之间显然是一一对应的。

▲ **定义 5.1** 设 A 和 B 是两个任意的子集。那么这两个集合之间的一个（二元）关系 R 是集合笛卡儿积 $A \times B$ 的一个子集，即

$$R \subseteq A \times B$$

其中，$(x, y) \in R$。这个子集通常被记作 $R(x, y)$ 或者 xRy，称为 "x 与 y 有二元关系 R"。同样，$(x, y) \notin R$ 也被表示为 $x(\neg R)y$。

当然，对多于两个元素之间关系的研究也是非常有趣的。在数学上，这种关系也可以通过上面所述的方法推导得出。只是不再考虑由两个集合的笛卡儿积得出的子集，而是要研究由三个或者更多集合的笛卡儿积得出的子集。例如，表示三个元素彼此间关系的三元关系在形式上是由三个集合的笛卡儿积得出的子集给出的。由于篇幅的限制，本书只介绍二元关系，即两个元素之间的关系。为了避免混淆，我们将这种关系称为短关系。

如果 R 是集合 A 和 B 之间的关系，并且 $A = B$，那么称 R 为 A 上的关系。下面列出的关系适用于任意一个集合 A。

示例 5.1

(1) 空关系：$R = \varnothing$。

(2) 全域关系：$R = A \times A$。

(3) 恒等关系：$R = \{(x, x) \mid x \in A\}$。恒等关系与被表示为对角线的集合 $\Delta_A = \{(a, a) \mid a \in A\} \subseteq A \times A$ 是相等的。这种关系也被称为 A 的标识关系 Δ_A，表示为 id_A。

下面将通过举例给出关系概念的初步印象。在数学上，这个概念具有独立的以及重要的意义。

示例 5.2

(1) 假设 A 是长度为 5 的、来自字母表中两个字母 $\Sigma = \{x, y\}$ 集合中的字符串集合。这种对应关系可以表示为

$$R = \{(s, t) \in A \times A \mid$$
$$t \text{的首字母和} s \text{ 的最后一个字母是相同的}\}$$

这样一来就可以得到类似如下的关系：$xxxyyRyyxxx$，$xyyyyRyyxyx$，$yxyxx(\neg R)yxyyy$ 和 $xxyxyRyyxxy$，$yyyyy(\neg R)xxxxx$。

(2) 假设 $A = \{$ 鸡蛋, 牛奶, 蜂蜜 $\}$，$B = \{$ 鸡, 牛, 蜜蜂 $\}$。定义关系 R 为"生成关系"，即

$$R = \{(\text{鸡蛋}, \text{鸡}), (\text{牛奶}, \text{牛}), (\text{蜂蜜}, \text{蜜蜂})\}$$

(3) 假设 A 表示地球上所有国家的集合。定义关系 R 为"具有相同的边界"。根据这个关系就可以得出：(德国, 卢森堡) $\in R$, (德国, 波兰) $\in R$, (卢森堡, 波兰) $\notin R$。

(4) 假设 A 是所有直线 g 的集合，B 是欧几里得空间中所有平面 E 的集合。那么

$$R = \{(g, E) \in A \times B \mid g \text{ 平行于} E\}$$

就是定义在直线和欧几里得空间平面之间的一个关系，被称为平行关系。公式 $(g, E) \in R$ 通常被简写为 $g \| E$。

(5) 假设 $A = \{1, 2\}$，$B = \{1, 2, 3\}$。那么通过关系

$$R = \{(a, b) \in A \times B \mid a - b \text{ 是偶数}\}$$

就可以得出：$1\,R\,1, 1\,R\,3, 2\,R\,2$，同时 $1\,(\neg R)\,2, 2\,(\neg R)\,1, 2\,(\neg R)\,3$。

(6) 假设 $A = B = \mathbb{R}$。那么

$$R = \{(a, b) \in \mathbb{R}^2 \mid a \text{ 小于 } b\}$$

定义了一个关于实数的关系。这个关系被称为 $\mathbb{R}$ 上的自然大小顺序关系。$(a, b) \in R$ 通常被简写为 $a < b$。

(7) 假设 $A = B = \mathbb{N}$。那么

$$R = \{(a, b) \in \mathbb{N}^2 \mid a = b^2\}$$

定义了一个关于自然数的关系。这个关系给出了一个平方数 a 和其平方根的关联。例如，$4\,R\,2, 25\,R\,5$，但是 $3\,(\neg R)\,4$。

(8) 假设 $A = B = \mathbb{Z} - \{0\}$。那么

$$R = \{(a, b) \in (\mathbb{Z} - \{0\})^2 \mid a \text{ 能整除 } b\}$$

定义了整数域上被称为倍数关系的关系。$(a, b) \in R$ 通常被简写为 $a|b$。例如，$6 \mid 24$，$13 \mid 26$，但是 $7 \nmid 13$。这里，$\nmid$ 是 $(\neg \mid)$ 的简写。

用于关系 $R \subseteq A \times B$ 的图形表示存在多种可能性。最常见的一种形式被称为关系图。在关系图中，集合 A 和 B 的元素被表示为平面上的点（通常位于两个不同的椭圆中）。现在假设，$a \in A$ 与 $b \in B$ 的关系为 R，记作 aRb。这个关系可以使用一个从 a 到 b 的箭头来表示。之所以使用箭头是因为箭头可以表示方向性，而元素的排列位置会产生两种关系，即 $R \subseteq A \times B$ 或者 $R \subseteq B \times A$。如果在 a 和 b 之间只简单地使用一个连接线，那么就无法清楚地表示是哪种关系。

示例 5.3
来自示例 5.2 的 (2) 关系可以使用如下图形表示：

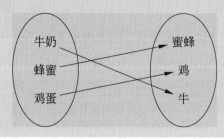

5.2　关系运算

由于关系是特殊的集合，因此可以直接将集合论中的所有概念沿用到关系上，例如等价关系或者包含关系。也就是说，当两个关系 R 和 S 作为集合的时候是相等的，那么这两个关系就是等价的。当 $R \supseteq S$ 时，就称关系 R 包含关系 S。关系 S 也称为关系 R 的子关系，或者称为包含在关系 R 中。以此类推地还可以定义如关系 R 的补关系 $\neg R$、两个关系 R 和 S 的并关系 $R \cup S$，以及交关系 $R \cap S$。关系 R 和 S 之间的 $R, S \subseteq A \times B$ 的逻辑表示如下：

$$R = S \quad \equiv \forall (x,y) \in A \times B : (xRy \leftrightarrow xSy)$$
$$R \subseteq S \quad \equiv \forall (x,y) \in A \times B : (xRy \rightarrow xSy)$$
$$x(\neg R)y \quad \equiv \forall (x,y) \in A \times B : x(\neg R)y \leftrightarrow \neg(xRy)$$
$$x(R \cup S)y \equiv \forall (x,y) \in A \times B : (xRy \vee xSy)$$
$$x(R \cap S)y \equiv \forall (x,y) \in A \times B : (xRy \wedge xSy)$$

除了为各个集合定义的运算，还定义了一些特殊的关系运算。首先来看一个关系的逆。

▲　**定义 5.2**　设 $R \subseteq A \times B$ 是关系 A 与 B 之间的一个关系。那么 R 的逆关系 R^{-1}：$R^{-1} \subseteq B \times A$，作为 B 和 A 之间的关系被定义为

$$R^{-1} = \{(y,x) \in B \times A \mid (x,y) \in R\}$$

示例 5.4

如果 R 是关系 $R = \{(x,y) \in \mathbb{Z} \times \mathbb{N} \mid x^2 = y\}$，那么

$$R^{-1} = \{(y,x) \in \mathbb{N} \times \mathbb{Z} \mid y = x^2\}$$

为了明确 x 和 y 的角色互换，首先我们将互换 x 和 y 的位置。通常，第一个位置的变量用字母 x 表示，第二个位置的变量用字母 y 表示。这样，R^{-1} 就可以表示为

$$R^{-1} = \{(x,y) \in \mathbb{N} \times \mathbb{Z} \mid x = y^2\}$$

另一个特殊的关系运算是所谓的两个关系的内积（对应集合运算中的交集）。虽然这个运算不容易和向量内积相混淆，但是为了概念的明确性，这里我们还是简短地谈谈关系内积的概念。

▲　**定义 5.3**　设 R 是 A 和 B 之间的关系，S 是 C 和 D 之间的关系。那么 R 和 S 的内积 $R \otimes S$ 是 $A \times C$ 和 $B \times D$ 之间的一个关系，被定义为

$$R \otimes S = \{((a,c),(b,d)) \in (A \times C) \times (B \times D) \mid aRb \wedge cSd\}$$

示例 5.5

如果 R 是 $\mathbb{R}$ 上一个有关数字大小顺序的关系: $R = \{(a,c) \in \mathbb{R} \times \mathbb{R} \mid a < c\}$。同时, S 是 R 的逆关系: $S = R^{-1}$。那么可得

$$R \otimes S = \{((a,b),(c,d)) \in \mathbb{R}^2 \times \mathbb{R}^2 \mid a < c \wedge b > d\}$$

最后我们来看一个非常重要的关系运算: 复合关系。

▲　**定义 5.4**　设 R 是 A 和 B 之间的一个关系, S 是 B 和 C 之间的一个关系。那么 R 和 S 的复合关系 $R \circ S$ 就是 A 和 C 之间的一个关系, 表示为

$$R \circ S = \{(a,c) \in A \times C \mid \exists b \in B : aRb \wedge bSc\}$$

示例 5.6

如果 R 和 S 是 $\mathbb{Z}$ 上的两个关系, 表示如下:

$$R = \{(x,y) \in \mathbb{Z}^2 \mid x|y\}$$
$$S = \{(y,z) \in \mathbb{Z}^2 \mid 2|(y+z)\}$$

那么可以得到

$$R \circ S = \{(x,z) \in \mathbb{Z}^2 \mid \exists y : x|y \wedge 2|(y+z)\}$$
$$= \{(x,z) \in \mathbb{Z}^2 \mid x \text{ 是奇数或者} z \text{ 是偶数}\}$$

为了证明这一点, 我们来看一个个例。假设 x 是一个任意的奇数。由于 $x|x$ 和 $x|2x$ 是显而易见成立的, 所以可以表示为 xRx 和 $xR2x$。如果存在一个 y 满足 xRy 和 ySz, 那么根据定义可知 x 与 z 在关系 $R \circ S$ 中存在复合关系。现在, 如果 z 是偶数, 那么 $y = 2x$ 会给出一个满足 $2|y+z = 2x+z$ 的元素, 因此 $x(R \circ S)z$ 成立。如果 z 是奇数, 那么 $y = x$ 会给出一个满足 $2|y+z = x+z$ 元素, 因此 $x(R \circ S)z$ 也成立。如果 x 不是奇数, 而是一个偶数, 那么关系 R 中的所有与 x 相关的元素必然是偶数。也就是说, 我们任意选择一个具有关系 xRy 的 y, 那么这个 y 一定会是偶数。根据 S 的定义, 每个与这种偶数 y 存在关系的 z 也一定是偶数。那么现在还要考虑, 每个偶数 z 是否真的在关系 $R \circ S$ 存在对应的 x。为此, 我们来看任意一个偶数 x, 并且再次设置 $y = x$。可以看出 y 和 z 也是偶数, 那么就会得到 $2|y+z = x+z$, 这样一来就证明了 ySz, 因此也就证明了 $x(R \circ S)z$ 成立。

这些关系运算之间存在一整个系列的基本联系。我们可以使用数学定理的形式来规范这些联系, 并且通过数学证明来验证这些定理的有效性。为了更清晰、更容易地理解这些定理, 我们从一开始就将命题限制在集合的关系上。有兴趣的读者可以抛开这些限制来规范这些命题, 并对其进行证明。

■ **定理 5.1** 如果 A 是任意一个集合，R 和 S 是 A 上的两个关系。那么

$$(R \cup S)^{-1} = R^{-1} \cup S^{-1}$$

证明： 根据等价关系的定义可以看出：该定理中的命题陈述的是特定集合的等价性问题。我们需要考虑如何证明这种陈述已经众所周知，即需要证明每个数对 $(x, y) \in A^2$ 既属于其中的一个集合，也属于另外一个集合，反之亦然。

假设 $(x, y) \in (R \cup S)^{-1}$。根据关系的逆和关系的并运算的定义可以得出 $(y, x) \in (R \cup S)$，即 $(y, x) \in R$ 或者 $(y, x) \in S$。再次应用这两种定义还可以给出 $(x, y) \in R^{-1}$ 或者 $(x, y) \in S^{-1}$，即 $(x, y) \in R^{-1} \cup S^{-1}$。

现在反过来，假设 $(x, y) \in R^{-1} \cup S^{-1}$。因为可以将上面过程的每一步都反过来使用，因此可以得出 $(x, y) \in (R \cup S)^{-1}$。这样就证明了所陈述集合的等价性。　■

■ **定理 5.2** 设 A 是任意一个集合，R 和 S 是 A 上的两个关系。那么

$$(R \cap S)^{-1} = R^{-1} \cap S^{-1}$$

证明： 这个定理的证明完全类似于定理 5.1 的证明，只是将关系的并运算 $\cup$ 的定义替换成了交运算 $\cap$。　■

■ **定理 5.3** 设 A 是任意一个集合，R 和 S 是 A 上的两个关系。那么

$$(R \circ S)^{-1} = S^{-1} \circ R^{-1}$$

证明： 假设 $(x, y) \in (R \circ S)^{-1}$，可以得出 $(y, x) \in (R \circ S)$。那么存在一个 $z \in A$，使得 $(y, z) \in R$ 和 $(z, x) \in S$。这样就可以得出 $(z, y) \in R^{-1}$ 和 $(x, z) \in S^{-1}$。为了为下一步证明做准备，我们交换这两个语句后可以得到 $(x, z) \in S^{-1}$ 和 $(z, y) \in R^{-1}$。因此可得 $(x, y) \in S^{-1} \circ R^{-1}$。

在上面的证明过程中，每个结论的逆过程也是成立的。现在如果我们按照相反的方向读取参数，那么就可以证明：从 $(x, y) \in S^{-1} \circ R^{-1}$ 可以推导出 $(x, y) \in (R \circ S)^{-1}$。　■

■ **定理 5.4** 设 A 是任意一个集合，R、S 和 T 是 A 上的关系。那么可得

(1) $(R \cap S) \circ T \subseteq (R \circ T) \cap (S \circ T)$

(2) $T \circ (R \cap S) \subseteq (T \circ R) \cap (T \circ S)$

(3) $(R \cup S) \circ T = (R \circ T) \cup (S \circ T)$

(4) $T \circ (R \cup S) = (T \circ R) \cup (T \circ S)$

证明： 这里我们只给出第（1）条结论的证明。假设 $(x, y) \in (R \cap S) \circ T$。根据 $\circ$ 和 $\cap$ 的定义我们可以得到命题："存在一个 $z \in A$，满足 $(x, z) \in R \cap S$ 和 $(z, y) \in T$"。这个命题暗示了两个同时有效的、每个都被弱化了的命题（参见第 2 章的重言式规范），即"存在一个 $z \in A$，满足 $(x, z) \in R$ 和 $(z, y) \in T$"，以及"存在一个 $z \in A$，满足 $(x, z) \in S$

和 $(z, y) \in T$"。再次利用复合运算 $\circ$ 和交运算 $\wedge$ 的定义,可以将如上的命题改写为 $(x, y) \in R \circ T$ 和 $(x, y) \in S \circ T$,即 $(x, y) \in R \circ T \cap S \circ T$。

第 (2)~(4) 条结论的证明可以使用类似的方法进行证明。 ∎

5.3　关系的重要性质

大多数对于理论和实践很重要的关系都具有一个或者多个如下的性质:

▲　**定义 5.5**　设 R 是集合 A 上的一种关系。

(1)　R 具有自反性,如果对于每个 $x \in A$ 都满足 xRx。

(2)　R 具有对称性,如果对于 xRy 中的所有 $x, y \in A$,可以得到 yRx。

(3)　R 具有反对称性,如果对于 xRy 和 yRx 中的所有 $x, y \in A$,可以得到 $x = y$。

(4)　R 具有可传递性,如果对于 xRy 和 yRz 中的所有 $x, y, z \in A$,可以得到 xRz。

(5)　R 具有向后唯一性,如果对于 xRy 和 xRz 中的所有 $x, y, z \in A$,可以得到 $y = z$。

在如下给出的示例中,我们将再次回到数字的数学世界中。在那里,我们可以简洁明了地描述这些关系的性质。

示例 5.7

(1)　假设 $R = \{(x, y) \in \mathbb{R}^2 \mid x = y\}$,那么 R 具有自反性、对称性、反对称性、可传递性和向后唯一性。而且可以很容易地证明,等价关系既是对称的,也是反对称的和自反的。

(2)　假设 $R \subseteq \mathbb{N}^2$ 满足 $R = \{(1, 2), (2, 3), (1, 3)\}$,那么关系 R 既不是自反的,也不是对称的和向后唯一的。但是 R 是反对称的和可传递的。

(3)　假设 $T = \{(a, b) \in (\mathbb{N}^+)^2 \mid a|b\}$,那么 T 具有自反性、反对称性和可传递性。但是 T 不是对称的和向后唯一的。

(4)　关系 $R = \{(x, y) \in \mathbb{R}^2 \mid y = 3x\}$ 是反对称的和向后唯一的。但是 R 不是自反的、对称的和可传递的。

(5)　假设 $R = \{(x, y) \in \mathbb{R}^2 \mid x^2 + y^2 = 1\}$,关系 R 是对称的,但是不是自反的、反对称的、可传递的和向后唯一的。

正如示例中所给出的那样,"反对称性"并不等同于"非对称性"。也就是说,一个关系 R 是非对称的,如果两个元素 x, y 满足 $(x, y) \in R$,但却 $(y, x) \notin R$。

在下面的定理中将会给出一系列有趣的准则,这些准则可以证明关系的某些特定性质的存在。此外,下面给出的定理常用的模式也是经常会遇到的逻辑结构:

命题 A 成立,当且仅当命题 B 成立

根据逻辑等价性（参见示例 2.2 中对应的重言式）

$$(A \leftrightarrow B) \equiv ((A \rightarrow B) \wedge (B \rightarrow A))$$

可以证明这些定理，即通过分别证明两个蕴含 $A \rightarrow B$ 和 $B \rightarrow A$（或者另外一种写法 $A \leftarrow B$）的同时有效性。然后我们继续遵循之前的方案，即为了证明 $A \rightarrow B$ 的有效性，我们可以假设 A 成立，然后在这个假设下证明 B 也是真的。A 不成立的情况可以忽略，因为根据定义，这个蕴含无论如何都是有效的。为了更清晰地构造命题术语"当且仅当"，通常会通过前面的字符 ($\rightarrow$) 和 ($\leftarrow$) 来表示每个要考虑的蕴含。

- **定理 5.5**　设 R 是集合 A 上的一种关系。那么 R 具有自反性，当且仅当 $\Delta_A \subseteq R$。

  证明:

  - ($\rightarrow$) 首先假设 R 是自反的。那么对于所有的 $x \in A$, $(x,x) \in R$ 成立，即等同于 $\{(x,x) \mid x \in A\} = \Delta_A \subseteq R$。
  - ($\leftarrow$) 如果反过来假设，$\Delta_A \subseteq R$ 成立，那么对于所有的 $x \in A$ 马上可以得出 xRx，即 R 是自反的。　　■

- **定理 5.6**　设 R 是集合 A 上的一种关系。R 具有对称性，当且仅当 R^{-1} 是对称的。

  证明: 该定理可以直接从关系的逆运算定义推导出来。　　■

- **定理 5.7**　设 R 是集合 A 上的一种关系。R 具有对称性，当且仅当 $R^{-1} \subseteq R$。事实上也可以表示为 $R^{-1} = R$。

  证明:

  - ($\rightarrow$) 如果 R 是对称的，那么对于所有的 $x, y \in A$ 可得 xRy 和 yRx。因为 xRy 和 $yR^{-1}x$ 是等价的，由此也可以得出 $yR^{-1}x$ 和 yRx 的等价性。所以 $R^{-1} \subseteq R$ 是成立的。
  - ($\leftarrow$) 由 $R^{-1} \subseteq R$ 来反推，由于 $xR^{-1}y$，或者与之等价的 yRx 可以得到 xRy。

    根据定理 5.6: R 具有对称性，当且仅当 $R^{-1} \subseteq R$。因此可以得出 $R = (R^{-1})^{-1} \subseteq R^{-1}$。所以 $R^{-1} = R$。　　■

- **定理 5.8**　设 R 是集合 A 上的一种关系。R 具有可传递性，当且仅当 $R \circ R \subseteq R$。

  证明:

  - ($\rightarrow$) 首先假设 R 是可传递的。那么对于 xRy 和 yRz 中的所有 $x, y, z \in A$, xRz 都成立。这个命题等价于如下命题：对于所有 $x, z \in A$, 在 xRy 和 yRz 中存在一个 $y \in A$, 使得 xRz 总是成立。与后一个命题含义相同的命题是：对于 $x(R \circ R)z$ 中的所有 $x, z \in A$, 可以得到 xRz。因此 $R \circ R \subseteq R$ 成立。

- (←) 现在假设 $R \circ R \subseteq R$ 成立。由 xRy 和 yRz 可以始终得到 $x(R \circ R)z$。那么基于给出的假设也可以得到 xRz，所以 R 是可传递的。 ∎

- **定理 5.9** 设 R 是集合 A 上的一种关系。R 具有反对称性，当且仅当 $R \cap R^{-1} \subseteq \Delta_A$。

  证明：

  - (→) 假设 R 是反对称的。那么对于满足 xRy 和 yRx 的所有 $x, y \in A$，始终可以得到 $x = y$，即 $x\Delta_A y$。如果我们用 yRx 的逻辑等价 $xR^{-1}y$ 将其替换，那么这个命题表达如下：对于满足 xRy 和 $xR^{-1}y$ 的所有 $x, y \in A$，始终可以得到 $x\Delta_A y$。因此 $R \cap R^{-1} \subseteq \Delta_A$。

  - (←) 反过来，现在假设 $R \cap R^{-1} \subseteq \Delta_A$ 成立。我们注意到集合 $R \cap R^{-1}$ 完全是由 (x, y) 对组成的，同时也适用于 xRy 和 yRx。所以，包含关系 $R \cap R^{-1} \subseteq \Delta_A$ 同时也蕴含着 xRy 和 yRx 中所有两个相等元素 $x = y$ 组成的元素对。 ∎

通常，用这种整体关系替代个体关系进行考虑是非常必要和有益的，因为这样可以确定某些重要性质的存在性，例如，对称性。

▲ **定义 5.6** 设 R 是集合 A 上的一种关系，E 是这种关系的一个性质。R^* 称为关系 R 的有关 E 的闭包，如果满足下面的条件：

(1) R^* 具有性质 E；

(2) $R \subseteq R^*$；

(3) 集合 A 上的所有包含关系 R，并且具有性质 E 的关系 S，都满足 $R^* \subseteq S$。

通常考虑到的是自反闭包，即一个具有自反性质的闭包，以及一个关系的对称闭包和传递闭包。

如果一个关系 R 已经具有性质 E，那么对于这个关系相关性质 E 的闭包 R^* 自然可以得到 $R^* = R$，那么可以称为 R 被 E 闭包。

示例 5.8

(1) 我们来看关系 $R = \{(1,2), (2,3), (1,3)\}$。这个关系是 $\{1,2,3\} \times \{1,2,3\}$ 的子集。R 是传递闭包。$R_1 = \{(1,2), (2,3), (1,3), (1,1), (2,2), (3,3)\}$ 是 R 的自反闭包。$R_2 = \{(1,2), (2,3), (1,3), (2,1), (3,2), (3,1)\}$ 是 R 的对称闭包。

(2) 如果 $R = \{(x,y) \in \mathbb{R}^2 \mid x^2 + y^2 = 1\}$，那么 R 是对称闭包。$R_1 = R \cup \Delta_{\mathbb{R}}$ 是 R 的自反闭包（参见定理 5.5）。$R_2 = R \cup (R \circ R)$ 是 R 的传递闭包（参见定理 5.8）。

5.4 等价关系与划分

在示例 5.7 中我们看到，等价关系是自反的、对称的和可传递的。具有这三种性质的关系相比对等价关系的概括要更容易理解。因此，这种关系在数学和信息学领域中扮演着重要的角色。

▲ **定义 5.7** 等价关系是一种二元关系，具有自反性、对称性和可传递性。

通常，等价关系会用 $x \sim_R y$ 或者 $x \sim y$ 写法来代替 xRy，称为 x 和 y 模除 R 是等效的。如果不会引起混淆，那么 R 可以被省略。

示例 5.9

(1) 全关系和相等关系在所有集合 A 上是等价关系。

(2) 如果 $R = \{(a,a),(b,b),(c,c),(a,b),(b,a)\}$ 是集合 $\{a,b,c\}$ 上的一种关系。那么 R 是自反的、对称的和可传递的。因此，R 是一种等价关系。

(3) 如果 $R = \{(a,a),(b,b),(c,c),(a,b),(b,a),(b,c),(a,c)\}$ 是集合 $\{a,b,c\}$ 上的一种关系。那么 R 是自反的，但并不是对称的和可传递的。因此 R 不是一种等价关系。

(4) 如果 A 是一个超市所有商品的集合。关系 $\sim$ 定义了一种 A 上的等价关系，表示集合 A 中具有相同标价的两种商品的关系。这就说明，两种完全不同的商品也可以被划分为 $\sim$ 关系，例如，通过标价。

(5) 如果 $R_m = \{(a,b) \in \mathbb{Z}^2 \mid m \mid (a-b)\}$（其中 $m \in \mathbb{N}^+$）。那么 R_m 是自反的（m 总被 $0 = a-a$ 整除）、对称的（如果 m 被 $(a-b)$ 整除，那么也可以被 $(b-a)$ 整除）和可传递的（如果 m 可以被 $(a-b)$ 和 $(b-c)$ 整除，那么也可以被 $(a-c) = (a-b)+(b-c)$ 整除）。

这里要解释一下，两个元素存在关系 R_m，若这两个元素被 m 取模时具有相同的余数（参见引理 14.3）。通常使用 $a \equiv b \pmod{m}$ 写法来替代 $aR_m b$，称为 a 和 b 对 m 取模时等价。通过对一个自然数 m 的取模过程产生的所有可能余数，可以为等价关系 R_m 提供一种划分。

(6) 下面是在实数域上定义的一种关系：

$$a \sim b, \text{ 如果 } a^2 = b^2$$

这种关系是自反的、对称的和可传递的，因此是一种等价关系。

(7) 下面是通过 $\mathbb{Z} \times (\mathbb{Z} - \{0\})$ 集合定义的一种关系：

$$(a,b) \sim (c,d), \text{ 如果 } a \cdot d = b \cdot c$$

这是一种等价关系。该关系对于有理数的计算至关重要。如果使用 $\frac{a}{b}$ 形式来替代 (a,b) 就可以很容易看出：关系 $\sim$ 在分数集合上是相等关系。

(8) 如果 M 是所有有限集合，并表示为 $\sharp M$（与通常表示 M 中所含元素数量的形式相同）。那么关系

$$M_1 \sim M_2, \text{ 如果 } \sharp M_1 = \sharp M_2$$

是一种等价关系。这种关系在有限集合的基数上提供了一种划分。

在很多情况下，不同类型的元素可以被认为是"相似的"，只要它们是等价的。例如，具有相同标价的商品、具有相同余数的数、具有相同值的分数、具有相同基数的集合，等等。事实上，这种意义的等价关系有助于对复杂的情况的理解。为了了解等价关系这个非常有用性质的更深层原因，让我们来研究等价关系和由其定义的集合划分之间的非常紧密的联系。

▲　**定义 5.8**　设 A 是一个非空集。那么 A 的一个划分或者分割是一个满足下列条件的集合族 $\mathscr{Z} \subseteq \mathscr{P}(A)$：

(1)　$A = \bigcup \mathscr{Z}$；

(2)　$\varnothing \notin \mathscr{Z}$；

(3)　如果 $M_1, M_2 \in \mathscr{Z}$ 和 $M_1 \neq M_2$，那么 $M_1 \cap M_2 = \varnothing$。

集合 A 的一种划分就是 A 被分割为非空的、同时两两不相交的子集，并且这些子集的并集组合成 A。集合 A 的一种划分 $\mathscr{Z}$ 中的所有元素组成的集合称为等价类，或者简称为类。划分本身也被称为类划分。

示例 5.10

(1)　如果 $A = \{1, 2, 3, 4, 5, 6, 7, 8, 9, 10\}$。那么 A 具有多种不同的划分。例如，A 可以被划分为 $\mathscr{Z}_1 = \{\{1, 3\}, \{2, 5, 9\}, \{4, 10\}, \{6, 7, 8\}\}$，其中 $\{1, 3\}$ 是这个划分的一个类。$\mathscr{Z}_2 = \{\{1, 2, 3\}, \{5, 6\}, \{3, 10\}\}$ 不是 A 的一个划分，因为集合 A 中的元素 4 并不是 $\mathscr{Z}_2$ 中的一个元素，并且 $\mathscr{Z}_2$ 中的集合 $\{1, 2, 3\}$ 和 $\{3, 10\}$ 的交集不为空。

(2)　$\mathscr{Z}_1 = \{\mathbb{Z}\}$ 和 $\mathscr{Z}_2 = \{\{i\} \mid i \in \mathbb{Z}\}$ 是整数集 $\mathbb{Z}$ 上的两种划分。

等价关系和划分之间是存在联系的，它们之间存在如下的基本关系：

■　**定理 5.10**　设 A 是一个非空集合。那么 A 上的每个等价关系 $\sim$ 都可以被定义为 A 上的一种划分。反之亦然，A 上的每种划分都确定了 A 上的一种等价关系。

这个定理非常重要。在我们使用数学方法证明这个定理之前，应该首先确定理解等价关系和类划分之间所谓的明确的可逆关系。对于任意一个给定的等价关系，如果将所有相互等价的元素归为一个类，那么可以得到一个基本集的划分：自反性确保了没有空集，同时所有类的并集给出了一个完整的基本集，对称性和可传递性提供了各个单独类的不相交性。相反，假设从一个划分出发定义一个关系，其中元素是相互关联的，即属于同一个类。那么这个关系本身是自反的（每个元素都与自身相关，因为都属于同一个类）、对称的（如果 a 和 b 属于同一个类，那么 b 和 a 自然也属于同一个类）和可传递的（如果 a 和 b 属于同一个类，b 和 c 属于同一个类，那么 a 和 c 自然也属于同一个类），即是一种等价关系。

证明:

- (→) 假设 $\sim$ 是集合 A 上的任意一种等价关系。那么需要考虑集合族 $\mathscr{Z}$ 的所有集合 $A_a = \{x \in A \mid x \sim a\}$，即

$$\mathscr{Z} = \{A_a \mid a \in A\}$$

  并且证明: $\mathscr{Z}$ 是一种划分。

  因为 $\sim$ 是自反的，同时 A 是非空的，那么对于每个 $a \in A$，$a \in A_a$ 都成立。因为 $\mathscr{Z}$ 中的所有 A_a 都是非空的，那么对于所有的 $a \in A$，$A_a \neq \varnothing$ 都成立，并且所有类 A_a 的并集组成了整个集合 A，即 $\bigcup \mathscr{Z} = \bigcup_{a \in A} A_a = A$。

  现在还需要证明: 每对类 A_a 之间是不相交的。假设有两个类 A_a 和 A_b，并且存在一个元素 $d \in A$，使得 $d \in A_a \cap A_b$ 成立。根据两个类 A_a 和 A_b 的定义可以得出: $d \sim a$ 和 $d \sim b$。因为作为等价关系的 $\sim$ 是对称的和可传递的，因此可以首先推出 $a \sim d$（对称的）和 $d \sim b$。然后推出 $a \sim b$（可传递的），因此可以得出 $A_a = A_b$。如果两个类具有相同的元素，那么这两个类就是相同的。由此可以推断出，集合 A 上的每个等价关系都定义了一个 A 上的划分。

- (←) 现在假设 $\mathscr{Z}$ 是集合 A 上的一种划分。我们用元素来表示 $\mathscr{Z}$ 的类: $A_x \in \mathscr{Z}$ 为 $\mathscr{Z}$ 的类，该类包含了元素 $x \in A$。这里我们并不介意，一个类可能通过这种方式获得多个名称。在任何情况下都能确保，通过这种方式每个类会得到一个名称，因为划分不包含空类。现在，我们定义一种关系:

$$R = \{(a,b) \in A^2 \mid A_a = A_b\}$$

  并且证明: R 是等价关系。为此，我们必须证明 R 是自反的、对称的和可传递的。

  事实上，R 是自反的。因为对于每个 $a \in A$，由于 $A_a = A_a$，那么显然 $(a,a) \in R$。进一步假设 $(a,b) \in R$，那么由于 $A_a = A_b$，并且基于相等关系的对称性，也可以得到 $A_b = A_a$，即 $(b,a) \in R$。因此，R 也是对称的。

  为了证明集合 R 的可传递性，可以假设三个元素 $a,b,c \in A$ 满足 $(a,b) \in R$ 和 $(b,c) \in R$。根据 R 的定义可以得到 $A_a = A_b$ 和 $A_b = A_c$。由于相等关系的可传递性，可以得到 $A_a = A_c$。这样就可以得到 $(a,c) \in R$。

  这样为任意一个给定的划分所定义的关系 R 实际上就是一种等价关系。　∎

在定理的证明过程中，我们可以得出一个结论: 划分中的每个类都可以通过这个类的一个元素来代表。

▲ **定义 5.9** 设 $\sim$ 是集合 A 上的一种等价关系，并且 $a \in A$。那么 $[a]_\sim$ 表示 a 关于 $\sim$ 的等价类，表示为

$$[a]_\sim = \{x \in A \mid x \sim a\}$$

如果在不会产生混淆的情况下，可以将其简写为 $[a]$。

　　每个等价类都是由那些只能通过等价关系 ~ 确定，但无法直接进行区分的所有元素组成的。例如，$a \sim b$ 成立，当且仅当它们的等价类 $[a]_\sim = [b]_\sim$ 一致。一个等价类的表示并不取决于元素的选取，因为所有的选取都具有相同的目的，从等价关系的角度来看是无法进行区分的。

示例 5.11

(1) 全关系的等价类具有以下形式：

$$[x] = A，对于所有的 x \in A$$

相等关系的等价类的形式如下：

$$[x] = \{x\}，对于所有的 x \in A$$

(2) 在示例 5.9(5) 中给出的关系 R_m（其中 $m \in \mathbb{N}$）可以表示为

$$[a] = \{x \in \mathbb{Z} \mid m \mid (x - a)\} = \{x \in \mathbb{Z} \mid x \equiv a \,(\mathrm{mod}\, m)\}$$

由于在 $\mathbb{Z}$ 中带有余数的除法显然是可执行的，因此对于所有的 $a \in \mathbb{Z}$ 和 $m \in \mathbb{N}$ 都存在唯一特定的 $q_a, r_a \geqslant 0$，满足 $a = q_a \cdot m + r_a$ 和 $r_a < m$。因此也可以表示为

$$[a] = \{x \in \mathbb{Z} \mid x = q \cdot m + r_a，q \in \mathbb{Z} \text{ 任意的}\}$$

下面给出了两个事实：

- 对于每个 $a \in \mathbb{Z}$，存在一个 $r < m$，满足 $[a] = [r]$。
- 在除法中，被 m 整除刚好会得到 m 个不同的余数 r：

$$0, 1, \cdots, m - 1$$

这两个事实证明了：等价关系 R_m（其中 $m \in \mathbb{N}$）刚好具有 m 个不同的等价类，即

$$[0], [1], \cdots, [m - 1]$$

这些类同其他元素一样，可以对 m 整除所得余数 $0, 1, \cdots, (m - 1)$ 来表达。这种使用 $0, 1, \cdots, (m - 1)$ 进行阐述的方式非常方便，因此也很受欢迎。

(3) 关系 $x \sim y$ 的等价类 $[z]$ 在 $x^2 = y^2$ 的情况下，每次最多由两个元素组成，即 z 和 $-z$。这样每次就可以很方便地使用绝对值表示法 $|z|$。

(4) 通过在学校中已经学习过的知识点我们了解到，在示例 5.9 的 (7) 中给出的位于分数上的等价关系的类每次都是由无限多个元素组成的，即

$$\left[\frac{a}{b}\right] = \left\{\frac{c}{d} \,\middle|\, a \cdot d = c \cdot b\right\}$$

对应等价类的数量也是无限的。此外，一个特别方便的类的表达给出了某些质数对的唯一性。例如，对于质数对 a 和 b 满足

$$\left[\frac{a}{b}\right] = \left\{ \left. \frac{r \cdot a}{r \cdot b} \ \right| \ r \in \mathbb{Z} - \{0\} \right\}$$

▲　**定义 5.10**　设 $\sim$ 是一个非空集合 A 上的等价关系。那么通过 $\sim$ 定义的 A 上的划分表示为 $A/\sim$，并且称为集合 A 有关 $\sim$ 的（取决于出发点）商集或者系数集。

示例 5.12

(1)　余数类集合的模数 m，即属于 R_m 划分的集合，可以表示为

$$\mathbb{Z}/R_m = \{[0], [1], \cdots, [m-1]\}$$

(2)　如果 $\sim$ 表示已经被经常引用的分数上的等价关系，那么可以得到：

$$\mathbb{Z} \times (\mathbb{Z} - \{0\})/\sim = \left\{ \left. \left[\frac{a}{b}\right] \ \right| \ a, b \in \mathbb{Z}, b \neq 0 \right\} = \mathbb{Q}$$

5.5　等价关系的运算

现在的问题是：在关系中引入的运算在多大程度上也适用于等价关系的运算？

■　**定理 5.11**　如果 R 和 S 是集合 A 上的两个等价关系，那么 $R \cap S$ 也是集合 A 上的一个等价关系。

证明： 如果 R 和 S 是两个等价关系，那么这两个关系就是自反的、对称的和可传递的。我们只需要证明，$R \cap S$ 也具有这三种性质。

(1)　$R \cap S$ 的自反性可以直接从 R 和 S 的自反性中推导出。对于所有的 $x \in A$，可以得到 xRx 和 xSx。这样根据 $\cap$ 定义就可以得出 $x(R \cap S)x$。

(2)　为了证明 $R \cap S$ 的对称性，首先假设两个任意的 $x, y \in A$，使得 $x(R \cap S)y$ 成立。那么可以得到 xRy 和 xSy 也成立。因为作为等价关系的 R 和 S 是对称的，那么可以得到 yRx 和 ySx，即 $y(R \cap S)x$。因此，$R \cap S$ 也是对称的。

(3)　为了证明 $R \cap S$ 的可传递性，我们首先假设任意三个元素 $x, y, z \in A$，满足 $x(R \cap S)y$ 和 $y(R \cap S)z$。用数理逻辑的形式语言可以表达为 $(xRy \wedge xSy) \wedge (yRz \wedge ySz)$。因为 $\wedge$ 具有可结合和可交换的性质，因此可以得到 $(xRy \wedge yRz) \wedge (xSy \wedge ySz)$。因为作为等价关系的 R 和 S 是可传递的，因此上面表达式可简化为 $xRz \wedge xSz$，或者 $x(R \cap S)z$。由此可以看出，$R \cap S$ 也是可传递的。

■ **定理 5.12** 如果 R 和 S 是集合 A 上的两个等价关系。那么 $R \circ S$ 是集合 A 上的一个等价关系，当且仅当 $R \circ S = S \circ R$ 成立。

证明：

- $(\rightarrow)$ 如果 $R \circ S$ 是一个集合 A 上的等价关系。为了证明 $R \circ S = S \circ R$ 成立，这里需要使用定理 5.7 和定理 5.3。通过这两个定理我们可以得到 $(R \circ S)^{-1} = R \circ S$ 成立。因此，$(R \circ S)^{-1} = S^{-1} \circ R^{-1} = S \circ R$（因为 $S^{-1} = S$ 和 $R^{-1} = R$）也成立，即 $S \circ R = R \circ S$。

- $(\leftarrow)$ 现在假设 $R \circ S = S \circ R$。我们必须证明 $R \circ S$ 是一个等价关系。也就是说，必须证明 $R \circ S$ 是自反的、对称的和可传递的。

(1) $R \circ S$ 是自反的：由 $\Delta_A \subseteq R$ 和 $\Delta_A \subseteq S$ 可以得出 $\Delta_A = \Delta_A \circ \Delta_A \subseteq R \circ S$ 成立。

(2) $R \circ S$ 是对称的：$(R \circ S)^{-1} = S^{-1} \circ R^{-1} = S \circ R = R \circ S$ 成立。

(3) 现在证明可传递性。以下公式成立：

$$
\begin{aligned}
(R \circ S) \circ (R \circ S) &= R \circ (S \circ R) \circ S & \text{(} \circ \text{ 是可结合的)} \\
&= R \circ (R \circ S) \circ S & \text{(} \circ \text{ 是对称的)} \\
&= (R \circ R) \circ (S \circ S) & \text{(} \circ \text{ 是可结合的)} \\
&\subseteq R \circ S & \text{(因为} R \circ R \subseteq R \text{ 和 } S \circ S \subseteq S \text{)}
\end{aligned}
$$

因此，$R \circ S$ 是可传递的。 ■

■ **定理 5.13** 如果 R 和 S 是集合 A 和 B 上的两个等价关系。那么 $R \otimes S$ 也是集合 $A \times B$ 上的一个等价关系。

证明： 我们需要证明 $R \otimes S$ 在集合 $A \times B$ 上具有自反性、对称性和可传递性。

(1) $R \otimes S$ 的自反性可以直接从 R 和 S 的自反性得到证明，即对于所有的 $x \in A, y \in B$，xRx 和 ySy 成立。那么根据 $\otimes$ 的定义，$(x,y)(R \otimes S)(x,y)$ 也成立。

(2) 为了证明 $R \otimes S$ 的对称性，我们首先观察两个元组 $(x,y),(x',y') \in A \times B$，其中 $(x,y)(R \otimes S)(x',y')$。根据 $\otimes$ 定义可以得到 xRx' 和 ySy'。而基于 R 和 S 的对称性又可以得到 $x'Rx$ 和 $y'Sy$。因此，$(x',y')(R \otimes S)(x,y)$。

(3) 最后，$\otimes$ 的可传递性我们可以直接由 R 和 S 的可传递性推理出。假设 (x_1,y_1)，$(x_2,y_2),(x_3,y_3) \in A \times B$，其中 $(x_1,y_1)(R \otimes S)(x_2,y_2)$ 和 $(x_2,y_2)(R \otimes S)(x_3,y_3)$。根据 $\otimes$ 运算的定义可以得出 x_1Rx_2 和 x_2Rx_3，以及 y_1Sy_2 和 y_2Sy_3。这里，我们再次使用了逻辑运算中的结合律和交换律。这样，由 R 和 S 的可传递性得出了 x_1Rx_3 和 y_1Sy_3。因此，得到 $(x_1,y_1)(R \otimes S)(x_3,y_3)$ 也是成立的。 ■

如果 R 是一个非空集合 A 上的任意一个关系，那么全关系 $A \times A$ 是一个包含了关系 R，并且是等价关系的关系。显然，$A \times A$ 是集合 A 上所有等价关系中最大的关系 R。

现在特别有趣的一个问题是：集合 A 上还存在所有等价关系中最小的关系 R，即 R 的有关自反性、对称性和可传递性的闭包。

示例 5.13

如果 $A = \{a, b, c, d, e, f\}$，并且 $R = \{(a,b), (c,b), (d,e), (e,f)\}$。那么 R 既不是自反的，也不是对称的和可传递的。为了将 R 扩展到一个等价关系 R'，我们必须将 R 中所有缺失的对，即可以让 R' 成为等价关系的对补充上。这里要注意的是：不能引进没有必要的新对。

$$R' = R \cup \{(a,a), (b,b), (c,c), (d,d), (e,e), (f,f)\}$$
$$\cup \{(b,a), (b,c), (e,d), (f,e)\}$$
$$\cup \{(a,c), (c,a), (d,f), (f,d)\}$$

属于 R' 的划分为

$$\mathscr{Z} = \{\{a,b,c\}, \{d,e,f\}\}$$

现在我们要来证明，对于一个非空集合 A 上的任意一个关系 R 都可以唯一确定一个包含 R 的最小等价关系。

■ **定理 5.14** 设 R 是非空集合 A 上的一个关系：

(1) 如下定义的关系 R' 是一个等价关系：

$$R' = \{(x,y) \mid \exists n \in \mathbb{N} \; \exists x_1 \cdots \exists x_n \in A : \; x = x_1 \wedge y = x_n \wedge$$
$$(x_i = x_{i+1} \vee x_i R x_{i+1} \vee x_{i+1} R x_i) \text{ 对于所有的 } i = 1, 2, \cdots, n-1\}$$

(2) R' 是包含 R 的最小等价关系。对于集合 A 上的每个等价关系 R''（其中 $R \subseteq R''$）都有 $R' \subseteq R''$。

证明：

(1) 我们必须证明：R' 是自反的、对称的和可传递的。

R' 是自反的，因为对于所有的 $x \in A$ 和 $x = x_1 = x_2$ 可以得到 $x = x_1 = x_2 = x$，即 $xR'x$。R' 是对称的，因为所有的 x_i 和 x_{i+1} 都可以被交换。最后为了证明 R' 的可传递性，首先假设三个任意的元素 $x, y, z \in A$ 满足 $xR'y$ 和 $yR'z$。那么存在元素 $x_1, \cdots, x_n$ 和 $y_1, \cdots, y_m \in A$，使得

$$x_1 = x, x_n = y = y_1, z = y_m, \text{ 并且}$$
$$x_i = x_{i+1} \text{ 或者 } x_i R x_{i+1} \text{ 或者 } x_{i+1} R x_i \text{ 对于 } i = 1, \cdots, n, \text{ 并且}$$
$$y_i = y_{j+1} \text{ 或者 } y_j R y_{j+1} \text{ 或者 } y_{j+1} R y_j \text{ 对于 } j = 1, \cdots, m$$

现在，我们设置

$$z_i = x_i \text{ 对于 } i = 1, \cdots, n$$

和

$$z_{n+j} = y_j \text{ 对于 } j = 1, \cdots, m$$

并且得到了

$$x = z_1, z = z_{n+m}$$

和

$$z_k = z_{k+1} \text{ 或者 } z_k R z_{k+1}$$

或者

$$z_{k+1} R z_k \text{ 对于所有的 } k = 1, \cdots, n+m$$

因此，可以得到 $xR'z$。

(2) 为了证明 R' 是包含 R 的最小等价关系（闭包），我们首先假设这个结论不成立。也就是说，还存在一个等价关系 S，使得 $R \subseteq S$，$S \subseteq R'$，而 $S \neq R'$。那么（至少）存在两个元素 $x, y \in A$，使得 $x(\neg S)y$，但是 $xR'y$。根据 R' 的定义，存在元素 $x_1, \cdots, x_n \in A$，使得 $x = x_1 \wedge y = x_n \wedge (x_i = x_{i+1} \vee x_i R x_{i+1} \vee x_{i+1} R x_i)$ 成立。由于 $R \subseteq S$，可以得出 $x = x_1 \wedge y = x_n \wedge (x_i = x_{i+1} \vee x_i S x_{i+1} \vee x_{i+1} S x_i)$，并且基于 S 是一个等价关系的假设条件可以得出 xSy。假设存在一个包含等价关系 S 的 R，而且实际上要小于 R'，那么就会导致一个明显的矛盾：$x \neg Sy$ 和 xSy 必须同时成立。而这种逻辑矛盾就说明了：对 S 存在的假设是错误的，即事实上 R' 就是集合 A 上最小的、包含 R 的等价关系。 ∎

▲ **定义 5.11** 由定理 5.14 得出的等价关系 R' 被称为集合 A 上的通过 R 诱导的等价关系。

诱导的等价关系在数学以及信息学的应用中都发挥着重要作用。我们只举一个现实生活中的例子来证明这种结构在日常生活中的重要性。

示例 5.14

假设 M 是所有人的集合。我们来观察 M 上被定义的如下关系 R：

$$xRy \text{ ，如果} x \text{ 是} y \text{ 的双亲}$$

等价关系 R' 包含具有所有亲戚关系对的集合，即所有人对应的对 (x, y) 的集合。其中，x 是 y 的先辈，或者反之亦然。这里，对于 R' 没有统一称谓。例如，叔叔 y 是 x 的嫂子的祖父母的曾孙；y 有一个孩子和 x 是兄弟。这就是 R' 上有关 x 的关系。目前这种等价关系被认为只是一种等价类。

5.6　偏序关系

除了等价关系（自反的、对称的和可传递的），还存在所谓的偏序关系，即具有自反的、反对称的和可传递的关系。偏序关系在数学及其应用中也发挥着重要的作用。如果可以借助等价关系对一个全集的元素进行分类，那么全集的元素就可以借助这种偏序关系进行排列，比如大小、贵贱、快慢、愚钝聪明、无聊有趣等关系的表达。

▲ **定义 5.12**　集合 A 上的一个二元关系 R 称为偏序关系，当 R 是自反的、反对称的和可传递的。

在偏序关系 R 中，人们经常将 xRy 简写为 $x \leqslant y$。对于 $x \leqslant y \wedge x \neq y$ 的情况，则简写为 $x < y$。

示例 5.15

(1) 假设 $R = \{(a,a),(b,b),(c,c),(d,d),(a,c),(d,b)\}$ 是集合 $A = \{a,b,c,d\}$ 上的一个二元关系。那么显然 R 是自反的、反对称的和可传递的。因此 R 是一个偏序关系。

(2) 实数集合上常见的"小于等于"关系显然是一种偏序关系。这种关系具有一个特殊的性质，关联着整个实数集合中的元素，即两个任意给定的实数彼此间总是存在一种"小于等于"的关系。

(3) 如果 $\mathscr{A}$ 是所有将逻辑等价作为相等关系的逻辑命题的集合，那么定义蕴含 $\rightarrow$ 是 $\mathscr{A}$ 上的一个偏序关系：

$$p \leqslant q，如果 p \rightarrow q$$

事实上，对于所有的命题 $p,q,r \in \mathscr{A}$，$p \rightarrow p$ 都成立（自反性），那么由 $p \rightarrow q$ 和 $q \rightarrow p$ 就可以得到 $p \equiv q$（反对称性）。同时从 $p \rightarrow q$ 和 $q \rightarrow r$ 蕴含出 $p \rightarrow r$（可传递性）。

(4) 正自然数集合 N^+ 上的约数关系 | 是自反的（每个整数都可以被自己整除）、反对称的（由 $a \mid b$ 和 $b \mid a$ 始终可以推导出 $a = b$）和可传递的（由 $a \mid b$ 和 $b \mid c$ 始终可以推导出 $a \mid c$）。因此，这种约数关系是一个偏序关系。

(5) 我们来观察具有包含关系 $\subseteq$ 的集合 A 的幂集 $\mathscr{P}(A)$。那么可以得出 $\subseteq$ 是 $\mathscr{P}(A)$ 上的一个偏序关系，因为对于所有的 $A_1, A_2, A_3 \in \mathscr{P}(A)$ 都可以得到：$A_1 \subseteq A_1$（自反的），由 $A_1 \subseteq A_2$ 和 $A_2 \subseteq A_1$ 推导出 $A_1 = A_2$（反对称的）和由 $A_1 \subseteq A_2$ 和 $A_2 \subseteq A_3$ 推导出 $A_1 \subseteq A_3$（可传递的）。

▲ **定义 5.13**　设 $\leqslant$ 是集合 A 上的一个偏序关系。如果 $a \leqslant b$ 或者 $b \leqslant a$，那么两个元素 $a, b \in A$ 称为关于 $\leqslant$ 是可比较的。

在偏序关系中，全集中的所有元素相互间都是可比较的，类似于数字领域的"小于或等于"关系。

▲　**定义 5.14**　集合 A 上的一个偏序关系 $\leqslant$ 称为全序关系,如果对于所有的 $x, y \in A$,在关于 $\leqslant$ 时都是可比较的。也就是说,对于两个任意的 $x, y \in A$,始终存在 $x \leqslant y$ 或者 $y \leqslant x$。

示例 5.16

(1)　在实数集合 $\mathbb{R}$ 上的"小于或等于"关系 $\leqslant$ 就是一个全序关系。

(2)　在示例 5.15 的 (1) 中的关系 R 不是一个全序关系,因为 a 和 b 是无法比较的:R 中的 (a, b) 和 (b, a) 都无法进行比较。

通常,人们会使用图形的方式来更加明了地描述偏序关系。为了表述清晰,通常不会显示所有的排序关系,而只是给出那些不能通过自反性和传递性推导出来的排序关系。

▲　**定义 5.15**　设 $\leqslant$ 是集合 A 上的一个偏序关系。那么 $a \in A$ 称为 $b \in A$ 的直接前驱,如果 $a < b$,并且不存在满足 $a < c$ 和 $c < b$ 的元素 $c \in A$。在这种情况下 b 被称为 a 的直接后继。

偏序关系可以使用哈斯图(Hasse diagram)来描述。哈斯图是由全集的元素和元素指向其直接后继的箭头组成的。

示例 5.17

在集合 $A = \{a, b, c\}$ 的幂集 $\mathscr{P}(A)$ 上通过子集关系被定义的偏序可以通过哈斯图来表达(参见图 5.1)。

从 $\{b\}$ 到 $\{a, b\}$ 的箭头表示:$\{b\}$ 是 $\{a, b\}$ 的直接前驱。虽然存在 $\{b\} \subseteq \{a, b, c\}$,但是该哈斯图中没有从 $\{b\}$ 到 $\{a, b, c\}$ 的箭头,因为 $\{b\}$ 不是 $\{a, b, c\}$ 的直接前驱。

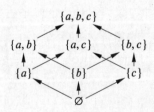

图 5.1　幂集 $\mathscr{P}(\{a, b, c\})$ 通过 $\subseteq$ 被定义的偏序关系的哈斯图表达

事实上,通过哈斯图可以清楚地复原原始的偏序关系。哈斯图中的每个箭头确定了关系中的一个元素。对应的自反和传递的结论就是原始的偏序关系。

示例 5.18

在图 5.1 表达示例 5.17 的哈斯图中，箭头定义了如下的关系。由于该哈斯图中有 12 个箭头，因此含有 12 个元素的关系。

$$R = \big\{ \ (\varnothing, \{a\}), (\varnothing, \{b\}), (\varnothing, \{c\}), (\{a\}, \{a,b\}), (\{a\}, \{a,c\}),$$
$$(\{b\}, \{a,b\}), (\{b\}, \{b,c\}), (\{c\}, \{a,c\}), (\{c\}, \{b,c\}),$$
$$(\{a,b\}, \{a,b,c\}), (\{a,c\}, \{a,b,c\}), (\{b,c\}, \{a,b,c\}) \ \big\}$$

例如，根据 R 的自反和传递的结论包含了元素 $(\{a,b\}, \{a,b\})$（自反性），$(\{a\}, \{a,b,c\})$ 和 $(\varnothing, \{b,c\})$（传递性）。这样就可以推断出是 $\mathscr{P}(\{a,b,c\})$ 元素之间的子集关系。

在观察全序关系以及偏序关系的时候很容易就会提出有关"最大"或者"最小"元素的问题。而在偏序关系中必须要比在全序关系中更加谨慎地对待这些术语。

我们首先注意到：在集合 A 的非空子集 $\varnothing \neq M \subseteq A$ 上被定义的偏序关系 $\leqslant$ 的限制 $\leqslant_M$ 定义了 M 上的一个偏序关系。这种关系 $\leqslant_M$ 被称为是由 $\leqslant$ 诱发的偏序。如果不会产生混淆，那么 $\leqslant_M$ 可以被再次简写为 $\leqslant$。

▲ **定义 5.16** 设 $\leqslant$ 是 A 上的一个偏序关系，并且 $M \subseteq A$。其中，$\varnothing \neq M$ 是 A 的一个非空子集。那么元素 $m \in M$ 称为 M 中的最大元，如果对于所有的 $m' \in M$ 和 $m \leqslant m'$，总是可以得出 $m = m'$。m 称为最小元，如果对于所有的 $m' \in M$ 和 $m' \leqslant m$，总是可以得出 $m = m'$。

在举例说明这种情况之前，我们必须先要介绍一些术语，以便可以表征偏序中的"最大"和"最小"元素。

▲ **定义 5.17** 设 $\leqslant$ 是集合 A 上的一个偏序关系，并且 $\varnothing \neq M \subseteq A$ 是 A 的一个非空子集。元素 $a \in A$ 称为 A 中 M 的上界，如果对于所有的 $m \in M$ 都满足 $m \leqslant a$。

一个最小的上界，即一个在 A 中对于所有 M 的上界 a' 都满足 $a \leqslant a'$ 的上界 a，称为 A 中 M 的上确界。如果对于 A 中 M 的上确界 a 满足 $a \in M$，那么 a 称为 M 的最大值。

一个元素 $a \in A$ 称为 A 中 M 的下界，如果对于所有的 $m \in M$ 都满足 $a \leqslant m$。

一个最大的下界，即一个在 A 中对于所有 M 的下界 a' 都满足 $a' \leqslant a$ 的下界 a，称为 A 中 M 的下确界。如果对于 A 中 M 的下确界 a 满足 $a \in M$，那么 a 称为 M 最小值。

示例 5.19

(1) $A = \{a,b,c,d\}$ 是 $A = \{a,b,c,d\}$ 通过子集关系 $\subseteq$ 定义的偏序关系的幂集 $\mathscr{P}(A)$ 的最大元/上界/上确界/最大值，而 $\varnothing$ 则是最小元/下界/下确界/最小值。

如果观察通过 $\subseteq$ 在子集 M 上的 $\mathscr{P}(A)$ 诱导的偏序的所有三元素子集，那么 M 的每个元素不是最大就是最小元。$\{a,b,c,d\}$ 是 A 中 M 的唯一上界，因此也是 M 的上确界。但是 M 不具有最大值，因为上确界不属于 M。A 中 M 的唯一的下界和下确界是空集 $\varnothing$。但是由于 $\varnothing \notin M$，因此 M 也没有最小值。

(2) "小于或等于"关系 $\leqslant$ 在整数集合 $\mathbb{Z}$ 上既没有最大元或者最大值，也没有最小元或者最小值。相反，$\mathbb{Z}$ 的每个有限子集 $A \subset \mathbb{Z}$ 既有一个最大元/上确界/最大值，也有一个最小元/下确界/最小值。

(3) 我们来观察由所有人组成的集合中的关系 $\leqslant$。该关系是通过由"谁是谁的后代"关系得出的自反结论构造的。显然，$\leqslant$ 是一个偏序关系。在这个偏序中，根据圣经的观点存在一个最小元/下确界/最小值，即亚当（由亚当的肋骨制造的人也应该算作是亚当的后代。当然，女权主义者在这里有可能会更倾向于反驳这一观点。而如果不将夏娃视为亚当的后代，那么这个偏序就具有两个最小元）。没有制造过或者生育过孩子的人对于 $\leqslant$ 是一个最大元。

通过定义可以清楚地看出，一个偏序或许具有多个最大（最小）元，但是最多只能具有一个上确界（下确界）、最大值（最小值）。

在第 6 章中对于更完整的完全归纳原则的方法论基础是来自集合论的公理，即所谓的极大链原理。这个原理的有效性在考虑有限偏序的时候是毋庸置疑的。但是，如果想在无限集合的情况下来证明偏序的有关最大性或者最小性的某些命题，那么正如所讨论过的那样，需要一些"最后的"，甚至没有被有效证明的陈述/公理，就像极大链原理那样。

▲ **定义 5.18** 设 $\leqslant$ 是集合 A 上的一个偏序。$K \subseteq A$ 称为有关 $\leqslant$ 的链，如果由 K 诱导出的偏序 $\leqslant_K$ 是一个全序。K 称为 A 中的最大链，如果 K 在 A 中相对 $\leqslant$ 不存在将其包含的链。

豪斯多夫极大原理(Hausdorff-Birkhoff)：

(1) 在每个偏序集合中，都存在有关集合包含的最大链。

(2) 在每个偏序集合中，对于每个链 K 都存在一个有关 $\leqslant$ 的包含 K 的最大链。

现在不仅能证明两个极大链原理 (1) 和 (2) 是相互等价的，而且也可以证明数学中著名佐恩引理或者在第 6 章中讨论的选择公理也是等价的。

第6章 映射与函数

映射和函数描述了那些具有特殊性质的相关对象之间联系的关系。本章我们将研究这些基本的属性（满射、单射、双射），并且探讨如何使用这些基本的属性来描述无限集合的大小。

6.1 定义及第一个例子

在本章中我们将探讨具有非常特殊的分配属性的关系，并且给出已经熟知的映射和函数的概念。映射和函数在所有使用数学描述，以及方法的应用和各学科中都发挥着重要的作用。

▲ **定义 6.1** 设 $F \subseteq A \times B$ 是 A 和 B 之间的一种关系。

(1) F 称为左满射，如果对于每个 $a \in A$ 都存在一个 $b \in B$，使得 $a\,F\,b$ 成立。

(2) F 称为右单射，如果对于所有满足 $a\,F\,b$ 和 $a\,F\,b'$ 的数对 $(a,b),(a,b') \in A \times B$，都可以得出 $b = b'$。

示例 6.1

(1) 集合 $\{1,2,3,4\}$ 上的关系 $F = \{(1,2),(2,3),(3,4),(4,1)\}$ 既是左满射，也是右单射。如果从 F 中去掉数对 $(4,1)$，那么就会破坏左满射的条件。如果在 F 中加入数对 $(4,2)$，那么就会破坏右单射的条件。

(2) $\mathbb{Z}$ 上的因数关系 $n \mid m$ 对于集合 $\mathbb{Z} - \{0\}$ 来说是左满射，例如，$n \mid n$ 总是成立的。但却不是右单射，例如，$n \mid n$，$n \mid 2n$，$n \mid 3n$ 总是成立的，等等。

(3) 如果 F 是实数集 $\mathbb{R}$ 上定义为 $F = \{(x,y) \mid x^2 + y^2 = 1\}$ 的关系。那么 F 既不是左满射，也不是右单射。这里可以将 x 和 y 作为平面上的坐标。如果观察单位圆上 F 的限制 F'，那么可以得出一个左满射，但不是右单射的关系。这时如果将 F' 进一步限制在第一个象限，也就是说，设定 $x, y \leqslant 0$。那么可以得到一个既是左满射，也是右单射的关系 F''。

▲ **定义 6.2** 设 $F \subseteq A \times B$ 是一个同时满足左满射和右单射的关系。三元组 $f = (A, B, F)$ 称为 B 到 A 的映射。这种映射通常表示为 $f : A \to B$。两个映射：$f = (A, B, F)$ 和 $f' = (A', B', F')$ 是相同的，如果 $A = A'$、$B = B'$ 和 $F = F'$ 同时成立。

如果 $f = (A, B, F)$ 是一个映射，那么 F 称为是 f 的映射图，A 为定义域，B 为值域。

映射 f 的定义域中的每个元素 $a \in A$ 都对应了值域中的唯一一个元素 $b \in B$，即 aFb 成立，表示为 $f(a)$。$f(a)$ 称为元素 a 在映射 f 下的像，a 称为 b 关于映射 f 的原像。由 a 到 b 的对应关系可以表示为 $f : a \mapsto b$。

示例 6.2

(1) 地球上，每一个在联合国注册了的国家和对应的首都之间的关系就是一个映射。在这个映射中，所有国家的集合是定义域，而所有首都的集合是值域。例如，柏林就是德国的映射。

(2) 一个公司中，每个员工的薪水/他的工作编号/他的加班账户等之间的关系可以定义为映射。

(3) 等价关系在每个集合 A 上都定义了一个映射，即恒等映射，通常表示为 I_A 或者 id_A，或者简写为 id。恒等映射的图像是 A 的对角线 $\Delta_A = \{(a,a) \mid a \in A\}$。

(4) 假设 A 是一个任意集合，$\sim$ 是 A 上的等价关系。如果将每个等价关系 $\sim$ 对应到其所包含的元素，那么可以得到一个从 $A/\sim$ 到 A 的映射。每个类的映射是 A 中的一个类的代表。反过来，如果将 A 的每个元素对应于等价类 $\sim$，那么也可以得到一个从 A 到 $A/\sim$ 的映射。

(5) 集合 A 中的所有元素都对应集合 B 中的一个相同元素，这种关系定义了一个映射 $f : A \to B$，其中 $\sharp\{f(a) \mid a \in A\} = 1$。具有这种性质的映射 f 称为恒等映射。如果 $f(a) = b$ 对于所有的 $a \in A$ 都成立，那么这种恒等映射就被表示为 c_b。

(6) 假设 $M \subseteq A$ 是 A 的一个子集。对于所有 $m \in M$ 在 M 和 A 之间定义的关系 $I_M = \{(m,m) \mid m \in M\}$ 定义一个映射 $i_m = (M, A, I_M)$，该映射被称为包含映射。如果 $M = \varnothing$，那么该映射称为空映射。

▲ **定义 6.3** 一个函数是一个映射 $f = (A, B, F)$，其值域为一个数域。数论函数（算术函数）是一个定义域为正整数的函数。实值函数是函数值是实数的函数。

示例 6.3

(1) 集合 A 中的每个元素都对应一个相同的自然数的映射称为恒等函数，表示为 c_m：

$$c_m : a \mapsto m \text{，对于所有的} a \in A$$

(2) 如果将每个自然数 $n \in \mathbb{N}$ 都对应其后继数 $n + 1$，那么就可以得到一个 $\mathbb{N}$ 上的被称为后继函数的函数。该函数在自然数的定义中扮演着重要的角色（参见第 4 章中介绍的皮亚诺公理）。

(3) $f(x) = x^3 - 3x^2 + 7x - 11$ 描述了一个从实数集到实数集的函数。每个原像 x 都被对应了一个唯一的像元素 $y = f(x)$。

(4) 假设 $A = \{0,1\}^n$ 是所有 n 位串的集合。那么关系

$$(b_1, \cdots, b_n) F b_{\sum\limits_{i=1}^{n} b_i} = b_{\sharp\{i=1,\cdots,n \mid b_i=1\}}$$

是左满射以及右单射的关系，因此在集合 $\{0,1\}$ 中定义了一个 A 的映射。这种 $0,1$ 值的函数对于在信息科学起到核心作用的、具有 $\{0,1\}^n$ 形式的、被称为布尔函数的函数具有重要的意义。

用图形表示映射和函数很简单，只需要采用映射和函数图表的图形表示。

示例 6.4

(1) 图 6.1 显示了后继函数的图形表达。

(2) 在图 6.2 中给出了函数 $f = (A, B, R_5)$ 的图形表达，其中 $A = \{1, 2, \cdots, 9\}$，$B = \{0, 1, 2, 3, 4\}$，并且 $a R_5 b \equiv a \bmod 5 = b$（参见示例 5.9）。

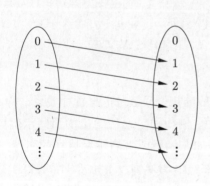
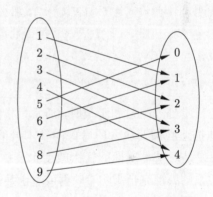

图 6.1　后继函数的图形表达　　　图 6.2　示例 6.4(2) 中函数的图形表达

在映射和函数的研究过程中经常考虑子结构和对应的限制是非常重要和有益的方式。

▲　**定义 6.4**　设 $f = (A, B, F)$ 是一个映射。那么 $M \subseteq A$ 和 $N \subseteq B$ 是 f 的定义域以及值域的子集。

集合 $f(M) = \{b \in B \mid$ 存在一个 $m \in M$ 满足 $b = f(m)\}$ 称为 f 下的 M 的像。在某些情况下，$f(M)$ 也被表示为 $im_f M$。$f(A)$ 也被称为 f 的值域。

集合 $f^{-1}(N) = \{a \in A \mid f(a) \in N\}$ 称为 f 下 N 的原像。如果 $N = \{b\}$，那么 $f^{-1}(\{b\})$ 可以简写为 $f^{-1}(b)$。

■ **定理 6.1** 设 $M_1, M_2 \subseteq A$ 是集合 A 的子集, N_1, N_2 是集合 B 的子集。对于每个映射 $f : A \to B$ 都可以得到:

(1) $f(M_1 \cup M_2) = f(M_1) \cup f(M_2)$

(2) $f(M_1 \cap M_2) \subseteq f(M_1) \cap f(M_2)$

(3) $f^{-1}(N_1 \cup N_2) = f^{-1}(N_1) \cup f^{-1}(N_2)$

(4) $f^{-1}(N_1 \cap N_2) = f^{-1}(N_1) \cap f^{-1}(N_2)$

证明: 这里, 我们只证明第 (1) 个和第 (3) 个声明。其他声明的证明过程完全类似。证明第 (2) 个声明时建议读者用一个例子来思考。事实上, $f(M_1 \cap M_2) \subset f(M_1) \cap f(M_2)$ 也是成立的。

证明 (1): 假设 $b \in f(M_1 \cup M_2)$, 那么存在一个 $a \in M_1 \cup M_2$, 使得 $f(a) = b$ 成立。根据集合并的定义可以得出 $a \in M_1$ 或者 $a \in M_2$ 成立, 那么就可以得出 $b = f(a) \in f(M_1)$ 或者 $b = f(a) \in f(M_2)$, 即 $b \in f(M_1) \cup f(M_2)$。反过来, 假设 $b \in f(M_1) \cup f(M_2)$, 即 $b \in f(M_1)$ 或者 $b \in f(M_2)$。那么就可以得到 $a \in A$, 使得 $f(a) = b$ 成立, 并且 $a \in M_1$ 或者 $a \in M_2$, 即 $a \in M_1 \cup M_2$。这时就可以得出 $b = f(a) \in f(M_1 \cup M_2)$。

证明 (3): 假设 $a \in f^{-1}(N_1 \cup N_2)$, 那么对于 a, $f(a) \in N_1 \cup N_2$ 成立, 即 $f(a) \in N_1$ 或者 $f(a) \in N_2$。因此, $a \in f^{-1}(N_1)$ 或者 $a \in f^{-1}(N_2)$ 成立, 即 $a \in f^{-1}(N_1) \cup f^{-1}(N_2)$。现在假设 $a \in f^{-1}(N_1) \cup f^{-1}(N_2)$。那么 $f(a) \in N_1$ 或者 $f(a) \in N_2$ 成立, 即 $f(a) \in N_1 \cup N_2$。因此, $a \in f^{-1}(N_1 \cup N_2)$ 成立。　　　■

在日常处理映射和函数时, 通常只指定对应的规则。但是也与各种关系一样, 需要确切地描述必须要包含所考虑的基本域的规范。例如通过已经给出的那些示例可以看出, 即使是对基本属性的轻微改变也会破坏诸如左满射或者右单射这样的属性。因此, 一个关系的属性完全影响着映射或者函数。显然, $f = (A, B, F)$ 和 $f' = (A, f(A), F)$ 在通常情况下是两个不同的映射。但是, 如果 $B = f(A)$, 那么 $f = f'$ 成立。

▲ **定义 6.5** 设 $f = (A, B, F)$ 是一个映射, 同时 $M \subseteq A$ 是其定义域 A 的一个子集。映射 $g = (M, B, F \cap (M \times B))$ 称为 M 上 f 的限制, 通常表示为 $f|_M$。

示例 6.5

假设 f 是实数集合 $\mathbb{R}$ 上通过对应规则 $f(x) = x^2$ 定义的函数。那么对于所有的 $y \in \mathbb{R}$, $y > 0$, $\sharp f^{-1}(y) = 2$ 成立。如果我们观察在自然数域上的 f 的限制函数 $f' = f|_{\mathbb{N}}$, 那么可以得到 $\sharp f^{-1}(y) \leqslant 1$。

关系的复合运算为映射提供了一个重要的运算。

■ **定理 6.2** 设 $f = (A, B, F)$ 和 $g = (B, C, G)$ 是两个映射,那么 $h = (A, C, F \circ G)$ 也是一个映射。对于所有的 $x \in A$ 都适用于

$$h : x \mapsto g(f(x))$$

证明: 如果 f 和 g 是映射,那么关系 F 和 G 是左满射和右单射的。为了证明定理只需要给出,关系 $F \circ G$ 也是左满射和右单射的即可。

事实上,$F \circ G$ 是左满射的。因为 F 是左满射的,因此对于每个 $a \in A$ 都定义了一个 $f(a)$,以及一个 $g(f(a))$,其中 $(a, g(f(a))) \in F \circ G$。

为了证明 $F \circ G$ 是右单射的,我们任意选取两个满足 $(a, c), (a, c') \in F \circ G$ 的数对。那么根据关系复合的定义,存在两个元素 b 和 b',使得 $(a, b), (a, b') \in F$ 和 $(b, c), (b', c') \in G$ 成立。由 F 的右单射性可以得到 $b = b'$。进一步,由 G 的右单射性可以得到 $c = c'$。这样就得出了 $F \circ G$ 的右单射性。 ∎

▲ **定义 6.6** 设 $f = (A, B, F)$ 和 $g = (B, C, G)$ 是两个映射。映射 $(A, C, F \circ G)$ 称为映射 f 和 g 的复合或者叠加,表示为 $g \circ f$(这里要注意被交换了的顺序)。

下面定理的证明为进一步熟悉映射的概念提供了一个很好的练习。

■ **定理 6.3** 映射的复合是可结合的,也就是说,对于三个映射 $f = (A, B, F)$,$g = (B, C, G)$,$h = (C, D, H)$ 适用于

$$h \circ (g \circ f) = (h \circ g) \circ f$$

6.2 满射、单射和双射

▲ **定义 6.7** 设 $f = (A, B, F)$ 是一个映射。

(1) f 称为满射或者映上的,如果 $f(A) = B$ 成立。

(2) f 称为单射或者一一对应的,如果对于所有的 $a, a' \in A$,由 $a \neq a'$ 可以得出 $f(a) \neq f(a')$。

(3) f 称为双射或者可逆一一对应的,如果 f 既是满射又是单射。

示例 6.6

(1) 一个既不是单射,也不是满射的映射:

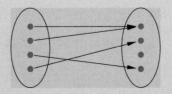

(2)　一个是单射，但不是满射的映射：

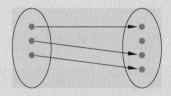

(3)　一个是满射，但不是单射的映射：

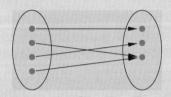

(4)　一个既是单射又是满射的映射，即双射：

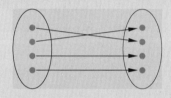

(5)　通过 $f: a \mapsto r, b \mapsto s, c \mapsto r$ 定义的映射，如果是从 $\{a,b,c\}$ 到 $\{r,s\}$ 上的映射，那么这个映射是一个满射。如果是从 $\{a,b,c\}$ 到 $\{r,s,t\}$ 上的映射，那么这个映射不是一个满射。这两个映射都不是单射，因为 $f(a) = f(c)$，因此也不是双射。

(6)　每个人与自己的年龄对应的映射是一个在整数集 $\mathbb{Z}$ 中的函数。这个映射不是一个单射，因为很多人都有相同的年龄。这个函数也不是满射，因为没有人的年龄是负值，或者超过 4 位数。

(7)　通过 $f(n) = n^3 + 1$ 在自然数集 $\mathbb{N}$ 定义的函数是单射，但不是满射。例如，自然数 3 就没有原像。因此，f 也不是双射。

(8)　假设 R 是集合 A 上的等价关系，那么通过由每个元素 $a \in A$ 对应其等价类 $[a]_R$ 定义的映射 f 就是一个在 R 的等价类的集合 A/R 上的关于 A 的满射。而这个映射是否是单射，进而是双射却无法判断。例如，如果 A 具有 n 个元素，并且 $\sharp A/R = n$ 成立（因此 $\sharp [a_r] = 1$ 对于所有的 $a \in A$ 也成立），那么 f 是单射，因此这个映射也是双射。但是，即使只存在一个具有多个元素的等价类，那么 f 也不是单射。

单射、满射或者双射这些函数的属性具有许多等价的特征。

■　**定理 6.4**　设 $f = (A, B, F)$ 是一个映射。下面的命题是逻辑等价的：

(1)　f 是满射。

(2)　对于所有的 $b \in B$，$f^{-1}(b) \neq \varnothing$ 成立。

(3) 存在一个映射 $g = (B, A, G)$，其中 $f \circ g = id_B$。

(4) 对于所有的集合 C 和所有的映射 $r, s : B \to C$ 可以得出：由 $r \circ f = s \circ f$ 可以推导出 $r = s$。

证明： 在给出上面四个命题的等价性证明之前，我们可以考虑一个聪明的证明计划。通常情况下，人们会按照诸如下面三个等价关系的顺序进行证明：$(1) \leftrightarrow (2)$，$(1) \leftrightarrow (3)$，$(1) \leftrightarrow (4)$。这样一共需要六个蕴含证明，即 $(1) \to (2)$，$(2) \to (1)$，$(1) \to (3)$，$(3) \to (1)$，$(1) \to (4)$ 和 $(4) \to (1)$。事实上，我们可以采用一个巧妙的方法。如果我们证明了了四个蕴含，即 $(1) \to (2)$，$(2) \to (3)$，$(3) \to (4)$ 和 $(4) \to (1)$ 是有效的，然后在各个蕴含相互关联的基础上就可以证明所有四个从 (1) 到 (4) 的命题都是等价的，即根据第 2 章介绍的重言式应用：

$$((p \to q) \wedge (q \to r)) \to (p \to r)$$

就可以得到如下蕴含：

$$(1) \to (2) \to (3) \to (4) \to (1)$$

而那些没有被提及的蕴含：$(2) \to (1)$，$(1) \to (3)$，$(3) \to (1)$，$(1) \to (4)$ 和 $(4) \to (1)$ 的证明就可以省略了。

下面给出具体的证明过程：

- $(1) \to (2)$：假设 f 是满射，那么根据定义可以得到 $f(A) = B$，即对于所有的 $b \in B$，存在一个 $a \in A$，使得 $f(a) = b$。因此，$f^{-1}(b) \neq \varnothing$。

- $(2) \to (3)$：因为 $f^{-1}(b) \neq \varnothing$ 对于所有的 $b \in B$ 都成立。我们可以对每个 $b \in B$ 选择一个 $a_b \in f^{-1}(b)$，并且定义一个映射 $g : B \to A$，其中 $g(b) = a_b$。那么对于所有的 $b \in B$ 就可以得到 $f \circ g(b) = f(a_b) = b$，即 $f \circ g = id_B$。

- $(3) \to (4)$：假设 $r, s : B \to C$ 是两个任意的映射，其中 $r \circ f = s \circ f$ 成立。根据假设存在一个映射 $g : B \to A$，满足 $f \circ g = id_B$。利用已经被证明过的映射复合运算的结合律可以给出如下推论：

$$r = r \circ id_B = r \circ (f \circ g) = (r \circ f) \circ g = (s \circ f) \circ g = s \circ (f \circ g) = s \circ id_B = s$$

- $(4) \to (1)$：为了证明最后这个蕴含，我们需要借助第 2 章中介绍过的逻辑重言式：

$$(p \to q) \leftrightarrow (\neg q \to \neg p)$$

因此，我们可以用证明蕴含 $\neg(1) \to \neg(4)$ 的有效性来代替对蕴含 $(4) \to (1)$ 有效性的证明。基于两个蕴含的逻辑等价，就可以证明蕴含 $(4) \to (1)$ 的有效性。通常，这种方法被称为间接证明（参见第 7 章）。

再次假设 f 不是满射。那么对于所有的 $a \in A$，存在一个 $b_0 \in B$，满足 $f(a) \neq b_0$。现在再来看这两个映射：$r, s : B \to \{0, 1\}$，对于所有不同于 b_0 的

$b \in B$，满足 $r(b) = s(b) = 0$。并且，$r(b_0) = 0$ 以及 $s(b_0) = 1$。显然，$r \circ f = s \circ f$ 成立，但是 $r \neq s$。这正是对命题 (4) 的否定。 ∎

如果分析蕴含 (2) → (3) 的证明就可以发现一个平常显而易见的事实：从一个任意的非空集合中总能选择出一个元素。作为自我批判以及反对所谓不明言论的非常可疑科学的数学自然已经为这个事实找到了一个原因或者证明。如果一个人离开了自己直觉上所熟悉的（小的）有限集合，那么就会不是那么确定：从一个无限集中选择一个单独的元素是否真的总是很容易的。导致矛盾的这个问题的点是：这个事实的证明并没有被证实！此外，如果假设人们总是可以进行选择，那么人们可以在一个封闭的以及"正确的"数学中得到一个元素。与之不同的另外一种方法是，就像"正确的"数学那样，如果只考虑在有限集合情况下，那么是可以选择一个元素的（在后一种数学中，我们定理的性质 (3) 是无法被证明的，因此不能被视为是普遍有效的）。在确定是否能从一个任意的非空集合中选取一个元素的过程中，自然涉及了一个无法证明的最终假设，即在数学上建立一个公理。

选择公理 (Zermelo)： 每个非空集合 M 都存在一个 M 的映射 f。对于所有的 $A \in M$，其每一个值 $f(A)$ 都是 A 的元素。

选择公理为数学中的许多存在定理奠定了基础。已经被证实的是：这个选择公理和第 5 章介绍的最大链原理是等价的。

■ **定理 6.5** 设 $f = (A, B, F)$ 是一个映射。下面的命题是逻辑等价的：

(1) f 是单射。

(2) 对于所有的 $b \in B$，$\sharp f^{-1}(b) \leqslant 1$ 成立。

(3) 存在一个映射 $g = (B, A, G)$ 满足 $g \circ f = id_A$。

(4) 对于所有的集合和所有的映射 $r, s : D \to A$，如果 $f \circ r = f \circ s$，那么就可以得到 $r = s$。

证明： 这里，我们采用类似于定理 6.4 的证明思路。

- (1) → (2)：可以直接通过单射的定义给出证明。
- (2) → (3)：假设 a_0 是 A 中一个任意的固定元素。根据假设，对于所有的 $b \in B$，$f^{-1}(b)$ 是一个元素或者为空。我们定义一个映射 $g : B \to A$：

$$g : b \mapsto \begin{cases} a, & \text{如果} f^{-1}(b) = \{a\} \text{ 是一个元素} \\ a_0, & \text{如果} f^{-1}(b) = \varnothing \end{cases}$$

事实上 g 是一个映射，因为根据定义 g 是左满射的，同时根据假设也是右单射的。现在假设 $b \in B$ 是任意的。因为对于所有的 $a \in A$，$(g \circ f)(a) = g(f(a)) = a$ 成立，因此可以得到 $g \circ f = id_A$。

- (3) → (4)：假设 $r, s : D \to A$ 是两个任意的映射，满足 $f \circ r = f \circ s$。根据假设存在一个映射 $g : B \to A$，满足 $g \circ f = id_A$。利用已经被证实了的映射复合运算结合律可以给出如下的推论：

$$r = id_A \circ r = (g \circ f) \circ r = g \circ (f \circ r) = g \circ (f \circ s) = (g \circ f) \circ s = id_A \circ s = s$$

- (4) → (1)：这里，我们仍旧使用对蕴含 $\neg(1) \to \neg(4)$ 有效性的证明来代替与之等价蕴含 $(4) \to (1)$ 的证明，即使用间接证明法。

  假设 f 不是单射，那么 A 中就存在两个元素 $a_1 \neq a_2$，使得 $f(a_1) = f(a_2)$。现在我们来考虑这两个映射 $r, s : \{0, 1\} \to A$，其中 $r(0) = r(1) = a_1$，$s(0) = s(1) = a_2$。显然，$f \circ r = f \circ s$ 成立，但是 $r \neq s$。因此否定了命题 (4)。　∎

如果将上面两个定理合并就会得到一系列有关双射重要类的命题。

- **定理 6.6** 设 $f = (A, B, F)$ 是一个映射。下面这些命题是逻辑等价的：

(1) f 是双射。

(2) 对于所有的 $b \in B$，$\sharp f^{-1}(b) = 1$ 成立。

(3) 只存在一个映射 $g = (B, A, G)$ 同时满足 $g \circ f = id_A$ 和 $f \circ g = id_B$。

- ▲ **定义 6.8** 设 $f : A \to B$ 是一个双射。根据定理 6.6 可知，对于 f 总是存在一个映射 g，使得 $g \circ f = id_A$。那么 $f \circ g = id_B$ 就称为 f 的逆映射或者反转映射，表示为 f^{-1}。

显然，f^{-1} 也是一个双射，并且可以得出：

$$(f^{-1})^{-1} = f$$

示例 6.7

(1) 线性函数 $f(x) = 2x + 3$ 在 $\mathbb{R}$（或者 $\mathbb{Q}$）上是双射。其逆函数的形式为：$f^{-1}(y) = \dfrac{y - 3}{2}$。

(2) 函数 $f(x) = e^x - 1$ 定义了一个在正实数域上的双射。其逆函数表示为：$f^{-1}(x) = \ln(x + 1)$。

为了进一步加深对单射、满射和双射的认识，我们推荐读者自己证明下面给出的定理。

- **定理 6.7**

(1) 单射的复合运算还是单射。

(2) 满射的复合运算还是满射。

(3) 双射的复合运算还是双射。

有趣的是，这些有限集合的单射、满射和双射的属性由于复合原因都是等价的。

■ **定理 6.8** 设 A 是一个有限集合，$f : A \to A$ 是一个映射。下面的命题是逻辑等价的：

(1) f 是满射。

(2) f 是单射。

(3) f 是双射。

证明： 为了证明定理的有效性，只需要证明两个蕴含 (1) → (2) 和 (2) → (3) 的有效性就可以了。其他的蕴含：(3) → (1) 和 (3) → (2) 根据双射的定义可以直接得出。证明这两个蕴含的一个非常优雅的方法是完全归纳方法。由于这种方法在第 7 章中才会讨论，因此这里先留下一个伏笔。　　　　　　　　　　　　　　　　　　　　　　　■

6.3　序列和集合族

从自然数集合到任意一个集合 M 的映射 f 具有一种特殊的性质：为 M 中的每个元素 $m \in f(\mathbb{N})$ 都提供了一个编号。例如，如果 $f(i) = m$，那么数字 i 就可以被视为 m 的编号或者索引。但是，这个性质既没有说明一个元素 $m \in M$ 是否只被分配了一个数字，也没有指出是否 M 中的所有元素都被编号了。无论在哪种情况下，f 的映射都是按照数字顺序 $0, 1, 2, 3, \cdots$ 罗列出的：

$$(m_0 = f(0), m_1 = f(1), m_2 = f(2), m_3 = f(3), \cdots)$$

事实上，这种在数学上被称为序列的罗列对于数学和计算机科学中的很多应用都具有重要的意义，因此是一个重要的研究课题。

例如，我们观察分数的序列

$$1, \frac{1}{2}, \frac{1}{4}, \frac{1}{8}, \frac{1}{16}, \frac{1}{32}, \cdots, \frac{1}{2^m}, \cdots$$

为了更有效率地描述这个序列，最好将其构造为一个从自然数到有理数的函数 f。其中，$0 \mapsto 1, 1 \mapsto \frac{1}{2}, 2 \mapsto \frac{1}{4}$，等等，通用表达为 $i \mapsto \frac{1}{2^i}$。

▲ **定义 6.9** 一个由集合 M 的分段组成的有限序列是一个来自 M 中的集合 $[n] = \{i \in \mathbb{N} \mid i \leqslant n\}$ 的映射 $f : [n] \to M$。

一个无限序列是一个映射 $f : \mathbb{N} \to M$。

通常，一个序列 f 被写为 $(m_i)_{i \in [n]}$，以及 $(m_i)_{i \in \mathbb{N}}$ 的形式。也就是说，作为序列成员 $m_i = f(i)$ 的序列。

示例 6.8

(1) 满足 $f : k \mapsto \{i \cdot k \mid i \in \mathbb{Z}\}$ 的映射 $f : \mathbb{N} \to \mathscr{P}(\mathbb{N})$ 定义了一个序列 $(Z_k)_{k \in \mathbb{N}}$，其序列元素是由 k 的所有倍数的集合 Z_k 组成的。

(2) 下面的格式给出了一个概念，即整数可以借助自然数进行编码：

$$
\begin{array}{ccccccccc}
\mathbb{N} = & 0 & 1 & 2 & 3 & 4 & 5 & 6 & 7 & \cdots \\
& \downarrow & \downarrow & \downarrow & \downarrow & \downarrow & \downarrow & \downarrow & \downarrow \\
\mathbb{Z} = & 0 & 1 & -1 & 2 & -2 & 3 & -3 & 4 & \cdots
\end{array}
$$

事实上，这种格式为函数 $f : \mathbb{N} \to \mathbb{Z}$ 提供了一个序列 $(z_i)_{i \in \mathbb{N}}$：

$$
f : n \mapsto
\begin{cases}
-\dfrac{n}{2}, & \text{如果} n \text{ 是偶数} \\[3mm]
\dfrac{1+n}{2}, & \text{其他}
\end{cases}
$$

其序列元素穿插了所有的整数。顺便要提一下，这种结果毫无疑问地证明了整数可以被自然数替代。

(3) 下面的格式定义了一种正有理数的编号：

$$
\begin{array}{ccccc}
1 & \to & 2 & 3 & \to & 4 & 5 & \to & \bullet \\
& \swarrow & & \nearrow & & \swarrow & & \nearrow & \\
\dfrac{1}{2} & & \dfrac{2}{2} & & \dfrac{3}{2} & & \dfrac{4}{2} & & \dfrac{5}{2} & & \bullet \\
\downarrow & \nearrow & & \swarrow & & \nearrow & & \swarrow & \\
\dfrac{1}{3} & & \dfrac{2}{3} & & \dfrac{3}{3} & & \dfrac{4}{3} & & \dfrac{5}{3} & & \bullet \\
& \swarrow & & \nearrow & & \swarrow & & \nearrow & \\
\dfrac{1}{4} & & \dfrac{2}{4} & & \dfrac{3}{4} & & \dfrac{4}{4} & & \dfrac{5}{4} & & \bullet \\
\downarrow & \nearrow & & \swarrow & & \nearrow & & \swarrow & \\
\dfrac{1}{5} & & \dfrac{2}{5} & & \dfrac{3}{5} & & \dfrac{4}{5} & & \dfrac{5}{5} & & \bullet \\
& & \bullet & & \bullet & & & & \\
\end{array}
$$

这就是著名的康托尔（Cantor）计数表。人们很容易验证，使用 $0 \mapsto 1, 1 \mapsto 2, 2 \mapsto \dfrac{1}{2}, 3 \mapsto \dfrac{1}{3}, 4 \mapsto \dfrac{2}{2}, \cdots, i \mapsto r_i, \cdots$ 定义的序列 $(r_i)_{i \in \mathbb{N}}$ 遍历了所有正有理数。

而这里就会有一个惊人的发现：正有理数显然不再多于自然数。

在映射的帮助下，对一组元素进行编号，进而定义序列的想法可以基本概括为：如果从需求出发，那么必须使用自然数对序列进行编号。

▲　**定义 6.10**　设 M 是一个任意的集合，I 是一个非空集。那么映射 $f: I \to M$ 称为从 I 到 M 的索引函数，I 称为索引集。

索引函数的值 $f(i)$ 由 m_i 表示，i 称为 m_i 的索引。索引函数通常表示为：

$$(m_i)_{i \in I}, \text{或者缩写为：} (m_i)$$

如果元素 A 是被索引的集合 M 的集合，那么 (A_i) 称为 M 的集合族。

示例 6.9

(1)　为每位超过 16 周岁的德国公民分配一张个人身份证的行为所对应的关系就提供了一种索引函数。这里，索引集是有效身份证的集合。

(2)　如果 Π 表示所有质数的集合。对于 $p \in \Pi$，$M_p \subseteq \mathbb{N}$ 定义了

$$M_p = \{ p^n \mid n \in \mathbb{N} \}$$

现在 $(M_p)_{p \in \Pi}$ 是来自由质数索引的 $\mathscr{P}(\mathbb{N})$ 的集合族。索引函数是一个从 Π 到 $\mathscr{P}(\mathbb{N})$ 的满足 $p \mapsto M_p$ 的映射。

在第 3 章讨论集合运算的时候，我们就已经感觉到有对两个以上集合进行运算的需求。而且只要涉及结合律的运算，那么执行操作的顺序就无关紧要了。如果涉及的操作是可交换的，那么甚至对应的算子也是可以任意被交换的。

▲　**定义 6.11**　设 $(A_i)_{i \in I}$ 是一个 M 子集中的族，那么

$$\bigcap_{i \in I} A_i = \{m \mid m \in A_i \text{ 对于所有的} i \in I\}$$

并且

$$\bigcup_{i \in I} A_i = \{m \mid m \in A_i \text{ 对于一个} i \in I\}$$

显然，这两个在第 3 章中已经讨论过的定义提供了精确的并集和交集的定义，如果索引集 I 是有限的。

示例 6.10

假设 $I = \mathbb{Z}$。对于每个 $t \in \mathbb{Z}$，我们考虑半开区间 $A_t = (-\infty, t]$，其中 $A \subseteq \mathbb{R}$。因为对于每个实数 r 存在两个整数 t_1, t_2 满足 $t_1 < a \leqslant t_2$。因此可以得到

$$a \notin \bigcup_{t \leqslant t_1} A_t \text{ , 但是} a \in \bigcup_{t \leqslant t_2} A_t$$

基于这个讨论可以得到

$$\bigcup_{t \in \mathbb{Z}} A_t = \mathbb{R} \text{ , 并且} \bigcap_{t \in \mathbb{Z}} A_t = \varnothing$$

■ **定理 6.9**　（广义德·摩根定律）假设 I 是一个任意的索引集，$(A_i)_{i \in I}$ 是一个集合族。那么

$$\overline{\bigcup_{i \in I} A_i} = \bigcap_{i \in I} \overline{A_i} \text{ , 并且 } \overline{\bigcap_{i \in I} A_i} = \bigcup_{i \in I} \overline{A_i}$$

成立。

证明：这里，我们只证明：$\overline{\bigcup_{i \in I} A_i} = \bigcap_{i \in I} \overline{A_i}$。另一个等式可以使用类似的方法进行证明。

- （$\subseteq$）：假设 $a \in \overline{\bigcup_{i \in I} A_i}$，即 $a \notin \bigcup_{i \in I} A_i$。那么根据定义就意味着对于所有的 $i \in I$，$a \notin A_i$ 成立，即对于所有的 $i \in I$，$a \in \overline{A_i}$ 都成立。因此 $a \in \bigcap_{i \in I} \overline{A_i}$ 成立。

- （$\supseteq$）：这里可以马上基于事实给出：上面证明的顺序链是可逆的。　　　■

6.4　集合的基数

借助满射的概念，现在我们可以再次讨论有关集合元素的"数量"问题，即引入集合基数的概念。在 3.1 节中，对于这个问题我们只涉及了有限集合的情况，并且将有限集合的基数定义为有限集合中元素的数量。对于那些具有无限数量元素的集合，我们简单地称之为无限集合。事实上，除了那些显而易见的有限集合外，还存在着一些无限集合，诸如自然数集、整数集、有理数集以及实数集、欧几里得平面上的点集、所有圆的集合等。有限集合和无限集合之间的特征差异如下：在有限集合情况下，计算集合元素数量的过程肯定是有限的，即使集合元素的数量巨大。相反，如果要尝试计算一个无限集合中元素的数量，那么即使花费大量时间也不能成功。

现在，为了能够将无限集合 M 中元素的"数量"具体化，我们来讨论究竟什么是计数过程：如果我们计算一个有限集合的元素，那么我们会连续地为集合中的每个元素分配一个自然数。也就是说，我们从 1 开始，然后为下一个尚未被计数的元素分配一个 2，以此类推，直到所有的元素都被编号了。这样，我们就将集合中的每个元素都分配了一个唯一的号码。由于这样的编号过程是以 1 开始，然后按照顺序给出号码，那么最后给出的编号正好就是这个集合所有元素的数量。这里所描述的计数过程从某种意义上来说就是第 5 章中的具有索引集 $\{1, 2, \cdots, \sharp M\} \subseteq \mathbb{N}$ 的集合索引。当然，其特殊性在于，这种索引函数是满射。例如，如果我们不小心将两个不同的元素分配了相同的编号（索引函数因此就不是单射了），或者一个元素没有被分配编号（索引函数因此就不再是满射），那么最后一个被分配的编号就不再代表集合的基数，即不再代表集合所有元素的数量。

事实上，借助计数过程，即一个已知集合元素的双射索引，来测量一个（任意）集合的基数的想法是非常有效的。

▲　**定义 6.12**　两个集合 A 和 B 被称为是对等的，如果存在一个从 A 到 B 的双射 f。

显然，这种对等性定义了集合之间的一种相等关系。不同的有限集合是对等的，如果它们具有相同数量 n 的元素。对等概念是数理逻辑的重要认知之一。借助这个概念还可以对无限集合之间进行比较。这表明存在着无限多个完全不同的类型。无限集合的最著名以及第一个例子就是自然数 $\mathbb{N}$ 的集合。这个集合确定了一个无穷大的"最简单"类型。

▲　**定义 6.13**　一个无限集合 A 被称为是可数的无限集合，如果 A 和 $\mathbb{N}$ 是对等的。A 称为可数的，如果 A 是有限的，或者是可数无限的。

■　**定理 6.10**　自然数 $\mathbb{N}$ 的每个子集都是可数的。

证明： 根据定义，每个有限集合都是可数的。因此我们来研究这种情况：$A \subseteq \mathbb{N}$ 是无限的。我们回忆下一个事实，$\mathbb{N}$ 和每个 $\mathbb{N}$ 的子集都是一个全序。也就是说，A 的所有元素都可以成对比较，并且被表示为一个按照升序排列 $a_0 < a_1 < a_2 < \cdots < a_n < \cdots$ 的序列。映射 $f : i \mapsto a_i$ 显然是双射的，并且显示了 $\mathbb{N}$ 和 A 是对等的。因此，A 是可数（无限）的。　　　　　　　■

我们可以将最后一个定理的断言进一步推广。

□　**推论 6.1**　设 M 是一个可数的集合，那么 M 的每个子集 A 也都是可数的。

证明： 这里，还是只考虑 A 是无限的情况。由于 M 是可数的，就存在一个双射 $f : \mathbb{N} \to M$。我们观察来自 $\mathbb{N}$ 的所有元素的序列 $n_0, n_1, n_2, \cdots, n_j, \cdots$，其像 $f(n_i)$ 属于 A。如果我们现在将每个 i 分配给序列元素 n_i 的像，那么我们就得到一个映射 $g : \mathbb{N} \to A$，满足 $g(i) = f(n_i)$。映射 g 显然是双射的，因此证明 A 实际上是可数（无限的）。　　　　　■

示例 6.11

(1) 作为自然数的子集，下面这些集合都是可数的：所有的偶数/可以被 3 整除的/可以被 4 整除的自然数的集合；所有质数/平方数/立方数的集合；所有区间；对于所有 $m > 1$ 的等价类 $\mathbb{N}/R_m$，以及 R_m（参见 5.4 节）等。

(2) 在 6.3 节中已经讨论过的整数的编码：

$$
\begin{array}{ccccccccc}
\mathbb{N} = & 0 & 1 & 2 & 3 & 4 & 5 & 6 & 7 & \cdots \\
 & \downarrow & \downarrow & \downarrow & \downarrow & \downarrow & \downarrow & \downarrow & \downarrow & \\
\mathbb{Z} = & 0 & 1 & -1 & 2 & -2 & 3 & -3 & 4 & \cdots
\end{array}
$$

提供了一个双射 $f: \mathbb{N} \to \mathbb{Z}$，其中

$$
f: n \mapsto
\begin{cases}
-\dfrac{n}{2}, & \text{如果} n \text{ 为偶数} \\[2mm]
\dfrac{1+n}{2}, & \text{其他}
\end{cases}
$$

并且显示了整数集合 $\mathbb{Z}$ 也是可数的。那么与 $\mathbb{Z}$ 一起，$\mathbb{Z}$ 的所有子集也都是可数的。

(3)　下面的图表给出了已经介绍过的关于康托尔（Cantor）计数表的想法。这也显示了所有有理数的集合 $\mathbb{Q}$ 也是可数的。首先，我们来观察所有正有理数的集合 $\mathbb{Q}^+$：

$$
\begin{array}{ccccccccc}
1 & \to & 2 & & 3 & \to & 4 & & 5 & \to & \cdot \\
& \nearrow & & \nearrow & & \nearrow & & \nearrow & & & \\
\dfrac{1}{2} & & \dfrac{2}{2} & & \dfrac{3}{2} & & \dfrac{4}{2} & & \dfrac{5}{2} & & \cdot \\
\downarrow & \nearrow & & \nearrow & & \nearrow & & \nearrow & & & \\
\dfrac{1}{3} & & \dfrac{2}{3} & & \dfrac{3}{3} & & \dfrac{4}{3} & & \dfrac{5}{3} & & \cdot \\
& \nearrow & & \nearrow & & \nearrow & & \nearrow & & & \\
\dfrac{1}{4} & & \dfrac{2}{4} & & \dfrac{3}{4} & & \dfrac{4}{4} & & \dfrac{5}{4} & & \cdot \\
\downarrow & \nearrow & & \nearrow & & \nearrow & & \nearrow & & & \\
\dfrac{1}{5} & & \dfrac{2}{5} & & \dfrac{3}{5} & & \dfrac{4}{5} & & \dfrac{5}{5} & & \\
\cdot & & \cdot & & \cdot & & \cdot & & \cdot & &
\end{array}
$$

箭头显示了贯穿 $\mathbb{Q}^+$ 的路径，其上可以经过所有正的有理数。而这些被显示的排序给出了一个我们在 6.3 节已经遇到过的正有理数的序列。这里，由于很容易地看出所给出的正有理数的索引是通过自然数建立的一个双射 $f: \mathbb{N} \to \mathbb{Q}^+$，因此就证明了正有理数的可数性。如果将这个想法与定理 6.10 中提出的整数是可数的想法相结合，那么可以进一步显示所有有理数的集合 $\mathbb{Q}$ 是可数的。

(4)　根据定义，所有的序列都是可数的。因为就像康托尔计数集的示例那样，正有理数的索引总是可以扩展为一个双映射。

　　现在，我们来讨论除了可数的无限集合，是否还存在其他类型的无限集合的问题。根据现有的双射 $f: \mathbb{N} \to M$ 的定义可知，一个可数的集合 M 给出了一个顺序序列。在这个序列中，M 的元素都是可以计数的，即 $f(0), f(1), f(2), f(3), \cdots$。现在，我们再来更深入地观察自然数集合 $\mathbb{N}$ 的幂集 $\mathscr{P}(\mathbb{N})$，并且尝试为其找出一个计数的形式。

■　**定理 6.11**　自然数的幂集 $\mathscr{P}(\mathbb{N})$ 是不可数的。

证明: 这里，我们会使用康托尔（Cantor）在十九世纪末提出的对角线化方法，并且通过矛盾论给出证明。为此，我们假设 $\mathscr{P}(\mathbb{N})$ 是可数的，然后证明这个假设会导致矛盾。

如果假设 $\mathscr{P}(\mathbb{N})$ 是可数的，那么根据定义就存在一个双射 $f : \mathbb{N} \to \mathscr{P}(\mathbb{N})$。其中，集合上的每个自然数 n 都被映射到 $f(n)$。

现在，我们来观察一个具有非常特殊构造的集合 S:

$$S = \{n \in \mathbb{N} \mid n \notin f(n)\}$$

显然，S 是 $\mathbb{N}$ 的一个子集，满足 $S \in \mathscr{P}(\mathbb{N})$。由于我们已经假设 $\mathscr{P}(\mathbb{N})$ 是可数的，因此存在一个索引 $n_0 \in \mathbb{N}$，满足 $S = f(n_0)$。

现在，我们检查 n_0 是否属于 S。根据 S 的定义，$n_0 \in S$ 可以得出 $n_0 \notin S$，因为 $S = f(n_0)$。另一方面，由假设 $n_0 \notin S$ 可以得出 $n_0 \in S$。这样我们就得出了在 $\mathscr{P}(\mathbb{N})$ 可数性假设推论下出现的如下无法解决的矛盾:

$$n_0 \in S \leftrightarrow n_0 \notin S$$

由于这个结论显然是一个错误的陈述，因此最初的假设一定是错误的。 ∎

▲ **定义 6.14** 如果一个集合 M 不是可数的，那么这个集合被称为是不可数的或者不是可以计数的。

示例 6.12

(1) 所有实数 $\mathbb{R}$ 组成的集合是不可数的。这个命题同样可以使用假设法来证明: 如果这个集合是可数的，那么借助对角论证法可知必须存在这样的实数，其在计数中可以不出现。

(2) 区间 $(0, 1) \subset \mathbb{R}$ 是不可数的。

(3) 所有无理数集合是不可数的。

如果使用更为复杂的方法还可以得出: 不是所有的不可数集合都具有相同的势。事实上，不可数存在许多不同的不可数势。例如，$\mathscr{P}(\mathscr{P}(\mathbb{N}))$ 比 $\mathscr{P}(\mathbb{N})$ 更强，$\mathscr{P}(\mathscr{P}(\mathscr{P}(\mathbb{N})))$ 比 $\mathscr{P}(\mathscr{P}(\mathbb{N}))$ 更强，等等。

在本节的最后我们还需要指出，具有不同势的集合的基数也是可以像数字、命题、集合或者关系那样"运算"的。例如，许多可数集合的进行可数个并运算后仍然是可数的。

6.5 参考资料

在本书的第一部分中涉及了具有不同关注重点的多个主题，这些内容可以参考如下文献:

P.J. Davis, R. Hersh.

　　Erfahrung Mathematik.

　　Birkhäuser Verlag, 1985.

W.M. Dymàček, H. Sharp.

　　Introduction to discrete mathematics.

　　McGraw-Hill, 1998.

S. Epp.

　　Discrete mathematics with applications.

　　PWS Publishing Company, 1995.

J.L. Gersting.

　　Mathematical structures for computer science.

　　Computer Science Press, 1993.

K.H. Rosen.

　　Discrete mathematics and its applications.

　　McGraw-Hill, 1991.

第二部分 技术支持

第7章 数学证明方法

数学家对所有的事物都持有怀疑的态度。为了让自己和其他人相信一个事实的正确性，他们要求使用那些受到非常严谨的数理逻辑规则约束的数学证明方法。在本章中，我们将讨论这些可以用于逻辑证明的方法。

数学命题经常使用的一种格式是："如果 p，那么 q"。公式表达为一个蕴含：$p \rightarrow q$。与此同时，p 和 q 本身也可以是复合命题。在真值表中：$p \rightarrow q$ 为真，当且仅当 p 为假，或者 p 和 q 两个都为真。为了证明 $p \rightarrow q$ 的真实性，人们只需关注 p 为真的情况。如果在这个假设下推导出 q 也是真的，那么 $p \rightarrow q$ 就被证明了。这种推导是由一系列步骤组成的：由 p 开始，由 q 结束。在第一个步骤中假设 p 为真。因此，p 也被称为假设。以后的每个步骤都是为了推导出一个新命题的真实性。这样就可以推导出所有之前假设命题的真实性，并且可以使用其他已经被证明为真的那些命题。这种策略被称为直接证明。另外一种策略是考虑与 $p \rightarrow q$ 逻辑等价的命题，并对其进行证明。例如，通过换质位法的证明从 $\neg q$ 推导出 $\neg p$。为 $p \rightarrow q$ 的逻辑等价命题 $\neg q \rightarrow \neg p$ 执行一个直接证明。还有一种是反证法：从命题 $p \wedge \neg q$ 中推导出真值为假（f）。这种方法基于 $p \rightarrow q$ 和 $(p \wedge \neg q) \rightarrow f$ 的等价性。在本章中，将通过实例来介绍这三种基本的策略。当然，在其他等价性的基础上还可以考虑其他的策略。最后，我们将给出那些不是 $p \rightarrow q$ 形式的命题的证明策略。

7.1 直接证明法

我们将逐步证明下面的命题：

> 如果 a 能被 6 整除，那么 a 也可以被 3 整除。

这里，a 是一个任意的自然数。
现在假设：

> a 可以被 6 整除。

那么需要证明：

> a 也可以被 3 整除。

在第一个步骤中，我们会使用整除的定义：a 可以被 6 整除，当且仅当 $a = 6 \cdot k$，其中 k 是一个整数。也就是说，我们可以从假设推断出：

> $a = 6 \cdot k$，k 是一个整数。

由于 $6 = 2 \cdot 3$, 那么接下来就可以推断出命题:

$$a = (2 \cdot 3) \cdot k, \ k \ \text{是一个整数}.$$

现在, 我们使用乘法的交换律可以得到:

$$a = (3 \cdot 2) \cdot k, \ k \ \text{是一个整数}.$$

基于乘法的结合律, 我们可以进一步得到:

$$a = 3 \cdot (2 \cdot k), \ k \ \text{是一个整数}.$$

因为 k 是一个整数, 因此 $2 \cdot k$ 也是一个整数. 我们使用 k' 来替代 $2 \cdot k$ 就可以得到:

$$a = 3 \cdot k', \ k' \ \text{是一个整数}.$$

现在, 我们再次使用整除的定义 (这次是 3 的整除性) 就可以得到:

$$a \ \text{可以被 3 整除}.$$

这样一来, 就证明了上面命题的真实性.

现在, 我们详细给出各个单独的步骤以及所依据的理由. 由中间步骤推断出的命题将表示为 s_1、s_2、s_3、s_4 和 s_5.

p: a 可以被 6 整除.

s_1: $a = 6 \cdot k, \ k$ 是一个整数.　　　　(被 6 整除的定义)

s_2: $a = (2 \cdot 3) \cdot k, \ k$ 是一个整数.　　($6 = 2 \cdot 3$)

s_3: $a = (3 \cdot 2) \cdot k, \ k$ 是一个整数.　　(乘法 $\cdot$ 的交换律)

s_4: $a = 3 \cdot (2 \cdot k), \ k$ 是一个整数.　　(乘法 $\cdot$ 的结合律)

s_5: $a = 3 \cdot k', \ k'$ 是一个整数.　　　　(由 k' 替代 $2 \cdot k$)

q: a 可以被 3 整除.　　　　　　　　　　(被 3 整除的定义)

现在, 我们考虑这种证明的逻辑结构. 我们一共证明了 5 个蕴含:

$$p \to s_1, s_1 \to s_2, s_2 \to s_3, s_3 \to s_4, s_4 \to s_5, s_5 \to q$$

其中, 每个都是真实的命题. 另外, 我们使用了一个假设, 即 p 为真. 这个证明的目的是: 从这个假设中得出命题 q 的有效性. 我们可以通过肯定前件的重复使用来实现这个目的 (参见第 4 章). 肯定前件式基于的是重言式:

$$(p \wedge (p \to s)) \to s$$

并且为任意的命题 p 和 s 提供了以下的规则:

$$
\begin{array}{ll}
通过 & p \\
和 & \dfrac{p \to s}{} \\
得到 & s
\end{array}
$$

如果我们将肯定前件应用到假设 p 上和第一个派生出来的蕴含 $p \to s_1$ 上，那么我们可以得到 s_1 的有效性。然后我们将肯定前件再次应用到 s_1 上和被派生出来的蕴含 $s_1 \to s_2$ 上，以此类推。最终，我们会得到来自假设 p 的结论 q。因此，正如希望的那样证明了 $p \to q$。

所有这些中间步骤以及逻辑注意事项并不需要被详细地记录下来，并且给出一个命题的有效性证明。但是，这里之所以给出了详细证明是为了让每位读者相信所有论据的正确性，即每个单独的步骤都是正确的。上面的证明过程可以表现为下面的形式。

□　**引理 7.1**　如果 a 可以被 6 整除，那么 a 也可以被 3 整除。

证明：如果 a 可以被 6 整除，那么存在一个整数 k，满足 $a = 6 \cdot k$。因为 $6 = 2 \cdot 3$，那么可以得出 $a = (2 \cdot 3) \cdot k$。通过转换可以得到 $a = 3 \cdot (2 \cdot k)$。因为 $2 \cdot k$ 是一个整数，因此可以得出 a 可以被 3 整除。　　　　　　　　　　　　　　　■

7.2　换质位法证明

在换质位法证明中，将直接对命题 $p \to q$ 的逻辑等价命题 $\neg q \to \neg p$ 进行证明。

为了加深理解，我们首先使用换质位法来证明下面的命题：

$$\text{如果 } a^2 \text{ 是一个奇数，那么 } a \text{ 是一个奇数。}$$

这里，命题 p 是：

$$a^2 \text{ 是一个奇数。}$$

命题 q 是：

$$a \text{ 是一个奇数。}$$

那么对应的逻辑等价命题为：

$$\text{如果 } a \text{ 是偶数，那么 } a^2 \text{ 是偶数。}$$

也就是说，假设 $\neg q$ 是：

$$a \text{ 是偶数。}$$

目的命题 $\neg p$ 是推论出：

$$a^2 \text{ 是偶数。}$$

在这个命题的证明过程中可能涉及的推导步骤有：

$\neg q$：a 是偶数。

s_1：$a = 2 \cdot k$，k 是一个整数。　　　　　　（一个偶数的定义）

s_2：$a \cdot a = (2 \cdot k) \cdot a$，$k$ 是一个整数。（乘以 a）

s_3： $a^2 = 2 \cdot (k \cdot a)$, k 是一个整数. (乘法 $\cdot$ 的结合律)

s_4： $a^2 = 2 \cdot k'$, k' 是一个整数.   (使用 k' 替代 $a \cdot k$)

$\neg p$： a^2 是偶数.   (一个偶数的定义)

简而言之, 这个证明可以被记录如下:

□ **引理 7.2** 如果 a^2 是一个奇数, 那么 a 是奇数.

证明: 这里我们要使用换质位法证明. 首先, 假设 a 是偶数. 那么对于一个整数 k, 满足 $a = 2 \cdot k$. 所以 $a^2 = 2 \cdot (k \cdot a)$ 成立. 因为 $k \cdot a$ 也是一个整数, 因此对于一个整数 k' 满足 $a^2 = 2 \cdot k'$. 所以, a^2 是偶数. ■

7.3 反证法

在反证法中, 将直接对 $p \to q$ 的逻辑等价命题 $(p \wedge \neg q) \to f$ 进行证明. 命题 $r \to f$ 为真, 当且仅当 r 为假. 因此, $p \to q$ 的反证法是要证明 $p \wedge \neg q$ 为假. 为此, 只需要推论出 $p \wedge \neg q$ 是一个假命题即可. 为了说明证明的过程, 我们通过反证法来证明如下命题:

如果 a 和 b 是偶数的自然数, 那么 $a \cdot b$ 也是偶数.

为此, 我们要证明如下命题:

a 和 b 是偶数的自然数, 并且 $a \cdot b$ 是奇数.

是假命题. 这个命题就是最初的假设.

$p \wedge \neg q$： a 和 b 是偶数, 并且 $a \cdot b$ 是奇数.

s_1： a 是偶数, 同时 $b = 2 \cdot k$, k 是一个整数,
并且 $a \cdot b$ 是奇数.   (偶数的定义)

s_2： a 是偶数, 同时 $a \cdot b = a \cdot (2 \cdot k)$, k 是一个整数,
并且 $a \cdot b$ 是奇数.   (a 和 b 的乘法)

s_3： a 是偶数, 同时 $a \cdot b = (a \cdot 2) \cdot k$, k 是一个整数,
并且 $a \cdot b$ 是奇数.   (乘法 $\cdot$ 的结合律)

s_4： a 是偶数, 同时 $a \cdot b = (2 \cdot a) \cdot k$, k 是一个整数,
并且 $a \cdot b$ 是奇数.   (乘法 $\cdot$ 的交换律)

s_5： a 是偶数, 同时 $a \cdot b = 2 \cdot (a \cdot k)$, k 是一个整数,
并且 $a \cdot b$ 是奇数.   (乘法 $\cdot$ 的结合律)

s_6： a 是偶数, 同时 $a \cdot b = 2 \cdot k'$, k' 是一个整数,
并且 $a \cdot b$ 是奇数.   (使用 k' 取代 $a \cdot k$)

s_7： a 是偶数, 同时 $a \cdot b$ 是偶数, 并且 $a \cdot b$ 是奇数.

(偶数的定义)

由上面的推导步骤最终得到的命题是:

$$a \text{ 是偶数,同时 } a \cdot b \text{ 是偶数,并且 } a \cdot b \text{ 是奇数。}$$

这个命题显然是错误的,因为是由两个相互矛盾的命题结合而成的。因此,s_7 是被推断出来的矛盾命题。通常,不需要通过证明给出整个假设。作为假设的矛盾,只需要证明命题 "$a \cdot b$ 是偶数" 就足够了。因此,我们也可以做出如下的总结。

□ **引理 7.3** 如果 a 和 b 是偶数,那么 $a \cdot b$ 也是偶数。

证明: 这里我们还是使用反证法。假设 a 和 b 是偶数,并且 $a \cdot b$ 是奇数。因为 b 是偶数,那么 b 可以被表示为 $b = 2 \cdot k$,其中 k 是一个整数。因此可以得出 $a \cdot b = 2 \cdot (a \cdot k)$。因为 $a \cdot k$ 是一个整数,那么 $a \cdot b$ 必然是偶数。这样,我们就推断出了一个与假设相矛盾的命题。 ■

7.4 等价证明

虽然那些需要证明的命题并不总是 $p \to q$ 的形式,但是通过简单的逻辑演绎就可以使用那些已经介绍过的证明策略。

形式为 $p \leftrightarrow q$ 的命题可以使用等价证明法进行证明。这种方法是由两个证明组成的:一个用于证明蕴含 $p \to q$;另一个用于证明蕴含 $q \to p$。由于 $p \leftrightarrow q$ 和 $(p \to q) \wedge (q \to p)$ 是逻辑等价的,因此这两个证明就可以提供一个对于 $p \leftrightarrow q$ 的证明。

为此,我们可以使用等价证明来证明如下的陈述:

$$a \text{ 是偶数,当且仅当 } a^2 \text{ 是偶数。}$$

其中,命题 p 是:

$$a \text{ 是偶数。}$$

命题 q 是:

$$a^2 \text{ 是偶数。}$$

首先,我们证明蕴含 $p \to q$,即命题:

$$\text{如果 } a \text{ 是偶数,那么 } a^2 \text{ 是偶数。}$$

这个命题是引理 7.3 的一种特殊情况:

$$\text{如果 } a \text{ 和 } b \text{ 是偶数,那么 } a \cdot b \text{ 也是偶数。}$$

由于可以为 b 赋值一个任意的自然数,因此这里将自然数 a 赋值给 b。这样一来马上就可以得到 $p \to q$ 的证明。

现在证明 $q \to p$,即证明命题:

如果 a^2 是偶数，那么 a 是偶数。

我们可以使用换质位法来证明 $q \to p$ 这个蕴含，即从假设 $\neg p$ 开始：

假设 a 是奇数。

那么 $a-1$ 是偶数，并且可以表示为 $a-1 = 2 \cdot k$，其中 k 是一个整数。这样可以得到 $a = 2 \cdot k + 1$，以及 $a^2 = (2 \cdot k)^2 + 2 \cdot (2 \cdot k) + 1$。通过变换可以得到 $a^2 = 2 \cdot (k \cdot 2 \cdot k + 2 \cdot k) + 1$。因此，$a^2$ 是奇数。所以证明了：

如果 a 是奇数，那么 a^2 是奇数。

这里，我们既证明了 $p \to q$，也证明了 $q \to p$。因此，证明了等价命题 $p \leftrightarrow q$。

□ **引理 7.4** a 是偶数，当且仅当 a^2 是偶数。

证明： 这里我们使用等价证明法。

- ($\to$) 假设 a 是偶数。由引理 7.3 可以得出 a^2 也是偶数。
- ($\leftarrow$) 这里我们应用换质位法证明。假设 a 是奇数，那么 $a = 2 \cdot k + 1$，其中 k 是一个整数。进一步可以得到 $a^2 = 2 \cdot (k \cdot 2 \cdot k + k \cdot 2) + 1$。这说明，$a^2$ 也是一个奇数。 ∎

7.5 原子命题证明

某些形式为 p 的、不能进一步被分解的命题也可以使用上面讨论过的证明策略进行证明。也就是说，命题 p 逻辑等价于 $t \to p$。由于假设 t 是真的，因此等价于一个没有假设的直接证明。在一个换质位法证明中，必须证明 $\neg p \to f$，而这对应的是反证法的流程。因此，这两种证明策略在这里是相互结合的。

例如，我们可以对下面的命题进行证明：

$\sqrt{2}$ 不是一个有理数。

众所周知，每个正有理数 r 都可以被表示为两个自然数 m 和 n 的分数形式：$q = \dfrac{m}{n}$。这个分数的分子分母互质，即所谓的最简分数。所有的公因数都可以通过约分去除。例如，这个命题可以表示为 $\sqrt{2} \neq \dfrac{m}{n}$，其中 m, n 是互质的自然数对。这里可以应用一个反证法证明，对应的假设为：

$\sqrt{2}$ 是一个有理数。

因为 $\sqrt{2} > 0$，因此存在自然数 m 和 n 满足：

$\sqrt{2} = \dfrac{m}{n}$，m 和 n 是互质的自然数。

通过对两边同时平方可以得到：

$$2 = \frac{m^2}{n^2}$$

然后将两边同时乘以 n^2 可以得到：

$$2 \cdot n^2 = m^2$$

那么可以推断 m^2 是一个偶数。在引理 7.6 中已经给出每个数的平方要么可以被 4 整除、要么被 4 除后余数为 1。每个偶数被 4 除要么余数为 0，要么余数为 2。因此，m^2 一定可以被 4 整除，表示为

$$m^2 = 4 \cdot k$$

其中，k 是一个整数。现在，将最后两个方程式结合到一起就可以得出：

$$2 \cdot n^2 = 4 \cdot k$$

进一步简化可得：

$$n^2 = 2 \cdot k$$

因此，可推断 n^2 也是偶数。又由于每个偶数的平方数肯定是一个偶数，因此我们可以推断出：

$$m \text{ 和 } n \text{ 都是偶数。}$$

因此，m 和 n 都可以被 2 整除，那么可以推断出：

$$m \text{ 和 } n \text{ 不是互质的。}$$

这就与前面的假设产生了矛盾。

□ **引理 7.5** $\sqrt{2}$ 不是一个有理数。

证明： 这里我们使用反证法。假设 $\sqrt{2}$ 是一个有理数，那么可以表示为 $\sqrt{2} = \dfrac{m}{n}$，其中 m 和 n 是两个互质的整数。进一步可以得到 $2 = \dfrac{m^2}{n^2}$，以及 $2 \cdot n^2 = m^2$。从中可以看出 m^2 是偶数。根据引理 7.6 可知 m^2 可以被 4 整除，即 $m^2 = 4 \cdot k$，其中 k 是一个整数。那么 n^2 也是一个偶数，因为 $n^2 = 2 \cdot k$。由于 m 和 n 的平方都是偶数，那么根据引理 7.4 就可以得出 n 和 m 也都是偶数。而这就与前面假设的 n 和 m 是互质的产生了矛盾。 ■

在定理 6.11 的证明中已经涉及了反证法证明。该定理对应的命题 p 是：

$$\text{自然数的幂集是不可数的。}$$

反证法需要从命题 $\neg p$ 中推导出错误，即需要证明命题 $\neg p \rightarrow f$。而命题 $\neg p$ 对应的是：

$$\text{自然数的幂集是可数的。}$$

我们已经从逻辑上推导出了错误的命题 $n_0 \in S \leftrightarrow n_0 \notin S$。而由于 $\neg p \to f \equiv p$，因此命题 p 被证明。

7.6　个案分析证明

每个命题 p 都逻辑等价于命题 $(q \to p) \wedge (\neg q \to p)$，其中 q 是一个任意可选的命题。因此，通过证明两个蕴含 $q \to p$ 和 $\neg q \to p$ 就可以证明命题 p。在第一个蕴含中是考虑"q 为真"的情况，而在第二个蕴含中考虑的则是"q 为假"的情况。因此，这两个蕴含被称为个案。因为，要么 q 为真，要么 $\neg q$ 为真，这两种情况总会出现一种。

作为个案分析的示例，我们来证明如下命题：

a^2 被 4 除得到的余数要么是 1，要么是 0。

这里，a 是一个任意的自然数。众所周知，每个自然数不是偶数就是奇数。那么这个命题就可以区分为两种情况。在这个例子中，命题 q 是：

a 是一个偶数。

那么命题 $\neg q$ 就是：

a 是一个奇数。

因此，两个需要被证明的蕴含分别为：

如果 a 是一个偶数，
那么 a^2 被 4 除的余数要么是 1，要么是 0。

以及

如果 a 是一个奇数，
那么 a^2 被 4 除的余数要么是 1，要么是 0。

我们首先讨论第一种情况：a 是一个偶数。那么 a 可以表示为：$a = 2 \cdot k$，其中 k 是一个整数。进一步变换可得 $a^2 = (2 \cdot k) \cdot (2 \cdot k)$。之后进行转换得到 $a^2 = (2 \cdot 2) \cdot (k \cdot k)$。由于 $k \cdot k$ 也是一个整数，并且 $2 \cdot 2 = 4$。因此可以得出 $a^2 = 4 \cdot l$，其中 l 是一个整数。那么在 a 是一个偶数的前提下可以得出：a^2 被 4 除后的余数为 0。

现在我们来考虑第二种情况：a 是一个奇数。那么 $a - 1$ 就是一个偶数，可以表示为 $a = 2 \cdot k + 1$，其中 k 是一个整数。通过乘法可以得到 $a^2 = (2 \cdot k)^2 + 2 \cdot (2 \cdot k) + 1$。打开括号后可以得到 $a^2 = 4 \cdot (k^2 + k) + 1$。因此，$a^2 - 1 = 4 \cdot (k^2 + k)$ 可以被 4 整除。也就是说，a^2 被 4 除后的余数为 1。

由于 a 不是偶数就是奇数，因此这两种情况覆盖了所有的可能性。所以，a^2 在被 4 除的时候，得到的余数不是 0 就是 1。

□　**引理 7.6**　a^2 被 4 除后的余数要么是 1，要么是 0。

证明：这里我们使用个案分析证明法。

- 情况 1：a 是一个偶数。那么可以表示为 $a = 2 \cdot k$，其中 k 是一个整数。进一步变换可以得到 $a^2 = 4 \cdot k^2$。因此，a^2 可以被 4 整除，没有余数。
- 情况 2：a 是一个奇数。那么可以表示为 $a = 2 \cdot k + 1$，其中 k 是一个整数。进一步变换可以得到 $a^2 = 4 \cdot (k^2 + k) + 1$。因此，$a^2$ 被 4 除后的余数为 1。

这就将命题的所有可能情况都考虑到了。　　　　　　　　　　　　　　　■

通常，个案分析过程中并不总是只存在两种可能的情况。重要的是需要将所有可能的情况都考虑到，然后逐个进行证明。在下面的示例中，会按照一个数被 3 除后得到不同余数的情况进行个案分析。也就是说，存在三种情况：余数分别为 0、1 和 2。

□　**引理 7.7**　三个整数 a、$a+2$ 和 $a+4$ 中至少存在一个整数可以被 3 整除。

证明：这里，我们对 a 被 3 除后所得到的余数进行个案分析。

- 情况 1：a 被 3 除后所得到的余数为 0。那么 a 可以被 3 整除。
- 情况 2：a 被 3 除后所得到的余数为 1。那么可以表示为 $a+2 = (3 \cdot k + 1) + 2 = 3 \cdot (k+1)$，其中 k 是一个整数。因此，$a+2$ 可以被 3 整除。
- 情况 3：a 被 3 除后所得到的余数为 2。那么可以表示为 $a+4 = (3 \cdot k + 2) + 4 = 3 \cdot (k+2)$，其中 k 是一个整数。因此，$a+4$ 可以被 3 整除。

由于 a 被 3 除之后没有其他可能的余数情况，因此这个证明是完整的。　　　■

7.7　带量词的命题证明

许多数学的命题都具有如下通用的命题形式：

$$\forall x: \ (p(x) \rightarrow q(x))$$

这种通用形式可以通过证明命题：

$$p(a) \rightarrow q(a)$$

对于全集中的每个元素 a 都成立来证明。为此需要证明整个命题都是有效的，无论是从全集中选择出的哪个具体的元素 a。这种证明过程通常如下：

从全集中任意选择一个元素 a。

然后证明蕴含 $p(a) \rightarrow q(a)$。

由于 a 是被任意选择的，因此 $\forall x: \ (p(x) \rightarrow q(x))$ 成立。

这样的证明方法与我们之前讨论的那些证明方法没有什么不同。一些我们已经证明了的命题可以很容易地被理解为是通用的命题。例如，我们从全集为自然数的命题：

如果 a 可以被 6 整除，那么 a 也可以被 3 整除。

中得到如下的通用命题：

对于每个自然数 x 都满足：

如果 x 可以被 6 整除，那么 x 也可以被 3 整除。

对应的证明过程如下：假设为 x 选择一个任意的自然数 a。然后证明上面的命题"如果 a 可以被 6 整除，那么 a 也可以被 3 整除"。由于 a 是被任意选择的，因此对于每个自然数 x 都满足：如果 x 可以被 6 整除，那么 x 也可以被 3 整除。

在具有多个全称量词时，对于每个量化的变量必须独立地被选择。例如，我们来看如下的命题证明：

对于每个自然数 t 和每个自然数 n 都满足：

如果 $t \geqslant 2$，并且 t 是 n 的一个约数，

那么 t 不是 $n+1$ 的约数。

为了证明这个命题，我们为 t 选择一个自然数 a，为 n 选择一个自然数 b。现在，我们来应用反证法证明如下命题：

如果 $a \geqslant 2$，并且 a 是 b 的一个约数，那么 a 不是 $b+1$ 的一个约数。

这个命题的形式为 $(p \wedge q) \to r$。在反证法中，命题 $(p \wedge q) \wedge \neg r$ 必须被反驳。因此，对应的假设为：

$a \geqslant 2$，并且 a 整除 b，并且 a 整除 $b+1$。

根据整除的定义可知，存在整数 k 和 k' 满足：

$$b = k \cdot a, \text{同时 } b+1 = k' \cdot a$$

将第二个等式减去第一个等式可以得到：

$$1 = (k' \cdot a) - (k \cdot a)$$

通过去括号我们可以得到：

$$1 = (k - k') \cdot a$$

由于 k 和 k' 是整数，那么 $k - k'$ 也是一个整数，因此

a 是 1 的约数。

众所周知，1 的约数只有两个整数，一个是 1 本身，还有一个是 -1。因为前提给出

的是 $a > 0$，因此

$$a = 1$$

而这与假设 $a \geqslant 2$ 相矛盾。这时，反证法结束。由于为 t 和 n 选择的自然数是任意的，因此上述命题得到证明。

为了简化书写，通常没有必要将用于通用量化的变量元素命名为其他与变量不同的名称。例如，在上面的例子中，我们为变量 t 设置了一个自然数 a，并且在证明中使用 a。但是通常，人们只需要表示要"为 t 选择一个任意的自然数"，然后继续使用 t 作为这个自然数的标记即可。

□   **引理 7.8**   对于每个自然数 t 和每个自然数 n 满足：如果 $t \geqslant 2$，并且 l 是 n 的一个约数，那么 t 不是 $n+1$ 的一个约数。

证明： 我们为 t 和 n 选择两个任意的自然数，并且使用反证法进行证明。假设 $t \geqslant 2$ 是 n 的一个约数，同时也是 $n+1$ 的一个约数。那么可以得出 $n = t \cdot k$ 和 $n+1 = t \cdot k'$，其中 k 和 k' 是两个整数。进一步转换可得 $1 = t \cdot k' - t \cdot k = t \cdot (k' - k)$。从中可以得出 $\frac{1}{t} = k' - k$。由于 $k' - k$ 是一个整数，因此必须 $t = 1$ 成立。这就与假设 $t \geqslant 2$ 相矛盾。∎

现在我们来考虑存在性命题（特称命题），其形式为

$$\exists x : \; (p(x) \to q(x))$$

这种形式的命题可以通过找到全集中存在满足命题 $p(a) \to q(a)$ 为真的元素 a 来证明。通常，这种证明的过程如下：

假设 a 是一个全集中适合的元素。

然后证明蕴含 $p(a) \to q(a)$ 成立。

因此，存在一个具有性质 $p(a) \to q(a)$ 的 a，进而证明了命题 $\exists x : \; (p(x) \to q(x))$ 的有效性。

作为示例，我们来证明命题：存在无限多个质数。

■   **定理 7.1**   存在无限多个质数。

证明： 首先，我们必须考虑这个命题具有哪种逻辑结构，我们如何通过量词和自然数属性的逻辑组合来表达这个命题。如果质数的数量是有限的，那么必然存在一个最大的质数。每个大于这个最大质数的自然数自然就不可能是质数了。通过否定这个结论，可以构造出如下的逻辑等价命题：

对于每个自然数 n 都存在一个大于 n，并且是质数的自然数 p。

这个命题我们可以将其形式化后表达为:

$$\forall n \exists p: (n < p) \land p \text{ 是质数}$$

命题的开头是一个 $\forall$ 的量词,因此我们从为 n 选择一个任意的、被称为 a 的自然数开始。这样我们可以得到如下命题:

$$\exists p: (a < p) \land p \text{ 是质数}$$

这个命题是使用 $\exists$ 量词开头的。为了证明这个命题,我们必须找到一个自然数 b,满足:

$$(a < b) \land b \text{ 是质数}$$

这个 b 我们可以构造如下:我们找出所有小于或者等于 a 的质数 $p_1, p_2, \cdots, p_k$,然后将其相乘后加 1:

$$b = p_1 \cdot p_2 \cdot \cdots \cdot p_k + 1$$

如果 b 是一个质数,那么证明到此结束,因为 $a < b$ 显然成立。如果 b 不是一个质数,那么 b 肯定具有一个是质数的约数 l,这个事实在定理 8.7 中已经被证明。根据引理 7.8 可知:如果 l 是 b 的约数,那就不是 $b-1$ 的约数。由于 $b-1 = p_1 \cdot p_2 \cdot \cdots \cdot p_k$,因此 l 是一个不同于那些小于或者等于 a 的所有质数 $p_1, p_2, \cdots, p_k$ 的质数。因此,我们可以得到:

$$a < l\text{,并且 } l \text{ 是一个质数。}$$

7.8 组合证明

借助计数参数进行的证明称为组合证明。这种证明方法在离散数学中扮演着一个不可忽视的角色,特别适合用于在特殊情况下证明具有某些特定属性的对象数量的命题。由于也可以理解为有关数字(零或者大于零)的问题,因此对于组合证明在存在性证明中也起着重要的作用就不足为怪了。

组合论证的优势在于所使用的计数参数的强度。我们将在第 9 章中给出一些特别重要的计数参数。为了简单描述组合证明的过程,这里我们仅限于使用一个单一的计数参数。例如,著名的狄利克雷鸽巢原理。狄利克雷鸽巢原理,也被称为抽屉原理,基于的是如下简单的命题。

狄利克雷鸽巢原理

如果将 $k+1$ 只鸽子放入到 k 个鸽巢中,那么至少有一个笼子中有至少两只鸽子。

例如,根据这个原理,如果将 11 个或者更多的鸽子分配到 10 个鸽巢中,那么这 10

个鸽巢中总会有一个笼子至少被两只鸽子占据。虽然鸽巢原理保证了这种鸽巢问题的存在，但是并不指明是哪个鸽巢。事实上，这仅取决于具体的情况，并且可以不时地有所不同。

如果鸽巢和鸽子的比例不是 $k+1$ 比 k，而是诸如 $2k+1$ 比 k，那么人们可以断言：有一个鸽巢中必须至少有 3 只鸽子。如果将狄利克雷鸽巢原理翻译成数学语言，那么可以表示为如下的定理。

■　**定理 7.2**　设 A 和 B 是两个有限集合，并且 $f : A \to B$ 是一个函数。那么存在一个元素 $b_0 \in B$ 满足 $\sharp f^{-1}(b_0) \geqslant \left\lceil \dfrac{\sharp A}{\sharp B} \right\rceil$ [1]。

证明： 假设 b_0 是 B 的一个元素，并且具有 A 中最多的原像。也就是说，对于所有的 $b \in f(A)$ 满足 $\sharp f^{-1}(b_0) \geqslant \sharp f^{-1}(b)$。那么，显然也满足：

$$\sharp A \ \leqslant \ \sum_{b \in B} \sharp f^{-1}(b) \ \leqslant \ \sharp B \cdot \sharp f^{-1}(b_0)$$

这个不等式等价于

$$\frac{\sharp A}{\sharp B} \ \leqslant \ \sharp f^{-1}(b_0)$$

由于原像的数量显然是整数，因此该定理成立。　　　　　　　　　　　　　　■

现在，我们要研究一些利用鸽巢原理计数参数的组合证明。

■　**定理 7.3**　在一个 8 人小组中，（至少）有两个人的生日在（周天的）同一天。

证明： 我们考虑函数 f：将每个人的生日分配到一周中的每一天。这个函数的定义域 A 是这组人，因此包含了 8 个元素：$\sharp A = 8$。f 的值域是一周天数的集合，因此含有 7 个元素：$\sharp B = 7$。

在这种情况下，鸽巢原理保证了存在一个周天期 b 满足：

$$\sharp f^{-1}(b) \ \geqslant \ \left\lceil \frac{\sharp A}{\sharp B} \right\rceil \ \geqslant \ \left\lceil \frac{8}{7} \right\rceil \ \geqslant 2$$

也就是说，小组中有两个或者多人的生日具有相同的周天日期。　　　　　　　■

■　**定理 7.4**　任意一个由三个自然数组成的集合 A 中，总是存在两个数，其和为偶数。

证明： 众所周知，两个自然数之和为偶数，当且仅当两个数都为奇数，或者两个数都为偶数。

---

[1] $\left\lceil \dfrac{a}{b} \right\rceil$ 表示大于或者等于 $\dfrac{a}{b}$ 的最小整数。例如，$\left\lceil \dfrac{5}{2} \right\rceil = 3$ 以及 $\left\lceil \dfrac{6}{2} \right\rceil = 3$。

我们在集合 A 上定义一个函数 f，其函数值表示参数 a 为偶数还是奇数：$f(a) \in$ {偶数, 奇数}。

现在，鸽巢原理保证了一个像元素 $b \in$ {偶数, 奇数} 的存在，其具有至少两个原像 $a, a' \in A$。如果构建这两个原像之和 $a + a'$，那么根据我们之前的研究就可以得出结果为偶数。◼

鸽巢原理的另外一个应用是为如下定理提供了证明。

◼ **定理 7.5** 设 A 是一个 6 人的小组，其中任意两个小组成员要么是朋友，要么是敌人。那么这个小组中存在 3 个人，相互间要么是朋友，要么是敌人。

证明： 假设这个小组为 $A = \{\texttt{Albert}, \texttt{Bob}, \texttt{Chris}, \texttt{Dieter}, \texttt{Eike}, \texttt{Fritz}\}$。我们从中挑出 $\texttt{Albert}$ 进行研究：小组其余的人哪些是 $\texttt{Albert}$ 的朋友，哪些是他的敌人。这就定义了一个在具有 2 元素的值域中有 5 个元素的定义域的函数。根据鸽巢原理，$\texttt{Albert}$ 要么和小组余下的 $\left\lceil \dfrac{5}{2} \right\rceil = 3$ 个组员是朋友，要么和其余 3 个小组成员是敌人。

还要进一步研究的是：其余 3 个与 $\texttt{Albert}$ 是朋友或者敌人的小组成员之间的关系是如何的。为此，我们分开考虑这两种情况，并且对每种情况进一步加以区分。

- 情况 1：$\texttt{Albert}$ 与 $\left\lceil \dfrac{5}{2} \right\rceil = 3$ 个小组剩余组员是朋友。假设这 3 个组员相互间是敌对的，那么我们就找到了 3 个相互间是敌对的人。假设这 3 个组员并不是两两敌对的，那么他们其中的 2 个人就是朋友。由于这 2 个人与 $\texttt{Albert}$ 也是朋友，因此我们找到了 3 个相互间是朋友的组员。

- 情况 2：$\texttt{Albert}$ 与 $\left\lceil \dfrac{5}{2} \right\rceil = 3$ 个小组剩余组员是敌人。这种情况可以用类似于情况 1 的方法来解决。◼

作为组合证明的最后一个例子，让我们来观察一个有关数字序列的小命题。

◼ **定理 7.6** 由 $n^2 + 1$ 个不同的数字组成的每个序列都包含了一个长度为 $n + 1$ 的单调递减或者单调递增的子序列。

示例 7.1

假设 $n = 3$，那么长度为 10 的序列 $7, 6, 11, 13, 5, 2, 4, 1, 9, 8$ 具有一个单调递减的子序列 $7, 6, 2, 1$。

证明： 假设 $a_1, \cdots, a_{n^2+1}$ 是一个由不同实数组成的序列。我们将 a_k 与 (i_k, d_k) 对应，其中 i_k 代表在 a_k 中开始的最长单调递减子序列的长度，d_k 代表在 a_k 中开始的最长单调递增子序列的长度。

　　假设 $a_1, \cdots, a_{n^2+1}$ 既不具有一个长度为 $n+1$ 的单调递增子序列, 也不具有一个长度为 $n+1$ 的单调递减子序列。那么对于所有的 $k = 1, \cdots, n^2 + 1$, $i_k, d_k \leqslant n$ 成立, 并且最多可以给出 n^2 个不同的对 (i_k, d_k), 其中 $k = 1, \cdots, n^2 + 1$。也就是说, $n^2 + 1$ 个数对中最少有两个是相同的, 即对于序列 a_t, a_s, $s < t$ 的两个不同的元素, $i_s = i_t$ 和 $d_s = d_t$ 也成立。而这是不可能的, 因为 $a_s < a_t$ 与 $i_s = i_t$ 是相矛盾的, 同时 $a_s > a_t$ 与 $d_s = d_t$ 也是相矛盾的。　　　　　　　　　　　　　　　　　　　　　■

第8章 完全归纳法

完全归纳法通常是证明命题形式为 "$\forall n \in \mathbb{N} : p(n)$" 的好工具。本章我们将证明这种证明方法背后的原理，并且给出不同的示例。

形式为 "$\forall n \in \mathbb{N} : p(n)$" 的命题并不总能被简单地证明为：为 n 选择一个任意的自然数 a，然后给出 $p(a)$ 的证明。例如，对下面这个命题：

> 每一笔总额至少为 4 分的账单
> 都可以只使用 2 分和 5 分的硬币支付。

的证明就有些复杂。因为我们只知道必须支付 a 分金额，却不知道 a 的具体金额。但是，如果我们知道 a 分是用哪种面值的硬币支付的，那么就可以很容易地得出结论：$a+1$ 分是用哪种面值的硬币支付的。现在想象一下用于支付 a 分的硬币堆。如果这个硬币堆中含有两个 2 分硬币，那么我们可以将其拿走，然后放入一枚 5 分硬币（规则 1）。如果这个硬币堆中含有一个 5 分硬币，那么我们可以将其拿走，然后放入三枚 2 分硬币（规则 2）。在第一种情况下，硬币堆的硬币金额变为 $a - 2 \cdot 2 + 5 = a + 1$ 分。在第二种情况下，硬币堆的硬币金额变为 $a - 5 + 3 \cdot 2 = a + 1$ 分。由于每个这种硬币堆的硬币金额至少为 4 分，即必须要么含有一个 5 分硬币，要么含有两个 2 分硬币，因此始终适用于这两条规则中的一条。

由于 4 分金额可以使用两个 2 分硬币支付，因此现在我们需要借助上面两种交换规则为更大金额给出使用面值为 2 分和 5 分硬币的支付方法。为此，我们可以得到如图 8.1 中给出的硬币堆分布。

金额	2分硬币数量	5分硬币数量
4	2	0
5	0	1
6	3	0
7	1	1
8	4	0
9	2	1
10	0	2
11	3	1

图 8.1 如何使用 2 分和 5 分硬币支付

这里需要注意的是：在证明的过程中，我们并没有给出如何用硬币堆支付任意一个金额的通用公式。我们"只是"给出了：如何支付金额为 4 分的硬币堆，以及如何通过一

个金额为 a 分的硬币堆推断出金额为 $a+1$ 分的硬币堆。其中，a 为任意一个自然数，并且 $a \geqslant 4$。由于每个自然数都可以通过不断重复 $a \geqslant 4$ 加上 1 获得，因此我们可以得到每个支付 a 的硬币堆。这个过程被称为归纳法。

8.1　完全归纳法的思路

完全归纳法的基本思路基于的是意大利数学家皮亚诺构造的关于自然数的公理：每个自然数都可以通过从 0 开始，不断重复加 1 获得。对应地，为了证明每个自然数 n 的属性 $p(n)$，首先需要证明属性 $p(0)$ 成立，即所谓的归纳基础。然后假设对于任意自然数 a，$p(a)$ 成立（归纳假设）。在假设基础上证明对于自然数 $a+1$，$p(a+1)$ 也成立，即所谓的归纳递推。

(1) 归纳基础：　证明 $p(0)$ 成立。

(2) 归纳递推：　证明命题 $\forall n \in \mathbb{N}: p(n) \to p(n+1)$ 成立。

总而言之，就是从归纳基础和归纳递推的同时有效性中推出命题 $\forall n \in \mathbb{N}: p(n)$ 成立。具体论据将在归纳定理中给出规范的证明。

- **定理 8.1**　（归纳定理）

如果两个命题：$p(0)$ 和 $\forall n \in \mathbb{N}: p(n) \to p(n+1)$ 都成立，那么命题 $\forall n \in \mathbb{N}: p(n)$ 也成立。

证明： 假设 $W = \{n \in \mathbb{N} \mid p(n)\}$ 是所有自然数 n 的集合，并且满足 $p(n)$。这里可以复习一下皮亚诺有关自然数的公理构成（参见第 4 章）。由于归纳基础和归纳递推步骤对于 $p(n)$ 都成立，因此 W 满足皮亚诺公理 1 和公理 2。

公理 1：　$0 \in W$。

公理 2：　对于所有的 $i \in \mathbb{N}$ 满足　$i \in W \to (i+1) \in W$。

因此，由皮亚诺公理系统中的公理 5 可以得出 $W = \mathbb{N}$ 成立。也就是说，命题 $\forall n \in \mathbb{N}: p(n)$ 成立。　　　　　■

8.2　归纳证明举例

下面给出一些可以通过完全归纳法证明的定理示例。

首先，我们来观察按顺序排列的自然数之和。具体模式如下：

$$0 = 0 = \frac{0 \cdot (0+1)}{2}$$

$$0 + 1 = 1 = \frac{1 \cdot (1+1)}{2}$$

$$0+1+2 = 3 = \frac{2 \cdot (2+1)}{2}$$

$$0+1+2+3 = 6 = \frac{3 \cdot (3+1)}{2}$$

$$0+1+2+3+4 = 10 = \frac{4 \cdot (4+1)}{2}$$

接下来我们要推理，如下的关系是否成立：

$$0+1+2+\cdots+n = \frac{n \cdot (n+1)}{2}$$

事实上这个关系是成立的。

■ **定理 8.2** 对于所有的自然数 n 满足：$\displaystyle\sum_{i=0}^{n} i = \frac{n \cdot (n+1)}{2}$。

证明： 对于一个自然数，需要证明其对应的属性 $p(n)$ 具有如下的结构：

$$p(n): \quad 0+1+2+\cdots+n = \frac{n \cdot (n+1)}{2}$$

我们已经证明了如下命题：

$$\forall n \in \mathbb{N}: \ p(n)$$

成立。现在，我们使用关于 n 的完全归纳法进行证明：归纳基础是 $p(0)$，归纳递推是命题 $\forall n \in \mathbb{N}: \ p(n) \to p(n+1)$。

- 归纳基础：属性 $p(0)$ 表示为 $\displaystyle\sum_{i=0}^{0} i = \frac{0 \cdot (0+1)}{2}$。通过 $\displaystyle\sum_{i=0}^{0} i$，所有大于或者等于 0，以及所有小于或者等于 0 的自然数被求和。而满足这些条件的只有 0 本身。因此，$\displaystyle\sum_{i=0}^{0} i = 0$ 成立。由于 $0 = \frac{0 \cdot 1}{2}$，$\displaystyle\sum_{i=0}^{0} i = \frac{0 \cdot 1}{2}$，因此属性 $p(0)$ 被证明成立。

- 归纳递推：现在，我们必须证明命题 $\forall n \in \mathbb{N}: p(n) \to p(n+1)$。为此，我们选择一个任意的自然数 a，并且证明 $p(a) \to p(a+1)$。首先假设命题 $p(a): \displaystyle\sum_{i=0}^{a} i = \frac{a \cdot (a+1)}{2}$ 成立。根据这个假设前提，必须推论出命题 $p(a+1)$ 的有效性，即

$$\sum_{i=0}^{a+1} i = \frac{(a+1) \cdot (a+2)}{2}$$

该公式左半部的和满足：

$$\sum_{i=0}^{a+1} i = \left(\sum_{i=0}^{a} i\right) + (a+1)$$

通过假设 $\sum_{i=0}^{a} i = \dfrac{a \cdot (a+1)}{2}$ 可以得到：

$$\left(\sum_{i=0}^{a} i\right) + (a+1) = \frac{a \cdot (a+1)}{2} + (a+1)$$

然后，经过扩展和变换可以得到：

$$\frac{a \cdot (a+1)}{2} + (a+1) = \frac{a \cdot (a+1) + 2 \cdot (a+1)}{2}$$

和

$$\frac{a \cdot (a+1) + 2 \cdot (a+1)}{2} = \frac{(a+1) \cdot (a+2)}{2}$$

这样一来，我们就可以给出下面的命题对于任意 $a \in \mathbb{N}$ 都是成立的，即

$$\text{从} \quad \sum_{i=0}^{a} i = \frac{a \cdot (a+1)}{2} \quad \text{得到} \quad \sum_{i=0}^{a+1} i = \frac{(a+1) \cdot (a+2)}{2}$$

因此，归纳递推（属性 $\forall n \in \mathbb{N} : p(n) \to p(n+1)$）被证明。

通过归纳基础和归纳递推的证明可以得到归纳定理 8.1，即对于所有的自然数 n 满足 $\sum_{i=0}^{n} i = \dfrac{n \cdot (n+1)}{2}$。 ∎

通过在归纳递推中使用假设很大程度上简化了证明的过程。也就是说，人们只需要找到可以使用假设的位置即可。为了做到这一点，我们现在来考虑连续奇数之和的问题。这里，我们规定第 i 个奇数正好是自然数 $2 \cdot i - 1$。

i	1	2	3	4	5	$\cdots$
第 i 个奇数	1	3	5	7	9	$\cdots$

如果将前 n 个奇数相加，那么就可以得到相加和为 n^2。

■ **定理 8.3** 对于所有的自然数 n 满足：$\displaystyle\sum_{i=1}^{n}(2 \cdot i - 1) = n^2$。

证明： 这里要证明的自然数 n 的属性 $p(n)$ 是：

$$p(n): \quad 1 + 3 + 5 + \cdots + (2 \cdot n - 1) = n^2$$

我们使用关于 n 的完全归纳法进行证明。

- 归纳基础：对于 $n = 0$，我们已经证明了命题 $\sum\limits_{i=1}^{0}(2i-1) = 0^2$。由于"空"的和 $\sum\limits_{i=1}^{0}(2 \cdot i - 1)$ 的值为 0，因此命题 $p(0)$ 为真。

- 归纳递推：我们选择一个任意的 $a \in \mathbb{N}$，并且证明 $p(a) \to p(a+1)$ 成立。首先假设 $p(a)$：

$$\sum_{i=1}^{a}(2 \cdot i - 1) = a^2$$

成立。然后从中必须推断出 $p(a+1)$ 也成立。

我们首先写出求和公式，即通过使用假设来代替其中的一个加数：

$$\sum_{i=1}^{a+1}(2 \cdot i - 1) = \left(\sum_{i=1}^{a}(2 \cdot i - 1)\right) + (2 \cdot (a+1) - 1)$$

该等式的右边可以通过使用假设进行改写，得到

$$\left(\sum_{i=1}^{a}(2 \cdot i - 1)\right) + (2 \cdot (a+1) - 1) = a^2 + (2 \cdot (a+1) - 1) = a^2 + 2 \cdot a + 1$$

根据二项式规则可以得到如下等式：

$$a^2 + 2 \cdot a + 1 = (a+1)^2$$

因此可得：

$$\sum_{i=1}^{a+1}(2 \cdot i - 1) = (a+1)^2$$

这样一来，就证明了归纳推理对于任意一个 a 都成立。

使用归纳基础和归纳递推，根据归纳定理 8.1 就证明了该定理。　■

8.3　归纳证明的结构

归纳证明具有始终不变的结构：

(1) 归纳基础：证明 $p(0)$。

(2) 归纳递推：证明 $p(a) \to p(a+1)$ 对于一个任意的 a 都成立。

归纳基础与归纳递推一起，根据归纳定理 8.1 给出了对于所有自然数 n，属性 $p(n)$ 都成立的证明。

为了简化书写，可以将"通过归纳基础和归纳递推进行的证明"这种结论省略掉。由于在归纳递推 $p(a) \to p(a+1)$ 的证明过程中必须使用假设 $p(a)$ 成立，所以也可以将对应的步骤称为归纳假设。因此，在归纳递推中只需要给出 $p(a+1)$ 是从归纳假设中推断出来的即可。这就导致了如下简化的归纳证明结构：

(1)　归纳基础：证明 $p(0)$。

(2)　归纳假设：对于一个任意选择的 a，$p(a)$ 成立。

(3)　归纳递推：由归纳假设 $p(a)$ 推断出 $p(a+1)$ 也成立。

由于归纳假设仅仅只是一个假设，因此只需要证明归纳基础和归纳递推即可。归纳证明的这种形式会被应用到下一个定理的证明中。

■　**定理 8.4**　对于所有自然数 n 满足：$\displaystyle\sum_{i=0}^{n} 2^i = 2^{n+1} - 1$。

证明：这里，我们使用关于 n 的完全归纳法进行证明。

- 归纳基础：对于 $n=0$ 满足：$\displaystyle\sum_{i=0}^{0} 2^i = 2^0 = 2^1 - 1$。

- 归纳假设：假设对于一个任意选择的 $a \in \mathbb{N}$ 都满足：$\displaystyle\sum_{i=0}^{a} 2^i = 2^{a+1} - 1$

- 归纳递推：使用归纳假设可得：

$$
\begin{aligned}
\sum_{i=0}^{a+1} 2^i &= \underbrace{\left(\sum_{i=0}^{a} 2^i\right)}_{\text{归纳假设}} + 2^{a+1} \\
&= \left(2^{a+1} - 1\right) + 2^{a+1} \\
&= 2 \cdot 2^{a+1} - 1 \\
&= 2^{(a+1)+1} - 1
\end{aligned}
$$

■

接下来我们再看一个示例：所谓调和级数 $h_1, h_2, h_3, \cdots$ 的序列被定义为：

$$
h_k = 1 + \frac{1}{2} + \frac{1}{3} + \cdots + \frac{1}{k}
$$

其中，每个 $k \in \mathbb{N}^+$。

■　**定理 8.5**　对于所有的自然数 n 满足：$h_{2^n} \geqslant 1 + \dfrac{n}{2}$。

证明：这里，我们使用关于 n 的完全归纳法进行证明。

- 归纳基础：对于 $n = 0$ 满足：$h_{2^0} = 1 \geqslant 1 + \dfrac{0}{2}$。
- 归纳假设：假设对于一个任意选择的 $a \in \mathbb{N}$，$h_{2^a} \geqslant 1 + \dfrac{a}{2}$ 都成立。
- 归纳递推：使用归纳假设可得如下等式：

$$
\begin{aligned}
h_{2^{a+1}} &= 1 + \frac{1}{2} + \cdots + \frac{1}{2^a} + \frac{1}{2^a + 1} + \cdots + \frac{1}{2^{a+1}} \\[2mm]
&= \underbrace{h_{2^a}}_{\text{归纳假设}} + \frac{1}{2^a + 1} + \cdots + \frac{1}{2^{a+1}} \\[2mm]
&\geqslant \overbrace{\left(1 + \frac{a}{2}\right)} + \frac{1}{2^a + 1} + \cdots + \frac{1}{2^{a+1}} \\[2mm]
&\geqslant \left(1 + \frac{a}{2}\right) + 2^a \cdot \frac{1}{2^{a+1}} \\[2mm]
&= \left(1 + \frac{a}{2}\right) + \frac{1}{2} \\[2mm]
&= 1 + \frac{(a+1)}{2} \qquad\blacksquare
\end{aligned}
$$

8.4 广义完全归纳法

在归纳递推中，从 $p(a)$ 推导出 $p(a+1)$ 并不总是很容易的事情。如果进一步观察归纳递推就可以看出：事实上是可以将 $p(0) \wedge \cdots \wedge p(a)$ 的有效性作为前提条件的。这样一来就给出了广义完全归纳定理。

■ **定理 8.6** （广义归纳法） 如果两个命题：$p(0)$ 和 $\forall n \in \mathbb{N}：(p(0) \wedge \cdots \wedge p(n)) \to p(n+1)$ 都成立，那么命题 $\forall n \in \mathbb{N}：p(n)$ 也成立。

证明： 从两个命题：$p(0)$ 和 $\forall n \in \mathbb{N}：(p(0) \wedge \cdots \wedge p(n)) \to p(n+1)$ 的有效性马上就可以推导出两个命题：$p(0)$ 和 $\forall n \in \mathbb{N}：p(n) \to p(n+1)$ 的有效性。这样根据归纳定理 8.1 就可以直接给出命题：$\forall n \in \mathbb{N}：p(n)$ 的有效性。   ■

现在，我们通过广义归纳定理就可以证明：每个大于等于 2 的自然数都可以被表示为质数的乘积。例如：

$$1815 = 3 \cdot 5 \cdot 11 \cdot 11$$

但是，通过 1815 的质数分解并不能像前面讨论过的归纳法那样直接给出 $1815 + 1 = 1816$ 的质数分解。

■ **定理 8.7** 设 n 是一个自然数，并且 $n \geqslant 2$。那么 n 可以被分解为质数的乘积。

证明: 这里,我们通过广义归纳法进行证明。

- 归纳基础: 由于 2 是一个质数,因此 2 是自己的乘积,即一个质数的乘积。
- 归纳假设: 对于一个任意的自然数 a 满足: 从 2 到 a 的所有自然数都可以被分解为质数的乘积。
- 归纳递推: 我们需要证明自然数 $a+1$ 也可以被分解为质数的乘积。为此,我们考虑以下两种不同的情况:
  - 情况 1: $a+1$ 是一个质数。那么 $a+1$ 可以被分解为只有自己的乘积。
  - 情况 2: $a+1$ 不是一个质数。那么 $a+1$ 就会有两个因数,即自然数 b 和 c,其中 $2 \leqslant b, c < a+1$,并且满足 $a+1 = b \cdot c$。由于 b 和 c 两个数都小于 $a+1$,因此我们借助归纳假设可以将 b 和 c 表示为: $b = p_1 \cdot p_2 \cdot \cdots \cdot p_r$ 和 $c = q_1 \cdot q_2 \cdot \cdots \cdot q_l$。其中,$p_1, p_2, \cdots, p_r, q_1, q_2, \cdots, q_l$ 都是质数。这样我们就可以将 $a+1$ 分解为质因数的乘积: $a+1 = (p_1 \cdot p_2 \cdot \cdots \cdot p_r) \cdot (q_1 \cdot q_2 \cdot \cdots \cdot q_l)$。 ∎

这个证明具有非常重要的意义,因为人们根据这个证明中给出的方法可以将每个自然数都分解为质数的乘积。例如,我们来看自然数 24。由于 $24 = 4 \cdot 6$,根据归纳递推中给出的方法,我们可知 24 的分解因数为 4 和 6。因为 4 和 6 这两个自然数都大于 2,因此再次使用归纳递推来确定对应的分解因数,即 $4 = 2 \cdot 2$ 和 $6 = 2 \cdot 3$。这样一来,24 就可以被分解为 $24 = 2 \cdot 2 \cdot 2 \cdot 3$。由于 2 和 3 都是质数,因此我们就找到了 24 的质因数乘积。

8.5 归纳定义

在上面的完全归纳法示例中通常考虑的是自然数序列,并且利用其对应的归纳结构进行证明。当然,也可以使用归纳法建立的其他数字序列 $a_0, a_1, a_2, \cdots$。为此,对应的归纳基础就是序列的第一个数字 a_0,而对应的归纳递推需要指出如何从 $a_0, a_1, \cdots, a_i$ 中确定 a_{i+1}。使用归纳定义的序列最大的优势是其属性通常相对简单,可以通过完全归纳法进行证明。

例如,我们来看如下按照归纳定义的序列 $a_0, a_1, a_2, \cdots$:

$$a_0 = 1$$
$$a_{n+1} = a_n \cdot (n+1)$$

其中,n 代表所有的自然数,并且对应自然数的归纳定义给出了一个基础值 a_0。这样一来,就可以根据定义从之前计算得出的 a_{i-1} 获得每个 i 对应的 a_i。例如,根据给定的基础值 a_0,就可以通过两次应用对应的规则得到 a_3:

$$a_3 = a_2 \cdot 3 = a_1 \cdot 2 \cdot 3 = a_0 \cdot 1 \cdot 2 \cdot 3 = 1 \cdot 1 \cdot 2 \cdot 3 = 6$$

序列 $(a_i)_{i \in \mathbb{N}}$ 的开始的那部分如下：

i	0	1	2	3	4	5	6	$\cdots$
a_i	1	1	2	6	24	120	720	$\cdots$

在很多情况下，归纳定义要比"封闭"或者"明确"的定义简单明了得多。此外，归纳定义还可以直接使用用于证明序列特殊属性的完全归纳法。例如，我们可以在证明命题：在上面被定义的序列中的每个 a_n 都是自然数 $1, 2, \cdots, n$ 的乘积中证明这一点。

■ **定理 8.8** 对于每个自然数 n 都满足：$a_n = 1 \cdot 2 \cdot \cdots \cdot n$。

证明： 这里，我们通过关于 n 的完全归纳法进行证明。

- 归纳基础：由于 0 小于 1，那么由 1 开始（以 0 结束的自然数的乘积并不包含因子）。因此，这个"空乘积"的值为 1。由于 a_0 同样被定义为 1，因此这个命题对于 $n = 0$ 是成立的。
- 归纳假设：假设对于一个任意被选择的 $k \in \mathbb{N}$，$a_k = 1 \cdot 2 \cdot \cdots \cdot k$ 成立。
- 归纳递推：我们观察序列成员 a_{k+1}。根据定义：$a_{k+1} = a_k \cdot (k+1)$。将归纳假设 $a_k = 1 \cdot 2 \cdot \cdots \cdot k$ 代入可得：

$$a_{k+1} \ = \ (1 \cdot 2 \cdot \cdots \cdot k) \cdot (k+1) \ = \ 1 \cdot 2 \cdot \cdots \cdot k \cdot (k+1)$$

因此，该命题被证明是成立的。   ■

再举个例子，我们来观察著名的斐波那契数列（黄金分割数列）：$f_0, f_1, f_2, \cdots$。该数列使用归纳法可以定义为：

$$f_0 = 0, \quad f_1 = 1$$
$$f_{n+2} = f_n + f_{n+1}$$

其中，n 代表所有的自然数。这里，基础值是由两个不相关的值组成：f_0 和 f_1。因此，在生成递推中最终会回溯到序列的这两个部分。这样就可以计算出所有的值：$f_2, f_3, \cdots$。例如，f_5 的值为：

$$f_5 \ = \ f_4 + f_3 \ = \ 2 \cdot f_3 + f_2 \ = \ 3 \cdot f_2 + 2 \cdot f_1 \ = \ 5 \cdot f_1 + 3 \cdot f_0 \ = \ 5$$

斐波那契数列中的每个 f_n 也可以明确地通过特定的公式来定义：

$$F(n) \ = \ \frac{\left(\dfrac{1+\sqrt{5}}{2}\right)^n - \left(\dfrac{1-\sqrt{5}}{2}\right)^n}{\sqrt{5}}$$

这里，斐波那契数列的"封闭"定义涉及了实数。因此，这种定义在计算机程序中需要谨慎使用，因为可能很快就会产生四舍五入的错误，从而导致结果的不准确。相反，根据归纳定义法计算斐波那契数列虽然麻烦些，但是可以使用计算机给出准确的结果。

现在，我们通过完全归纳法来证明这两个定义推导的结果是完全一致的。

■ **定理 8.9**　对于所有的自然数 n，$F(n) = f_n$ 都成立。

证明： 这里，我们通过关于 n 的完全归纳法进行证明。

- 归纳基础：我们必须证明该命题的两个基础：f_0 和 f_1，即 $F(0) = f_0$ 和 $F(1) = f_1$。

$$F(0) = \frac{\left(\frac{1+\sqrt{5}}{2}\right)^0 - \left(\frac{1-\sqrt{5}}{2}\right)^0}{\sqrt{5}} = \frac{1-1}{\sqrt{5}} = 0 = f_0$$

$$F(1) = \frac{\left(\frac{1+\sqrt{5}}{2}\right) - \left(\frac{1-\sqrt{5}}{2}\right)}{\sqrt{5}} = \frac{\left(\frac{2\sqrt{5}}{2}\right)}{\sqrt{5}} = 1 = f_1$$

- 归纳假设：假设对于一个任意被选择的 $a \in \mathbb{N}$，以及所有自然数 $n \leqslant a+1$：$F(n) = f_n$ 都成立。

- 归纳递推：我们必须证明关于 $a+2$ 的命题。首先，我们证明下面两个命题：

$$\left(\frac{1+\sqrt{5}}{2}\right)^2 = \frac{1+2\sqrt{5}+5}{4} = 1 + \frac{1+\sqrt{5}}{2}$$

和对应的

$$\left(\frac{1-\sqrt{5}}{2}\right)^2 = \frac{1-2\sqrt{5}+5}{4} = 1 + \frac{1-\sqrt{5}}{2}$$

都成立。这样就可以得出：

$$F(a+2) = \frac{\left(\frac{1+\sqrt{5}}{2}\right)^{a+2} - \left(\frac{1-\sqrt{5}}{2}\right)^{a+2}}{\sqrt{5}}$$

$$= \frac{\left(\frac{1+\sqrt{5}}{2}\right)^a \cdot \left(\frac{1+\sqrt{5}}{2}\right)^2 - \left(\frac{1-\sqrt{5}}{2}\right)^a \cdot \left(\frac{1-\sqrt{5}}{2}\right)^2}{\sqrt{5}}$$

$$= \frac{\left(\frac{1+\sqrt{5}}{2}\right)^a \cdot \left(1 + \frac{1+\sqrt{5}}{2}\right) - \left(\frac{1-\sqrt{5}}{2}\right)^a \cdot \left(1 + \frac{1-\sqrt{5}}{2}\right)}{\sqrt{5}}$$

$$= \frac{\left[\left(\frac{1+\sqrt{5}}{2}\right)^a + \left(\frac{1+\sqrt{5}}{2}\right)^{a+1}\right] - \left[\left(\frac{1-\sqrt{5}}{2}\right)^a + \left(\frac{1-\sqrt{5}}{2}\right)^{a+1}\right]}{\sqrt{5}}$$

$$= \frac{\left[\left(\dfrac{1+\sqrt{5}}{2}\right)^{a+1} - \left(\dfrac{1-\sqrt{5}}{2}\right)^{a+1}\right] + \left[\left(\dfrac{1+\sqrt{5}}{2}\right)^{a} - \left(\dfrac{1-\sqrt{5}}{2}\right)^{a}\right]}{\sqrt{5}}$$

$$= F(a+1) + F(a)$$

$$= f_{a+1} + f_a$$

$$= f_{a+2} \qquad\blacksquare$$

归纳定义不仅适用于数字的集合,也可以应用到其他的集合。集合的归纳定义包括了对应的归纳基础的基本集合,以及对应归纳递推的规则,即通过不断重复使用该集合的其他元素产生新元素。当然,被定义集合中的每个元素都会在一个有限的规则使用数量上获得。

首先,我们考虑的例子是由字母表 Σ 所组成的所有单词的集合 Σ^*。字母表 Σ 是一个有限集合,例如 $\Sigma = \{a, b, e, h, l, p, t\}$。由 Σ 构成的单词是一个来自 Σ 中元素组成的任意有限的序列。例如如下的单词:

$$abt, \quad e, \quad bbpt, \quad alphabet, \quad help, \quad p$$

就是字母表 $\{a, b, e, h, l, p, t\}$ 中元素组成的六个不同的单词。

如果将两个单词直接并排写在一起,即所谓的联结,那么可以得到一个新的单词。例如,将单词 aap 与单词 al 联结成一个新的单词 $aapal$。这里,空单词 ε 具有特殊的意义。如果将其与一个任意的其他单词 w 联结,那么得到的单词还是 w 本身。例如,将单词 aap 与空单词 ε 联结,那么得到的单词还是 aap,即 $aap\varepsilon = aap$。在由集合 Σ 上构成的所有单词的集合 Σ^* 的归纳定义中,空单词构成了归纳基础。

▲ **定义 8.1** 设 Σ 是一个字母表。Σ 构成的所有单词的集合 Σ^* 被归纳定义为:

- 基础集合:空单词 ε 属于集合 Σ^*,即 $\varepsilon \in \Sigma^*$。
- 生成规则:如果 w 是 Σ^* 中的一个单词,a 是 Σ 中的一个元素,那么 wa 也属于 Σ^*。也就是说:如果 $w \in \Sigma^*$,并且 $a \in \Sigma$,那么 $wa \in \Sigma^*$ 成立。

对于 $\Sigma = \{a, x\}$,可以逐步递推出 Σ^*:

基础集合:　　　　ε
(1) 生成步骤[1]　a, x
(2) 生成步骤　　aa, xa, ax, xx
(3) 生成步骤　　$aaa, aax, xaa, xax, axa, axx, xxa, xxx$
　　　⋮　　　　⋮

一个单词 $w \in \Sigma^*$ 的长度 $|w|$ 是该单词的字符数量。这种长度也可以进行归纳定义。

---

[1]这里,我们每次只生成一个新单词。

▲　**定义 8.2**　设 Σ 是一个字母表。单词 $w \in \Sigma^*$ 的长度可以通过归纳定义为：

(1)　空单词 ε 的长度为 0，即 $|\varepsilon| = 0$。

(2)　假设 $w \in \Sigma^*$，并且 $a \in \Sigma$。那么 $|wa| = |w| + 1$ 成立。

例如，$|axxaa| = 5$，同时 $|\varepsilon| = 0$。那么可以很容易地看出，一个单词的长度恰好是从空单词开始生成该单词的所有生成步骤的最小数。

■　**定理 8.10**　设 Σ 是一个字母表，u 和 v 是 Σ^* 的单词。那么 $|uv| = |u| + |v|$ 成立。

证明： 我们需要对单词 v 的长度进行归纳证明。这里，我们使用单词长度的归纳定义。

- 归纳基础：如果单词 v 的长度被视为 0，那么 $v = \varepsilon$。这样就可以得到 $uv = u\varepsilon = u$。因此，$|uv| = |u| = |u| + 0 = |u| + |v|$ 成立。
- 归纳假设：假设对于一个任意被选择的 k，以及所有长度 $|v| = k$ 的单词 v 满足上面的命题。
- 归纳递推：如果一个单词 v 的长度被视为 $k + 1$。那么对于一个 $a \in \Sigma$，并且长度为 $|v'| = k$ 的单词 $v' \in \Sigma^*$，可以得到 $v = v'a$。这时就可以在 v' 上应用归纳假设了。具体步骤如下：

$$
\begin{aligned}
|uv| &= |uv'a| && \text{(因为 } v = v'a) \\
&= |uv'| + 1 && \text{(单词长度的定义)} \\
&= (|u| + |v'|) + 1 && \text{(根据归纳假设)} \\
&= |u| + (|v'| + 1) \\
&= |u| + |v'a| && \text{(单词长度的定义)} \\
&= |u| + |v| && \text{(因为 } v = v'a) \quad ■
\end{aligned}
$$

我们再考虑一个例子：所有命题逻辑公式的集合也可以进行归纳定义。这里，作为基础集合被选定为所有变量和常量的（无限大）的集合。这种基础集合是由所谓的原子公式组成。在生成规则中将确定如何将已经生成的公式集成到新的公式中。

▲　**定义 8.3**　命题逻辑公式被归纳定义为：

- 基础集合：$w, f, x_0, x_1, x_2, \cdots$ 是命题逻辑公式，即所谓的原子公式。
- 生成规则：假设 α 和 β 是命题逻辑公式，那么 $(\neg\alpha)$，$(\alpha \wedge \beta)$，$(\alpha \vee \beta)$，$(\alpha \to \beta)$ 和 $(\alpha \leftrightarrow \beta)$ 也是命题逻辑公式。

通过循环使用生成规则得到的公式有：
$$(\neg w), (\neg f), (\neg x_0), (\neg x_1), (\neg x_2), \cdots, (\neg x_i), \cdots$$
$$(w \wedge f), \cdots, (x_0 \wedge x_0), \cdots, (x_1 \wedge x_2), \cdots, (x_i \wedge x_j), \cdots$$
$$\vdots$$

通过使用一个其他的生成规则可以得到更复杂的公式，例如

$$((x_1 \wedge x_2) \vee (\neg x_2))$$

图 8.2 展示了这个公式的归纳生成过程。

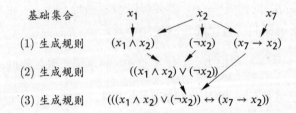

图 8.2　公式 $(((x_1 \wedge x_2) \vee (\neg x_2)) \leftrightarrow (x_7 \to x_2))$ 的归纳生成过程

事实上，每个命题逻辑公式都可以从基础集合的有限数量的生成步骤中获得。因此，在公式属性的证明中可以利用其归纳递推。首先证明归纳基础，证明基础集合的所有元素，即所有原子公式都具有这种属性。然后在归纳递推中证明对于所有的 $n \in \mathbb{N}$ 满足：如果可以在最多 n 个步骤中被生成的属性适用于所有公式，那么这个属性也会适用于所有在 $n+1$ 个步骤中被生成的公式。为了证明这一点，我们来看如下有趣的定理。

■　**定理 8.11**　设 ϕ 是一个命题逻辑原子公式。那么存在一个命题逻辑公式 ϕ'，只需要使用逻辑运算符 $\wedge$ 和 $\neg$ 就可以与 ϕ 逻辑等价。

证明： 根据定义 8.3 中有关命题逻辑公式的归纳结构，我们可以通过广义完全归纳法进行证明。

- 归纳基础：首先，我们对于所有原子公式的命题进行证明。这些公式是那些只由一个常数或者一个变量组成的原子公式。由于每个这种公式 ϕ 都不含有运算符，因此可以选择 $\phi' = \phi$。
- 归纳假设：假设对于所有可以在最多 n 个步骤被生成的公式对应的命题都成立。
- 归纳递推：我们必须证明所有可以在 $n+1$ 个步骤中生成的公式对应的命题也成立。假设 ϕ 是一个任意的这种公式。现在我们来观察所有 ϕ 可能被生成的可能性。为此，我们分别讨论下面给出的 5 种不同情况。

  (1) 情况：$\phi = (\neg\alpha)$。根据归纳假设，存在一个对于 α 等价的公式 α'，并且其中只出现了运算符 $\wedge$ 和 $\neg$。由于 α 和 α' 是等价的，因此 $(\neg\alpha)$ 和 $(\neg\alpha')$ 也是等价的。现在我们来看 ϕ' 对应的公式 $(\neg\alpha')$。因为在 ϕ' 中只能出现运算符 $\wedge$ 和 $\neg$，因此可以得到：

$$\phi' = (\neg\alpha') \equiv (\neg\alpha) = \phi$$

  即 $\phi' \equiv \phi$。

(2) 情况：$\phi = (\alpha \wedge \beta)$。$\alpha$ 和 β 是两个最多在 n 个步骤就可以被生成的公式。根据归纳假设，α' 和 β' 对于 α 以及 β 是等价的，并且只具有运算符 $\wedge$ 和 $\neg$。我们选择 $\phi' = (\alpha' \wedge \beta')$，然后在 ϕ' 中只出现运算符 $\wedge$ 和 $\neg$。这样就得到了：

$$\phi' = (\alpha' \wedge \beta') \equiv (\alpha \wedge \beta) = \phi$$

即 $\phi' \equiv \phi$。

(3) 情况：$\phi = (\alpha \vee \beta)$。根据归纳假设，存在两个如下面所述的 α' 和 β'。根据德·摩根定律可以得到：

$$(\alpha \vee \beta) \equiv (\neg((\neg\alpha) \wedge (\neg\beta)))$$

我们选择 $\phi' = (\neg((\neg\alpha') \wedge (\neg\beta')))$，然后在 ϕ' 中只出现运算符 $\wedge$ 和 $\neg$。基于德·摩根定律可以得到：

$$\phi' = (\neg((\neg\alpha') \wedge (\neg\beta'))) \equiv (\alpha' \vee \beta') \equiv (\alpha \vee \beta) = \phi$$

即 $\phi' \equiv \phi$。

(4) 情况：$\phi = (\alpha \rightarrow \beta)$。这种情况与前面的情况类似，这里利用了等价公式：$(\alpha \rightarrow \beta) \equiv (\neg(\alpha \wedge \neg\beta))$。因此，公式 $\phi' = (\neg(\alpha' \wedge \neg\beta'))$ 满足所给条件。

(5) 情况：$\phi = (\alpha \leftrightarrow \beta)$。这种情况也可以使用相同的方案进行证明。这里，我们使用等价公式：$(\alpha \leftrightarrow \beta) \equiv ((\neg(\alpha \wedge (\neg\beta))) \wedge (\neg(\beta \wedge (\neg\alpha))))$。

这样一来，ϕ 生成的所有可能性都被考虑到了，即完成了归纳递推。　■

现在，我们来看最后一个例子：二进制项。

▲ **定义 8.4** 所有二元项的集合被归纳定义如下：

- 基础集合：0 是一个二进制项。
- 生成规则：假设 α 是一个二进制项。那么 $2 \cdot \alpha + 0$ 和 $2 \cdot \alpha + 1$ 也是二进制项。（如果 $\alpha \neq 0$，那么可以将二进制项使用括号表示为 $2 \cdot (\alpha) + 0$ 和 $2 \cdot (\alpha) + 1$。）

二进制项的例子很多，例如，$0, 2 \cdot 0 + 1, 2 \cdot (2 \cdot 0 + 1) + 0, 2 \cdot (2 \cdot 0 + 1) + 1,$ $2 \cdot (2 \cdot (2 \cdot 0 + 1) + 0) + 1$。

每个二进制项都可以计算成一个自然数。例如，$2 \cdot (2 \cdot 0 + 1) + 1 = 3$。虽然不是显而易见的，但是每个自然数事实上也是一个二进制项的值。在下面定理的归纳证明中我们将看到，二进制项是如何被构造为一个自然数的。

■ **定理 8.12** 每个自然数都可以表示为一个二进制项。

证明： 这里，我们使用自然数的完全归纳法进行证明。

- 归纳基础：$k = 0$。自然数 0 由二进制项 0 表示。
- 归纳假设：假设任意一个自然数 $k \leqslant n$ 都可以通过一个二进制项表示。
- 归纳递推：我们需要为自然数 $n+1$ 构造一个二进制项。为此，需要考虑下面两种情况：

  (1) 情况：$n+1$ 是一个偶数。那么 $\dfrac{n+1}{2}$ 是一个小于 $n+1$ 的自然数。根据归纳假设可知：存在一个二进制项 ϕ，其值为 $\dfrac{n+1}{2}$。因此 $2 \cdot \phi + 0$ 就是一个值为 $n+1$ 的二进制项。

  (2) 情况：$n+1$ 是一个奇数。那么 $\dfrac{n}{2}$ 是一个小于 $n+1$ 的自然数。根据归纳假设可知：存在一个二进制项 ϕ，其值为 $\dfrac{n}{2}$。因此 $2 \cdot \phi + 1$ 是一个值为 $n+1$ 的二进制项。　■

现在，我们来确定一个值为 18 的二进制项。由于 18 是偶数，存在一个值为 $\dfrac{18}{2} = 9$ 的二进制项 ϕ_9，因此 $18 = 2 \cdot \phi_9 + 0$。由于 9 是奇数，存在一个值为 $\dfrac{9-1}{2} = 4$ 的二进制项 ϕ_4，因此 $9 = 2 \cdot \phi_4 + 1$。由于 4 是偶数，存在一个值为 $\dfrac{4}{2} = 2$ 的二进制项 ϕ_2，因此 $4 = 2 \cdot \phi_2 + 0$。由于 2 是偶数，存在一个值为 $\dfrac{2}{2} = 1$ 的二进制项 ϕ_1，因此 $2 = 2 \cdot \phi_1$。由于 1 是奇数，存在一个值为 $\dfrac{1-1}{2} = 0$ 的二进制项 ϕ_0，因此 $1 = 2 \cdot \phi_0 + 1$。而 0 对应的是二进制项 0。下面的等式总结了这些步骤，并且给出了值为 18 的二进制项：

$$
\begin{aligned}
18 &= 2 \cdot \phi_9 + 0 \\
&= 2 \cdot (2 \cdot \phi_4 + 1) + 0 \\
&= 2 \cdot (2 \cdot (2 \cdot \phi_2 + 0) + 1) + 0 \\
&= 2 \cdot (2 \cdot (2 \cdot (2 \cdot \phi_1 + 0) + 0) + 1) + 0 \\
&= 2 \cdot (2 \cdot (2 \cdot (2 \cdot (2 \cdot \phi_0 + 1) + 0) + 0) + 1) + 0 \\
&= 2 \cdot (2 \cdot (2 \cdot (2 \cdot (2 \cdot 0 + 1) + 0) + 0) + 1) + 0
\end{aligned}
$$

最后需要补充的一点是：二进制项背后最终是自然数的二进制表示。例如，18 表示为 10010，项尾的加数序列正好是 18 的二进制表示。一个二进制数是一个对应字母表 $\{0,1\}$ 的（非空）单词。二进制数 $b_k b_{k-1} \cdots b_1 b_0$ 的值为 $\displaystyle\sum_{i=0}^{k} b_i \cdot 2^i$。

示例 8.1

(1) 确定一个自然数的二进制表示。对于数字的二进制表示，只有二进制项末端的加数（按照正确的顺序）是重要的。因此并不需要写下整个项，而只需要写下各个子项对应的末尾加数。例如，用等式 $70 = 2 \cdot 35 + 0$ 来计算 70 的二进制项。这样就可以知道：在 70 的二进制表示中，最后（位于最右边）的字符 b_0 是末尾加数 0。位于 b_0 左边的字符 b_1 是 35 的二进制项的末尾加数。由于 $35 = 2 \cdot 17 + 1$，因此 $b_1 = 1$。现在，我们使用该方法来计算 70 的二进制项。

$$
\begin{aligned}
\text{由} \quad 70 &= 2 \cdot 35 + 0 \quad \text{得到} \quad b_0 = 0 \\
\text{由} \quad 35 &= 2 \cdot 17 + 1 \quad \text{得到} \quad b_1 = 1 \\
\text{由} \quad 17 &= 2 \cdot 8 + 1 \quad \text{得到} \quad b_2 = 1 \\
\text{由} \quad 8 &= 2 \cdot 4 + 0 \quad \text{得到} \quad b_3 = 0 \\
\text{由} \quad 4 &= 2 \cdot 2 + 0 \quad \text{得到} \quad b_4 = 0 \\
\text{由} \quad 2 &= 2 \cdot 1 + 0 \quad \text{得到} \quad b_5 = 0 \\
\text{由} \quad 1 &= 2 \cdot 0 + 1 \quad \text{得到} \quad b_6 = 1
\end{aligned}
$$

这里，位于最后一行的 1 的二进制项为二进制表示提供了最后那个字符。这样我们就可以得到 70 的二进制表示为：$b_6 b_5 b_4 b_3 b_2 b_1 b_0$，即 $b_6 b_5 b_4 b_3 b_2 b_1 b_0 = 1000110$。

(2) 从一个二进制表示确定一个自然数。我们考虑上面计算得出的二进制表示：$b_6 b_5 b_4 b_3 b_2 b_1 b_0 = 1000110$。下面给出从该二进制表示计算得出的自然数的公式：

$$
\begin{aligned}
\sum_{i=0}^{6} b_i \cdot 2^i &= 1 \cdot 2^6 + 0 \cdot 2^5 + 0 \cdot 2^4 + 0 \cdot 2^3 + 1 \cdot 2^2 + 1 \cdot 2^1 + 0 \cdot 2^0 \\
&= 2^6 + 2^2 + 2^1 \\
&= 70
\end{aligned}
$$

因此，二进制数 1000110 表示自然数 70。

第9章 组合计数

在本章中，我们将讨论组合数学问题，即确定有限集合中的元素数量的问题。首先，可以对从其他集合如何构建一个集合的过程来确定这个集合的大小，即通过所参与的"积木"数量来确定集合的大小。之后，我们将计算一个集合的元素被选择或者被排列存在多少种可能性。这种问题在数学和计算机科学的许多应用中具有非常重要的意义。

9.1 基本计数原则

我们都知道，酒店客房的每部电话通常都是由两个数字组成的号码。那么这种电话号码究竟存在多少种不同的组合呢？现在，我们用 M 表示这种电话号码所有可能性的集合。M 中的每个元素就是由两个数字组成的号码。其中，每个数字是集合 $D = \{0, 1, 2, \cdots, 9\}$ 中的一个元素。这种具有两位的号码可以作为一个有序数对。也就是说，可以理解为笛卡儿积中的一个元素：$D \times D = \{(0,0), (0,1), \cdots, (0,9), (1,0), \cdots, (9,9)\}$。在这种两位号码中，每位数字都有 $\sharp D = 10$ 种可被选择的数字。如果第一个数字是 0，那么第二位数字有 10 种不同的可能性。同样的情况也适用于第一位数字是 $1, 2, \cdots, 9$ 的时候。所以，这种两位的电话号码具有 $10 \cdot 10$ 种可能性，即 $\sharp M = 100$。当这种两位电话号码不能以数字 0 开头的时候，那么对应的集合可以表示为笛卡儿积 $\{1, 2, \cdots, 9\} \times \{0, 1, 2, \cdots, 9\}$ 的形式，对应的大小为 $9 \cdot 10 = 90$。

■ **定理 9.1** 设 A 和 B 是两个有限集合。下面等式成立：

$$\sharp(A \times B) = \sharp A \cdot \sharp B$$

证明： 这里，我们使用关于集合 B 的完全归纳法进行证明。

- 归纳基础：假设 B 是一个大小为 $\sharp B = 0$ 的集合。那么 $B = \varnothing$，并且 $A \times B = \varnothing$，即 $\sharp(A \times B) = 0$。由于 $\sharp A \cdot 0 = 0$ 成立，因此 $\sharp(A \times B) = \sharp A \cdot \sharp B$。

- 归纳假设：假设对于每个大小为 n 的集合 B 都满足上面的命题。

- 归纳递推：现在假设 B 是一个大小为 $\sharp B = n + 1$ 的集合。对于其中任意一个元素 $b \in B$，我们来考虑集合 $B' = B - \{b\}$，并且可知 $\sharp B' = n$。根据归纳假设可得 $\sharp(A \times B') = \sharp A \cdot n$。除了 $A \times B'$ 中元素的数量 $\sharp A \cdot n$，所有数对 (a, b) 属于 $A \times B$ 中的一个 $a \in A$，即其他的 $\sharp A$ 元素，即

$$\sharp(A \times B) = \sharp A \cdot n + \sharp A$$

$$= \sharp A \cdot (n+1)$$

$$= \sharp A \cdot \sharp B \qquad \blacksquare$$

这个定理可以直接推广到一个任意数量的有限集合的笛卡儿积上，即所谓的乘法法则。

■ **定理 9.2** （乘法法则）设 k 是一个正的自然数，并且 $A_1, A_2, \cdots, A_k$ 都是有限集合。那么可以得到：

$$\sharp(A_1 \times A_2 \times \cdots \times A_k) = \prod_{i=1}^{k} \sharp A_i$$

示例 9.1

根据乘法法则，可以计算得出来自一个有限字母表 Σ 的、具有固定长度 k 的所有单词的数量。每个单词 $x_1 \cdots x_k$, $x_i \in \Sigma$ 对应一个 k 元组：$(x_1, \cdots, x_k) \in \underbrace{\Sigma \times \cdots \times \Sigma}_{k\text{次}}$。这样就可以计算出 Σ 上长度为 k 的单词的确切数量。

例如，Σ 是由 26 个小写字母 $a, b, c, \cdots, z$ 组成，那么 Σ 上长度为 3 的单词一共有 26^3 个。

那么，由小写字母组成的长度为 3 或者 4 的单词又有多少个呢？为了回答这个问题，需要将这个集合分为两个不相交的子集：由 3 个小写字母组成的所有单词的集合 A 和由 4 个小写字母组成的所有单词的集合 B。这样一来，由所有 3 个或者 4 个小写字母组成的单词的总数量就是并集 $A \cup B$ 中元素的数量。由于集合 A 和 B 是不相交的，那么 $A \cup B$ 中每个元素要么来自 A，要么来自 B，但是不能同时来自这两个集合。因此，$A \cup B$ 的大小等于 A 中元素的数量与 B 中元素数量的加和，即 $\sharp(A \cup B) = \sharp A + \sharp B$。因此，由 3 个或者 4 个小写字母组成的所有单词的数量为 $26^3 + 26^4$。

■ **定理 9.3** 设 A 和 B 是两个不相交的有限集合。那么可以得到：

$$\sharp(A \cup B) = \sharp A + \sharp B$$

证明： 这里，我们再次使用关于集合 B 大小的归纳证明法进行证明。

• 归纳基础：假设 B 是一个大小为 $\sharp B = 0$ 的集合，那么 $B = \varnothing$。这样就可以得到：

$$\sharp(A \cup B) = \sharp A = \sharp A + 0 = \sharp A + \sharp B$$

• 归纳假设：假设所有大小为 $\sharp B = n$ 的集合 B 都满足 $\sharp(A \cup B) = \sharp A + \sharp B$。

- 归纳递推：假设 B 是一个具有 $\sharp B = n+1$ 个元素的集合，并且 $b \in B$ 是一个任意被选择的元素，$B' = B - \{b\}$。因为 $\sharp B = n$，那么根据归纳假设可得：

$$\sharp(A \cup B') = \sharp A + n$$

由于集合 A 和 B 是不相交的，因此 b 不属于 A。根据 B' 的定义进一步得出 $b \notin B'$，即 $\sharp((A \cup B') \cup \{b\}) = \sharp(A \cup B') + 1$。这样就可以得到：

$$\sharp(A \cup B) = \sharp((A \cup B') \cup \{b\}) = \sharp(A \cup B') + 1 = \sharp A + n + 1$$

∎

这个定理可以很容易地推广到任意数量的集合上，即所谓的加法规则。

■ **定理 9.4** （加法规则）设 k 是一个正的自然数，并且 $A_1, A_2, \cdots, A_k$ 是两两不相交的有限集合。那么下式成立：

$$\sharp \bigcup_{i=1}^{k} A_i = \sum_{i=1}^{k} \sharp A_i$$

示例 9.2

在一些编程语言中，每个变量的名字都需要以 26 个字母中的一个字母开始，之后跟着最多 7 个其他字符。这些字符可以来自 26 个字母中，也可以是 $0,1,\cdots,9$ 中的一个数字。那么这样组合而成的变量名称究竟能有多少个呢？

首先，我们将这些变量名称的集合 A 划分为 8 个不相交的子集。A_1 表示长度为 1 的所有变量名称的集合，A_2 表示长度为 2 的所有变量名称的集合，以此类推直到 A_8。那么，基于加法规则可得：

$$\sharp A = \sharp A_1 + \sharp A_2 + \cdots + \sharp A_8$$

由一个字符组成的变量名就是 26 个字母表 $\Sigma = \{a,b,c,\cdots,z\}$ 中的一个字母。因此，A_1 集合中元素的数量与字母表 Σ 中元素的数量相等，即 $\sharp A_1 = 26$。由两个字符组成的变量名是由一个字母表 Σ 中的字母开头，后面跟着一个字母或者 $\{0,1,\cdots,9\}$ 中的一个数字组成。因此，A_2 集合是笛卡儿积 $\Sigma \times (\Sigma \cup \{0,1,\cdots,9\})$。由于集合 Σ 和 $\{0,1,\cdots,9\}$ 是不相交的，因此根据加法规则，这两个集合的并集大小是 $26 + 10 = 36$。根据乘法法则可得：$\sharp A_2 = 26 \cdot 36$。也就是说：

$$A_3 = \Sigma \times (\Sigma \cup \{0,1,\cdots,9\}) \times (\Sigma \cup \{0,1,\cdots,9\})$$

这样一来就可以得出：$\sharp A_3 = 26 \cdot 36 \cdot 36 = 26 \cdot 36^2$，即 $\sharp A_1 + \sharp A_2 + \cdots + \sharp A_8$ 等于

$$26 + 26 \cdot 36 + 26 \cdot 36^2 + 26 \cdot 36^3 + 26 \cdot 36^4 + 26 \cdot 36^5 + 26 \cdot 36^6 + 26 \cdot 36^7$$

而对于相交的集合，想要通过对单个集合的数量进行求和得到并集的大小却并不是很容易的事情。例如，两个集合的并集中的元素会在计数过程中被重复计算。

示例 9.3

假设 $A = \{1, 2, 3, 4, 5\}$，$B = \{4, 5, 6, 7\}$。那么可知：$\sharp A = 5$，$\sharp B = 4$。这两个集合的并集为 $A \cup B = \{1, 2, 3, 4, 5, 6, 7\}$，但对应元素的数量为：$\sharp(A \cup B) = 7 \neq 5 + 4$。

$\sharp A + \sharp B$ 和 $\sharp(A \cup B)$ 的差正好是 A 和 B 的差集的基数 $\sharp(A \cap B)$。事实上可以得到：$A \cap B = \{4, 5\}$。因此，$7 = \sharp(A \cup B) = \sharp A + \sharp B - \sharp(A \cap B) = 5 + 4 - 2$。

■ **定理 9.5** （容斥原理）设 A 和 B 是有限集合。那么下式成立：

$$\sharp(A \cup B) = \sharp A + \sharp B - \sharp(A \cap B)$$

证明： 这里，我们应用对应集合 B 的基数的数学归纳法进行证明。

- 归纳基础：假设 B 是一个基数为 $\sharp B = 0$ 的集合。那么可知 $B = \varnothing$，并且可得 $A \cap B = \varnothing$。因此下式成立：

$$\sharp(A \cup B) = \sharp A = \sharp A + 0 - 0 = \sharp A + \sharp B - \sharp(A \cap B)$$

- 归纳假设：假设定理中所述命题对于所有基数为 n 的集合都成立。

- 归纳递推：假设 B 是一个含有 $\sharp B = n + 1$ 个元素的集合。对于一个任意的 $b \in B$，假设 $B' = B - \{b\}$。那么可得 $\sharp B' = n$，并且根据归纳假设可得 $\sharp(A \cup B') = \sharp A + \sharp B' - \sharp(A \cap B')$。现在我们需要考虑以下两种情况：$b \in A$ 和 $b \notin A$。

  (1) 情况：$b \in A$。那么可得 $A \cup B = A \cup B'$，并且集合 $A \cap B'$ 和 $\{b\}$ 是不相交的。因此，根据加法规则可以给出：$\sharp((A \cap B') \cup \{b\}) = \sharp(A \cap B') + 1$。由于 $A \cap B = (A \cap B') \cup \{b\}$，那么可得 $\sharp(A \cap B) = \sharp(A \cap B') + 1$。这样我们就可以得到：

$$
\begin{aligned}
\sharp(A \cup B) &= \sharp(A \cup B') && \text{（因为 } b \in A\text{）} \\
&= \sharp A + \sharp B' - \sharp(A \cap B') && \text{（根据归纳假设）} \\
&= \sharp A + (\sharp B - 1) - (\sharp(A \cap B) - 1) \\
&&& \hspace{-4cm}\text{（因为 } \sharp(A \cap B) = \sharp(A \cap B') + 1\text{）} \\
&= \sharp A + \sharp B - \sharp(A \cap B)
\end{aligned}
$$

  (2) 情况：$b \notin A$。那么可得 $A \cup B' = (A \cup B) - \{b\}$，并且 $(A \cap B') = A \cap B$。因此，$\sharp(A \cap B) = \sharp(A \cap B')$ 成立。这样就可以得到：

$$\begin{aligned}
\sharp(A \cup B) &= \sharp(A \cup B') + 1 && \text{(因为 } b \notin A) \\
&= \sharp A + \sharp B' - \sharp(A \cap B') + 1 && \text{(根据归纳假设)} \\
&= \sharp A + (\sharp B - 1) - \sharp(A \cap B) + 1 && \text{(因为 } b \notin A \cap B) \\
&= \sharp A + \sharp B - \sharp(A \cap B)
\end{aligned}$$

示例 9.4

我们来看 $\{0,1\}$ 上长度为 8 的、以 0 开头或者以 11 结尾的单词数量。首先假设:

$$A = \{w \in \{0,1\}^8 \mid w \text{ 开头为 } 0\} = \{0v \mid v \in \{0,1\}^7\}$$

和

$$B = \{w \in \{0,1\}^8 \mid w \text{ 结尾为 } 11\} = \{v11 \mid v \subset \{0,1\}^6\}$$

那么可得:

$$A \cap B = \{0w11 \mid w \in \{0,1\}^5\}$$

对应集合的基数分别为 $\sharp A = 2^7$, $\sharp B = 2^6$ 和 $\sharp(A \cap B) = 2^5$。根据容斥定理可得:

$$\sharp(A \cup B) = \sharp A + \sharp B - \sharp(A \cap B) = 2^7 + 2^6 - 2^5$$

可以很容易地将容斥原理推广到三个集合的情况。在存在三个集合 A、B 和 C 的情况下,不仅要考虑两两间的交集 $A \cap B$、$A \cap C$ 和 $B \cap C$,还必须要考虑到三个集合的总交集 $A \cap B \cap C$。

■ **定理 9.6** 设 A、B 和 C 是三个有限的集合。那么下式成立:

$$\sharp(A \cup B \cup C) =$$
$$\sharp A + \sharp B + \sharp C - \sharp(A \cap B) - \sharp(A \cap C) - \sharp(B \cap C) + \sharp(A \cap B \cap C)$$

证明: 为了可以应用定理 9.5,我们将三个集合 A、B 和 C 的并表示为两个集合 $A \cup B$ 和 C 的并。现在通过应用定理 9.5 和集合运算的计算规则进行如下证明:

$$\begin{aligned}
&\sharp(A \cup B \cup C) \\
&= \sharp(A \cup B) + \sharp C - \sharp((A \cup B) \cap C) && \text{(根据定理 9.5)} \\
&= \sharp A + \sharp B - \sharp(A \cap B) + \sharp C - \sharp((A \cup B) \cap C) && \text{(根据定理 9.5)} \\
&= \sharp A + \sharp B - \sharp(A \cap B) + \sharp C - \sharp((A \cap C) \cup (B \cap C)) && \text{(交集分配律)} \\
&= \sharp A + \sharp B - \sharp(A \cap B) + \sharp C - \big(\sharp(A \cap C) + \sharp(B \cap C) - \sharp(A \cap B \cap C)\big) \\
&&& \text{(根据定理 9.5)} \\
&= \sharp A + \sharp B + \sharp C - \sharp(A \cap B) - \sharp(A \cap C) - \sharp(B \cap C) + \sharp(A \cap B \cap C)
\end{aligned}$$

示例 9.5

在学校的食堂里，有若干个学生，其中有 100 个学生在坐着吃饭，60 个学生在聊天，20 个学生在阅读报纸。这些学生中，有 23 个学生边吃饭边聊天，5 个学生边吃饭边阅读报纸，3 个学生边聊天边阅读报纸，还有一个学生同时做着吃饭、聊天和看报纸这三件事。那么问题来了，食堂里一共有多少学生？假设 E 代表所有吃饭学生的集合，R 代表所有聊天学生的集合，L 代表所有阅读报纸的学生的集合。那么可得 $\sharp E = 100$，$\sharp R = 60$ 和 $\sharp L = 20$。对于同时做着不同事情的学生可以使用交集表示，即 $\sharp(E \cap R) = 23$，$\sharp(E \cap L) = 5$，$\sharp(R \cap L) = 3$ 和 $\sharp(E \cap R \cap L) = 1$。根据定理 9.6，食堂里学生的数量为 $100 + 60 + 20 - 23 - 5 - 3 + 1 = 150$。

9.2 排列和二项式系数

我们已经讨论过如何构建由数字 $0, 1, 2, \cdots, 9$ 组成的不同两位数电话号码的数量问题。现在，如果规定电话号码的两位数必须是不同的数字，那么又存在多少个这样的电话号码呢？例如，电话号码 33 是不满足这种条件的号码。首先，我们考虑第一位数字为 0 的所有两位数。这些数为 01, 02, $\cdots$, 09。而数字 00 是不被允许的，所以我们得到了 9 个不同的数。对于第一位数字为 1 的情况同样适用。我们再次得到了 10, 12, 13, $\cdots$, 19 这样的 9 个数。对于不同的第一位数字（来自 $\{0, 1, 2, \cdots, 9\}$ 中）都可以得到 9 个不同的两位数电话号码。由于第一位数字存在 10 种不同的选择可能性，因此可以得到 $10 \cdot 9 = 90$ 个不同的，并且不包含两个相同数字的两位数电话号码。

由此，人们可能会推导出没有重复数字的三位数电话号码的总数为 $10 \cdot 9 \cdot 8$。这些号码很有趣，因为它们完全描述了从 10 个元素集合选择以及排列 3 个不同元素的所有可能性。

现在，我们想要找到一个公式，可以给出从 n 个元素的集合中选择并且排列 r 个元素的所有可能性。为此，我们首先考虑一个集合中所有元素的布局。

▲ **定义 9.1** 一个有限集合中所有元素的布局称为排列。

示例 9.6

集合 $S = \{1, 2, 3\}$ 具有如下的排列：

$$(1, 2, 3), \quad (1, 3, 2), \quad (2, 1, 3), \quad (2, 3, 1), \quad (3, 1, 2), \quad (3, 2, 1)$$

通常，$1 \cdot 2 \cdot 3 \cdot \cdots \cdot n$ 的乘积值被表示为 $n!$（读为 n 的阶乘）。这里，根据约定俗成：$0! = 1$。

■ **定理 9.7** 一个含有 n 个元素的集合 S 的所有排列数量为 $n!$。

证明: 这里,我们通过集合 S 的基数 $\sharp S$ 使用数学归纳法进行证明。

- 归纳基础: 假设 $\sharp S = 1$。那么 S 中元素的排列只有一种可能性,即由 S 中的这个单独元素组成的排列。当 $n = 1$ 时,$1! = 1$。这样就证明了该归纳基础。

- 归纳假设: 假设命题对于基数为 k 的所有集合都成立。

- 归纳递推: 假设 S 是一个基数为 $\sharp S = k+1$ 的集合。我们从 S 中选择一个任意的元素 a,并且构建以 a 起始的 S 的排列,然后从 $S - \{a\}$ 中组成一个任意的排列。由于 $\sharp(S - \{a\}) = k$,根据归纳假设这个排列的阶乘为 $k!$。因此可知,总共有 $\sharp S$ 种选择 a 的可能性。对于基数为 $\sharp S = k+1$ 的每个集合我们可以获得 $k!$ 个不同的排列。而 S 不会存在其他的排列。因此,S 的排列数量为

$$(k+1) \cdot k! = (k+1)!$$

■

▲ **定义 9.2** 一个有限集合 S 的 k 排列是 S 中含有 k 个元素的子集的一个排列。

示例 9.7

假设 $S = \{1, 2, 3\}$。S 中含有 2 个元素的子集是 $\{1, 2\}$、$\{1, 3\}$ 和 $\{2, 3\}$。每个这样的子集都具有 2! 个排列。因此,S 中 2 的排列为

$$(1, 2), \quad (2, 1), (1, 3), \quad (3, 1), (2, 3), \quad (3, 2)$$

▲ **定义 9.3** 我们使用 $\begin{bmatrix} n \\ k \end{bmatrix}$ 来表示具有 n 个元素的集合中所有 k 排列的数量。

■ **定理 9.8** 设 n 和 k 是满足 $n \geqslant k \geqslant 1$ 的自然数。那么一个含有 n 个元素集合的所有 k 排列的数量 $\begin{bmatrix} n \\ k \end{bmatrix}$ 可以表示为

$$\begin{bmatrix} n \\ k \end{bmatrix} = n \cdot (n-1) \cdot \cdots \cdot (n-k+1)$$

证明: 假设 S 是一个具有 n 个元素的集合。这里,我们通过对应 k 的数学归纳法进行证明。

- 归纳基础: $k = 1$ 表示 S 中含有一个元素的子集中所有排列的数量: $\begin{bmatrix} n \\ 1 \end{bmatrix}$。每个含有一个元素的集合具有的排列数刚好是: $1! = 1$。也就是说,$\begin{bmatrix} n \\ 1 \end{bmatrix}$ 与 S 中含有一个元素的所有子集的数量相一致。这个数量恰好是 n 个,即 $\begin{bmatrix} n \\ 1 \end{bmatrix} = n$。

- 归纳假设: 假设等式 $\begin{bmatrix} n \\ k \end{bmatrix} = n \cdot (n-1) \cdot \cdots \cdot (n-k+1)$ 成立,其中 $k \geqslant 1$ 是自然数。

- 归纳递推：现在，我们来看 $\begin{bmatrix} n \\ k+1 \end{bmatrix}$，并且从 S 中选择一个任意的元素 a。我们构建 S 中以 a 开始，并且后面跟着来自 $S-\{a\}$ 中元素组成的一个任意的 k 排列的所有 $(k+1)$ 排列。通过归纳假设可以得到如下排列：

$$\begin{bmatrix} n-1 \\ k \end{bmatrix} = (n-1) \cdot ((n-1)-1) \cdot \cdots \cdot ((n-1)-k+1)$$

由于从 S 中选择一个元素 a 存在 n 种可能性，因此存在总共

$$n \cdot \underbrace{(n-1) \cdot (n-2) \cdot \cdots \cdot ((n-1)-k+1)}_{S-\{a\} \text{ 中 } k \text{ 排列的数量}}$$

个 S 的 $(k+1)$ 的排列。由于 $(n-1)-k+1 = n-(k+1)+1$，因此命题成立。∎

现在，我们使用阶乘方程还可以得到如下推论。

□ **推论 9.1** 对于所有满足 $n \geqslant k \geqslant 1$ 的自然数 n 和 k，可以得到

$$\begin{bmatrix} n \\ k \end{bmatrix} = \frac{n!}{(n-k)!}$$

示例 9.8

现在我们来看从 49 个数字中选出 6 个数字的彩票活动，那么究竟有多少种可能性呢？$\begin{bmatrix} 49 \\ 6 \end{bmatrix}$ 给出了从 49 个数字中选出 6 个数字的所有可能的排列数量。但是，这种彩票并不关心 6 个被选出数字的排列顺序。例如，两种不同的排列：

$$3, 43, 6, 17, 22, 11 \quad \text{和} \quad 22, 6, 43, 3, 11, 17$$

都是由一个集合 $\{3, 6, 11, 17, 22, 43\}$ 给出的。对于每个含有 6 个元素的集合存在 6! 个排列。因此，可以得出抽取这种彩票有

$$\frac{\begin{bmatrix} 49 \\ 6 \end{bmatrix}}{6!} = \frac{49 \cdot 48 \cdot 47 \cdot 46 \cdot 45 \cdot 44}{1 \cdot 2 \cdot 3 \cdot 4 \cdot 5 \cdot 6} = 13983816$$

种可能的结果。

现在，我们将这些讨论进行推广。

▲ **定义 9.4** $\binom{n}{k}$ 表示一个含有 n 个元素的集合中含有 k 个元素的子集的数量。

$\binom{n}{k}$ 读作 "n 取 k"，并且被称为 n 和 k 的二项式系数。

示例 9.9

集合 $S = \{1,2,3,4\}$ 中所有含有 3 个元素的子集有：

$$\{1,2,3\}, \qquad \{1,2,4\}, \qquad \{1,3,4\}, \qquad \{2,3,4\}$$

因此，$\binom{4}{3} = 4$。

我们在数字彩票的示例中已经提到，$\binom{n}{k}$ 可以借助阶乘方程来表达。

■ **定理 9.9** 设 k 和 n 是满足 $k \leqslant n$ 的自然数。对于具有 n 个元素的集合中所有含有 k 个元素的子集的数量 $\binom{n}{k}$ 可以表示为

$$\binom{n}{k} = \frac{n \cdot (n-1) \cdot \cdots \cdot (n-k+1)}{k!}$$

证明： 假设 T 是含有 n 个元素的集合 S 中的具有 k 个元素的子集。那么 T 中存在 $\begin{bmatrix} k \\ k \end{bmatrix}$ 个排列。因此，S 中 k 的排列数量等同于 S 中具有 k 个元素的子集的数量和对应的每个子集中排列数量的乘积，即

$$\begin{bmatrix} n \\ k \end{bmatrix} = \binom{n}{k} \cdot \begin{bmatrix} k \\ k \end{bmatrix}$$

由于 $\begin{bmatrix} k \\ k \end{bmatrix} = k!$，因此通过置换可得：

$$\binom{n}{k} = \frac{\begin{bmatrix} n \\ k \end{bmatrix}}{\begin{bmatrix} k \\ k \end{bmatrix}} = \frac{n \cdot (n-1) \cdot \cdots \cdot (n-k+1)}{k!}$$

■

根据上面的定理可得 $\binom{n}{0} = 1$，其中 $n \in \mathbb{N}$。对于负整数 k 则被定义为：$\binom{n}{k} = 0$。
二项式系数具有很多属性，在第 10 章中我们将会介绍其中的一些属性。

示例 9.10

(1) 由字母表 $\{0,1\}$ 中的元素构造：长度为 n 的，并且正好有 k 个位置为 1 的，其他位置为 0 的单词有多少个？

选择 k 个位置为 1 的情况对应于从所有位置为 $\{1,2,\cdots,n\}$ 的集合中选择一个含有 k 个元素的子集。因此，对应的数量为 $\binom{n}{k}$。

(2) 由字母表 $\{0,1,2\}$ 中的元素构造：长度为 n 的，并且正好有 k 个位置为 1 的单词有多少个？

这里也是选择 k 个值为 1，而其他位置的值不是 0 就是 2 的情况。也就是说，对于每个其他位置都存在 2 种可能性。因此，存在 $\binom{n}{k} \cdot 2^{n-k}$ 个满足条件的单词。

(3) 将 n 颗糖果分给 k 个孩子，让每个孩子至少可以得到一颗糖果，那么有多少种分法？

为了得到答案可以使用如下的方法：将所有的糖果如下排成一排：

位置	1	2	3	$\cdots$	$n-2$	$n-1$	n
	Ꝋ	Ꝋ	Ꝋ	Ꝋ	Ꝋ	Ꝋ	Ꝋ

然后让每个孩子按照顺序将糖果拿走。第一个孩子拿走了从 1 到 c_1 位置上的糖果，第二个孩子拿走从 c_1+1 到 c_2 位置上的糖果，以此类推。最后一个孩子最终将从 $c_{k-1}+1$ 到 n 位置上的糖果拿走。当然，每次必须留下足够多的糖果，以便后面的每个孩子都可以至少得到一颗糖果。现在的任务是，确定被选择从 c_1 到 c_{k-1} 位置的所有可能性。基于上述的条件，$k-1$ 个位置来自于 $\{1, 2, \cdots, n-1\}$。因此，存在 $\binom{n-1}{k-1}$ 种选择位置的可能性，以及将 n 颗糖果分发给 k 个孩子的可能性。

如果允许出现一些孩子拿不到糖果的情况又会是怎样的呢？也就是说，如果不是每个孩子都必须得到至少一颗糖果的情况呢？这种情况下，上面的推理就不能再次使用了。我们将其修改如下：一开始分发给每个孩子一颗糖果，接下来的分发与上面对已经存在的 $n+k$ 颗糖果的分配是一样的。这时，只得到一颗糖果的孩子事实上是那些没有拿到糖果的孩子。由于现在是被分发了 $n+k$ 颗糖果，因此存在 $\binom{n+k-1}{k-1}$ 中分配的可能性。

9.3 计算二项式系数

如果将二项式系数按照顺序记录下来，那么就可以得到著名的帕斯卡三角形，又称杨辉三角形，具体形式可以参见图 9.1。

n	$\binom{n}{0}$	$\binom{n}{1}$	$\binom{n}{2}$	$\binom{n}{3}$	$\binom{n}{4}$	$\binom{n}{5}$	$\binom{n}{6}$	$\binom{n}{7}$	$\cdots$
0	1								
1	1	1							
2	1	2	1						
3	1	3	3	1					
4	1	4	6	4	1				
5	1	5	10	10	5	1			
6	1	6	15	20	15	6	1		
7	1	7	21	35	35	21	7	1	
$\vdots$	$\vdots$	$\vdots$	$\vdots$	$\vdots$	$\vdots$	$\vdots$	$\vdots$	$\vdots$	$\ddots$

图 9.1 帕斯卡三角形

帕斯卡三角形充满了规律性。这里，我们只讨论其中的一部分。首先，我们可以看到在帕斯卡三角形中，每一项都是由其上面一行对应的两项之和给出。

n	$\binom{n}{0}$	$\binom{n}{1}$	$\binom{n}{2}$	$\binom{n}{3}$	$\binom{n}{4}$
0	1				
1	1	1			
2	1	2	1		
3	1	3	3	1	
4	1	4	6	4	1

这个性质会在下面被称为帕斯卡恒等式（帕斯卡法则）中给出。

■ **定理 9.10**　（帕斯卡恒等式）对于所有满足 $1 \leqslant k \leqslant n$ 的自然数 k 和 n，下面等式成立：

$$\binom{n}{k} = \binom{n-1}{k-1} + \binom{n-1}{k}$$

证明： 首先，我们从集合的解释角度来看这个等式：假设 A 一个非空的，并且具有 n 个元素的集合。我们需要从这个集合来构建子集。为此，我们从 A 中取出一个元素 a。$A - \{a\}$ 是一个具有 $(n-1)$ 个元素的集合。那么，A 中每个包含 a 的，并且具有 k 个元素的子集都含有 $A - \{a\}$ 中的 $k-1$ 个元素。这样的子集存在 $\binom{n-1}{k-1}$ 个。A 中每个不包含 a 的，并且具有 k 个元素的子集都含有 $A - \{a\}$ 中的 k 个元素。这样的子集存在 $\binom{n-1}{k}$ 个。因此，具有 k 个元素的子集的数量为 $\binom{n-1}{k-1}$ 和 $\binom{n-1}{k}$ 之和。

我们也可以用"纯粹的数学"等式来证明这个定理，即应用已知的对乘法和分数运算的规则来证明该定理，具体过程如下：

$$
\begin{aligned}
\binom{n}{k} &= \frac{n \cdot (n-1) \cdot \cdots \cdot (n-k+1)}{k!} \\
&= \frac{(k+n-k) \cdot (n-1) \cdot \cdots \cdot (n-k+1)}{k!} \\
&= \frac{k \cdot (n-1) \cdot \cdots \cdot (n-k+1)}{k!} + \frac{(n-k) \cdot (n-1) \cdot \cdots \cdot (n-k+1)}{k!} \\
&= \frac{(n-1) \cdot \cdots \cdot (n-k+1)}{(k-1)!} + \frac{(n-1) \cdot \cdots \cdot (n-k+1) \cdot (n-k)}{k!} \\
&= \binom{n-1}{k-1} + \binom{n-1}{k}
\end{aligned}
$$

帕斯卡恒等式提供了一种归纳定义二项式系数的方法。

基础：　(1) 对于所有自然数 n，$\binom{n}{0} = 1$ 都成立。

　　　　(2) 对于所有满足条件 $n < k$ 的自然数，下面等式成立：$\binom{n}{k} = 0$。

规则：   对于所有满足条件 $n \geqslant k \geqslant 1$ 的自然数 n 和 k，下面等式成立：

$$\binom{n}{k} = \binom{n-1}{k-1} + \binom{n-1}{k}$$

帕斯卡恒等式还可以被进一步推广。在行 $n+m$ 中的项可以由在行 m 和行 n 的项相乘计算得到。这种关系就是著名的范德蒙恒等式。

■ **定理 9.11**   （范德蒙恒等式）对于所有满足 $k \leqslant m$ 和 $n \leqslant m$ 条件的自然数 k、m 和 n，下面等式成立：

$$\binom{m+n}{k} = \sum_{i=0}^{k} \binom{m}{i} \cdot \binom{n}{k-i}$$

证明： 在这个定理中，对于计算部分的证明非常复杂。为此，我们再次从集合角度进行证明。$\binom{m+n}{k}$ 是一个具有 $(m+n)$ 个元素的集合 A 中的具有 k 个元素的子集的数量。将集合 A 划分为两个不相交的，并且并集为 A 的集合 B 和 C，对应的基数分别为 $|B| = m$ 和 $|C| = n$。A 中的每个具有 k 个元素的子集都是由 B 中的 i 个元素和 C 中的 $k-i$ 个元素组成，其中 $i \leqslant k$。因此，对于每个 i 存在 $\binom{m}{i} \cdot \binom{n}{k-i}$ 个 A 中具有 k 个元素的不同子集，即具有

$$\sum_{i=0}^{k} \binom{m}{i} \cdot \binom{n}{k-i}$$

个 A 中具有 k 个元素的子集的数量。   ■

这里可以很容易地看出，帕斯卡恒等式是范德蒙恒等式的一个特例。

由帕斯卡恒等式可以得出二项式系数的另一种归纳定义。首先，我们来计算 $\binom{4}{2}$ 这个例子。在 $\binom{4}{2} = \binom{3}{2} + \binom{3}{1}$ 等式中首先计算 $\binom{3}{2} = \binom{2}{2} + \binom{2}{1}$ 这个加数。然后使用相同的步骤计算这个等式中的第一个加数 $\binom{2}{2} = \binom{1}{2} + \binom{1}{1}$。这样就得到了如下等式：

$$\binom{4}{2} = \binom{3}{1} + \binom{2}{1} + \binom{1}{1}$$

因此，不在帕斯卡三角形第一列中的项给出了位于其左列中的所有项的和。

n	$\binom{n}{0}$	$\binom{n}{1}$	$\binom{n}{2}$	$\binom{n}{3}$	$\binom{n}{4}$
0	1				
1	1	1			
2	1	2	1		
3	1	3	3	1	
4	1	4	6	4	1

■ **定理 9.12** 对于所有自然数 k 和 n,下列等式成立:

$$\binom{n+1}{k+1} = \sum_{i=0}^{n} \binom{i}{k}$$

证明: 这个定理使用集合角度进行证明并不是很容易。因此,我们只使用计算证明。我们通过对应 n 的归纳法进行证明。

- 归纳基础: $n = 0$。

$$\sum_{i=0}^{0} \binom{i}{k} = \binom{0}{k} = \left\{ \begin{array}{l} 1, \text{ 如果 } k = 0 \\ 0, \text{ 如果 } k \geqslant 1 \end{array} \right\} = \binom{1}{k+1}$$

- 归纳假设: 假设该命题适用于所有自然数 n。
- 归纳递推:

$$\sum_{i=0}^{n+1} \binom{i}{k} = \binom{n+1}{k} + \sum_{i=0}^{n} \binom{i}{k}$$

$$= \binom{n+1}{k} + \binom{n+1}{k+1} \quad \text{(根据归纳假设)}$$

$$= \binom{n+2}{k+1} \quad \text{(根据帕斯卡恒等式)} \qquad ■$$

根据上面所述的归纳步骤,我们最终获得了基础值为 $\binom{n}{0} = 1$(对于所有的 $n \geqslant 0$)的二项式系数的第三个归纳定义。由于帕斯卡三角形是对称的,因此可以通过对一个对角线中的项求和来给出一个对应的求和公式。

n	$\binom{n}{0}$	$\binom{n}{1}$	$\binom{n}{2}$	$\binom{n}{3}$	$\binom{n}{4}$
0	1				
1	1	1			
2	1	2	1		
3	1	3	3	1	
4	1	4	6	4	1

■ **定理 9.13** 对于所有满足 $k \leqslant n$ 条件的自然数 k 和 n,下面等式成立:

$$\binom{n+1}{k} = \sum_{i=0}^{n} \binom{n-i}{k-i}$$

证明： 这里，我们通过对应 n 的数学归纳法进行证明。

- 归纳基础：$n = 0$。

$$\binom{1}{0} = 1 = \binom{0}{0} = \sum_{i=0}^{0} \binom{0-i}{k-i}$$

- 归纳假设：假设该命题对于所有的自然数 n 都成立。
- 归纳递推：

$$\binom{n+2}{k} = \binom{n+1}{k-1} + \binom{n+1}{k} \qquad \text{(根据帕斯卡恒等式)}$$

$$= \sum_{i=0}^{n} \binom{n-i}{(k-1)-i} + \binom{n+1}{k} \quad \text{(根据归纳假设)}$$

$$= \sum_{i=0}^{n} \binom{n-i}{k-(i+1)} + \binom{n+1}{k}$$

$$= \sum_{i=1}^{n+1} \binom{n+1-i}{k-i} + \binom{n+1-0}{k-0}$$

$$= \sum_{i=0}^{n+1} \binom{n+1-i}{k-i} \qquad\qquad\qquad \blacksquare$$

帕斯卡三角形的每一行都包含两个加数和的幂的所有系数，因此被称为二项式系数。

■ **定理 9.14** （二项式定理）对于所有的自然数 n，下面等式都成立：

$$(x+y)^n = \sum_{j=0}^{n} \binom{n}{j} \cdot x^{n-j} \cdot y^{j}$$

证明： 该等式另一种写法为：$(x+y)^n = \underbrace{(x+y) \cdot \cdots \cdot (x+y)}_{n\text{次}}$，即 n 个 $(x+y)$ 相乘。相乘后给出了一个形式为 $x \cdot x \cdot x \cdot \cdots \cdot y \cdot y$ 相乘的和。这些加数每一个都是从 n 个因子 $(x+y)$ 中获得的 x 或者 y 产生的。因此，每个加数对应一个 $\{1, 2, \cdots, n\}$ 的子集，其包含被选择的 y 的因子数，即

$$(x+y)^n = \sum_{A \subseteq \{1,2,\cdots,n\}} \left(\prod_{i \in \{1,2,\cdots,n\}-A} x \cdot \prod_{i \in A} y \right) = \sum_{A \subseteq \{1,2,\cdots,n\}} x^{n-\sharp A} \cdot y^{\sharp A}$$

在这个加和中，只出现了索引集合中元素的数量，并没有出现各个元素本身。因此，我们可以将这些数量加起来：

$$\sum_{A \subseteq \{1,2,\cdots,n\}} x^{n-\sharp A} \cdot y^{\sharp A} = \sum_{j=0}^{n} \left(\sum_{A \subseteq \{1,2,\cdots,n\}, \sharp A=j} x^{n-j} \cdot y^{j} \right)$$

由于 $\{1,2,\cdots,n\}$ 中存在 $\binom{n}{j}$ 个 j 元素的子集，并且对于每个子集的和都是相同的，因此可得：

$$\sum_{j=0}^{n} \sum_{A \subseteq \{1,2,\cdots,n\}, \sharp A=j} x^{n-j} \cdot y^{j} = \sum_{j=0}^{n} \binom{n}{j} \cdot x^{n-j} \cdot y^{j}$$

■

因此，$(x+y)^n$ 的系数可以从帕斯卡三角形的第 n 行获得。例如，

$$(x+y)^5 = 1x^5 + 5x^4y + 10x^3y^2 + 10x^2y^3 + 5xy^4 + 1y^5$$

现在，我们可以很容易地看出帕斯卡三角形一行中的所有项之和可以用 0 替代。

n	$\binom{n}{0}$ $\binom{n}{1}$ $\binom{n}{2}$ $\binom{n}{3}$ $\binom{n}{4}$	
0	1	
1	$1 - 1$	$= 0$
2	$1 - 2 + 1$	$= 0$
3	$1 - 3 + 3 - 1$	$= 0$
4	$1 - 4 + 6 - 4 + 1$	$= 0$

■ **定理 9.15** 对于所有自然数 n，下面等式成立：

$$\sum_{i=0}^{n} (-1)^i \cdot \binom{n}{i} = 0$$

证明: 根据定理 9.14 可以直接得到：

$$0 = ((-1)+1)^n = \sum_{i=0}^{n} \binom{n}{i} \cdot (-1)^i \cdot 1^{n-i}$$

$$= \sum_{i=0}^{n} \binom{n}{i} \cdot (-1)^i$$

■

我们可以看出，$\{0,1\}$ 上长度为 n 的，并且正好含有 k 个 1 的单词有 $\binom{n}{k}$ 个。由于每个长度为 n 的单词要么含有 0 个 1，要么含有 1 个 1，要么含有 2 个 1，$\cdots$，要么含有 n 个 1。因此，$\{0,1\}$ 上所有长度为 n 的单词数量是 $\sum_{i=0}^{n} \binom{n}{i}$。这在前面我们已经作为 2^n 考虑过了。

n	$\binom{n}{0}$ $\binom{n}{1}$ $\binom{n}{2}$ $\binom{n}{3}$ $\binom{n}{4}$	
0	1	$= 2^0$
1	$1 + 1$	$= 2^1$
2	$1 + 2 + 1$	$= 2^2$
3	$1 + 3 + 3 + 1$	$= 2^3$
4	$1 + 4 + 6 + 4 + 1$	$= 2^4$

■ **定理 9.16** 对于所有自然数 n，下面等式成立：

$$\sum_{i=0}^{n} \binom{n}{i} = 2^n$$

证明： 根据定理 9.14 可得：

$$(1+1)^n = \sum_{i=0}^{n} \binom{n}{i} \cdot 1^{n-i} \cdot 1^i$$

$$= \sum_{i=0}^{n} \binom{n}{i}$$

由于 $2^n = (1+1)^n$，因此该定理成立。 ■

值得注意的是，也可以用负整数 n 定义二项式系数。在定理 9.9 中如果放弃 $k \leqslant n$ 这个前提条件，那么可以得到 $\binom{-2}{3} = \dfrac{(-2) \cdot (-3) \cdot (-4)}{1 \cdot 2 \cdot 3} = -4$。虽然不能从集合角度给出子集数量的解释，但是这样考虑二项式系数是合理的，并且对很多应用是很重要的。

■ **定理 9.17** 对于所有的自然数 r 和 k，下面等式成立：

$$\binom{r}{k} = (-1)^k \cdot \binom{k-r-1}{k}$$

证明： 证明流程如下：

$$\binom{r}{k} = \frac{r \cdot (r-1) \cdot \cdots \cdot (r-k+1)}{k!}$$

$$= \frac{(-1) \cdot (-r) \cdot (-1) \cdot (1-r) \cdot \cdots \cdot (-1) \cdot (k-r-1)}{k!}$$

$$= \frac{(-1)^k \cdot (k-r-1) \cdot \cdots \cdot (1-r) \cdot (-r)}{k!}$$

$$= (-1)^k \cdot \binom{k-r-1}{k}$$

■

为了准确地确定二项式系数，必须计算较大乘积的商。如果使用计算机辅助，那么很快就会出现用于算术运算和缓存的磁盘空间不够用了情况。因此，人们更愿意使用斯特林公式（Stirling's approximation）。该公式提供了阶乘方程的近似估算。

■ **定理 9.18** （斯特林公式）对于所有的自然数 n，下面公式成立：

$$\sqrt{2\pi n} \cdot \left(\frac{n}{e}\right)^n \leqslant n! \leqslant \sqrt{2\pi n} \cdot \left(\frac{n}{e}\right)^n \cdot e^{\frac{1}{12n}}$$

斯特林公式也为 $\binom{n}{k}$ 提供了一个简单的近似估算。

□ **推论 9.2** 对于所有的自然数 n 和 k，下面公式成立：

$$\left(\frac{n}{k}\right)^k \leqslant \binom{n}{k} \leqslant \left(\frac{e \cdot n}{k}\right)^k$$

证明： 为了证明第一个不等式，我们要注意：$\frac{n}{k} \leqslant \frac{n-a}{k-a}$。因此可以得到：

$$\binom{n}{k} = \frac{n \cdot (n-1) \cdot \cdots \cdot (n-k+1)}{1 \cdot 2 \cdot \cdots \cdot k}$$

$$= \frac{n}{k} \cdot \frac{n-1}{k-1} \cdot \frac{n-2}{k-2} \cdot \cdots \cdot \frac{n-k+1}{1}$$

$$\geqslant \frac{n}{k} \cdot \frac{n}{k} \cdot \frac{n}{k} \cdot \cdots \cdot \frac{n}{k}$$

$$= \left(\frac{n}{k}\right)^k$$

通过斯特林公式可以给出 $\left(\frac{k}{e}\right)^k \leqslant k!$，并且得到：

$$\binom{n}{k} = \frac{n \cdot (n-1) \cdot \cdots \cdot (n-k+1)}{k!}$$

$$\leqslant \frac{n^k}{k!} \leqslant n^k \cdot \left(\frac{e}{k}\right)^k = \left(\frac{e \cdot n}{k}\right)^k$$

■

第 10 章　离散概率论

离散概率论主要研究的是概率的计算。这种概率为随机事件提供了一个确定的结果。概率的计算可以通过记录事件空间的特定子集中的（标准化的）元素个数来实现。本章我们将讨论随机试验的基本概念和典型种类。

离散概率论的研究离不开博彩业的推动。例如，在德国乐透（Lotto）彩票中，随机试验可描述为对从容器中抽取指定数量的数字球的大量重复观测。这种试验往往会产生非常多的结果。借助离散随机学，人们可以计算出正确挑中中奖数字序列的概率。19 世纪时，法国科学家拉普拉斯定义事件的概率为试验中输出为正的实验次数和所有试验次数的比例。

10.1　随机试验和概率

在随机实验中，单次的随机试验得到的结果是不可预测的，那些可能出现的结果被称为基本事件。

> **示例 10.1**
>
> (1) 在掷硬币的随机试验中，可能出现两种基本事件：要么是"头像"朝上，要么是"数字"朝上。
>
> (2) 在掷骰子的随机试验中，可能出现 6 种基本事件：要么掷出一个 1，要么掷出一个 2，$\cdots$，要么掷出一个 6。
>
> (3) "49 选 6"的乐透彩票对应的事件是集合 $\{1, 2, \cdots, 49\}$ 中所有含有 6 个元素的子集。因此，这种彩票的选择对应 $\binom{49}{6}$ 个不同的基本事件。

在随机试验中，所有的基本事件的集合构成了该随机试验的基本事件空间，又称为样本空间。

▲ **定义 10.1**　一个可数的集合 S 称为基本事件空间。

> **示例 10.2**
>
> (1) 随机试验"掷硬币"的基本事件空间为：$\{$头像, 数字$\}$。
>
> (2) 随机试验"掷骰子"的基本事件空间为：$\{1, 2, 3, 4, 5, 6\}$。

(3) 随机试验 "49 选 6" 的乐透彩票的基本事件空间为

$$\{\{1,2,3,4,5,6\},\{1,2,3,4,5,7\},\cdots,\{44,45,46,47,48,49\}\}$$

在乐透彩票 "49 选 6" 的随机试验中，一个基本事件是一次 6 个数字的特定选择。而一个事件则可以由若干个基本事件组成。

▲ **定义 10.2** 设 S 是一个事件空间，那么 S 的一个子集 $E\,(E \subseteq S)$ 称为事件。

示例 10.3

(1) 在掷骰子随机试验中，掷出来为偶数的事件就是基本事件空间 $\{1,2,3,4,5,6\}$ 中的子集 $\{2,4,6\}$。

(2) 在投掷两个骰子的随机试验中，事件空间包含所有基本事件的有序对的所有的可能组合，即

$$\{1,2,\cdots,6\} \times \{1,2,\cdots,6\} = \{(1,1),(1,2),\cdots,(1,6),(2,1),\cdots,(6,6)\}$$

这些有序对中和为 7 的事件是子集：

$$\{(1,6),(2,5),(3,4),(4,3),(5,2),(6,1)\}$$

(3) 结果为 $\{2,3,6,11,19,22\}$ 的乐透彩票随机试验中，正好抽中 5 个正确数字的事件是子集：

$$\begin{array}{cccc} \{\{\underline{1},3,6,11,19,22\}, & \{\underline{4},3,6,11,19,22\}, & \cdots & \{\underline{49},3,6,11,19,22\}, \\ \vdots & \vdots & \vdots & \vdots \\ \{2,\underline{1},6,11,19,22\}, & \{2,\underline{4},6,11,19,22\}, & \cdots & \{2,\underline{49},6,11,19,22\}, \\ \vdots & \vdots & \vdots & \vdots \\ \{2,3,6,11,19,\underline{1}\}, & \{2,3,6,11,19,\underline{4}\}, & \cdots & \{2,3,6,11,19,\underline{49}\} \quad \} \end{array}$$

每个事件的发生都可描述为大小在 0 和 1 之间的概率：

(1) 概率为 0 的事件表示在随机试验中从来不会出现的结果。每个事件都具有大于或者等于 0 的概率。

(2) 概率为 1 的事件表示在随机试验中总是会得到的结果。因此，整个事件空间的概率等于 1。

(3) 一个事件发生的概率是其所有基本事件概率的总和。

描述每个事件在事件空间上的概率，并满足上面三个条件的函数称为概率分布函数。

▲ **定义 10.3**　设 S 是一个事件空间。概率分布是一个具有以下性质的函数 Prob：$P(S) \to \mathbb{R}$：

(1)　对于每个事件 $E \subseteq S$，都有 $\mathrm{Prob}(E) \geqslant 0$。

(2)　$\mathrm{Prob}(S) = 1$。

(3)　对于每个事件 $E \subseteq S$，等式 $\mathrm{Prob}(E) = \sum\limits_{e \in E} \mathrm{Prob}(\{e\})$ 成立。

示例 10.4

在掷硬币的随机试验中，基本事件空间为 {头像, 数字}。这里，我们假设一个硬币是公平的，即在这个随机试验中可能出现的两个基本事件："头像" 和 "数字" 具有相同的概率。对应的概率分布函数如下：

E	$\varnothing$	{头像}	{数字}	{头像, 数字}
$\mathrm{Prob}(E)$	0	$\dfrac{1}{2}$	$\dfrac{1}{2}$	1

该函数给出了一个用公平硬币进行的随机试验的概率分布。

现在，我们可以通过为基本事件分配大于或者等于 0 的概率来确定概率分布函数。而使用这种方式分配的所有基本事件概率的总和等于 1。因此，满足定义 10.3 中的 (1) 和 (2) 两个条件。最后，概率分布函数将非基本事件定义为其所包含的所有基本事件概率的和。因此，也满足了定义 10.3 中的条件 (3)。

■ **定理 10.1**　设 S 是一个事件空间，并且函数 $P : S \to \mathbb{R}$ 具有如下性质：

(I)　对于每个基本事件 $e \in S$，$P(e) \geqslant 0$ 都成立，并且

(II)　$\sum\limits_{e \in S} P(e) = 1$。

如果将函数 $\mathrm{Prob} : P(S) \to \mathbb{R}$ 定义为 $\mathrm{Prob}(E) = \sum\limits_{e \in E} P(e)$，其中 $E \subseteq S$。那么，Prob 是 S 的概率分布函数。

　　证明：这里，我们必须证明函数 Prob 满足概率分布函数定义中的三个性质。

(1)　性质：通过 P 的性质 (I) 和 Prob 的定义可以得到：对于每个事件 $E \subseteq S$，$\mathrm{Prob}(E) = \sum\limits_{e \in E} P(e) \geqslant 0$。

(2)　性质: 通过 P 的性质 (II) 和 Prob 的定义可以得到: $\text{Prob}(S) = \sum\limits_{e \in S} P(e) = 1$。

(3)　性质: 根据 Prob 的定义可知: 对于每个基本事件 $e \in S$, $P(e) = \text{Prob}(\{e\})$ 成立。也就是说, 对于每个事件 $E \subseteq S$, $\sum\limits_{e \in E} P(e) = \sum\limits_{e \in E} \text{Prob}(\{e\})$ 成立。因此 $\text{Prob}(E) = \sum\limits_{e \in E} \text{Prob}(\{e\})$ 成立。　　　　　　　■

示例 10.5

(1)　在掷骰子的随机试验中, 事件空间 S 是由所有可能观察到的数字组成的, 即 $S = \{1, 2, 3, 4, 5, 6\}$。我们假设每个观察到的数字都具有相同的概率。由于 S 是由 $\sharp S = 6$ 个基本事件组成的, 因此对应的每个概率为 $\dfrac{1}{\sharp S} = \dfrac{1}{6}$。这样就可以给出如下基本事件的概率分布图:

e	1	2	3	4	5	6
$\text{Prob}(\{e\})$	$\dfrac{1}{6}$	$\dfrac{1}{6}$	$\dfrac{1}{6}$	$\dfrac{1}{6}$	$\dfrac{1}{6}$	$\dfrac{1}{6}$

从上面的概率分布图中可以看出: 每个基本事件的概率都大于或者等于 0, 并且所有基本事件概率的总和为 1。根据定理 10.1 可知: Prob 是 S 上的概率分布函数。现在, 我们来计算非基本事件的概率。假设, 那些观察数字为偶数的事件是 $E = \{2, 4, 6\}$。因此, $\text{Prob}(\{2, 4, 6\})$ 的概率是基本事件 2、4 和 6 的概率之和:

$$\text{Prob}(\{2, 4, 6\}) = \text{Prob}(\{2\}) + \text{Prob}(\{4\}) + \text{Prob}(\{6\}) = \dfrac{1}{2}$$

(2)　在投掷两个骰子的随机试验中, 事件空间 S 是由所有可能被观察到的数字对组成的, 即

$$S = \{1, 2, 3, 4, 5, 6\} \times \{1, 2, 3, 4, 5, 6\}$$

因此, 该随机试验一共会出现 $6^2 = 36$ 个基本事件。我们假设每个基本事件都具有相同的概率。根据定理 10.1, 形式为 $\text{Prob}(e) = \dfrac{1}{36}$ 的函数 Prob 对于 S 中的所有基本事件是一个概率分布。其中, 每次投掷观察到的数字和为 7 的事件的概率为

$$\text{Prob}\big(\{(1, 6), (2, 5), (3, 4), (4, 3), (5, 2), (6, 1)\}\big) = 6 \cdot \dfrac{1}{36} = \dfrac{1}{6}$$

根据定义 10.3 可以推导出概率分布函数的其他性质。这些性质可以很容易地进行证明, 正如我们在集合论中学习到的那样。

■ **定理 10.2** 设函数 Prob 是关于事件空间 S 的概率分布函数。A 和 B 是 S 中的事件。那么下面的结论成立：

(1) 当事件 A 和 B 是不相交的，那么 $\mathrm{Prob}(A \cup B) = \mathrm{Prob}(A) + \mathrm{Prob}(B)$。

(2) 如果 $A \subseteq B$，那么 $\mathrm{Prob}(A) \leqslant \mathrm{Prob}(B)$。

(3) 当 $\overline{A} = S - A$，那么 $\mathrm{Prob}(A) = 1 - \mathrm{Prob}(\overline{A})$。

(4) $\mathrm{Prob}(\varnothing) = 0$。

证明：

(1) 假设 A 和 B 是两个不相交的事件，那么 $\mathrm{Prob}(A) = \sum_{e \in A} \mathrm{Prob}(\{e\})$，$\mathrm{Prob}(B) = \sum_{e \in B} \mathrm{Prob}(\{e\})$。即 $\mathrm{Prob}(A \cup B) = \sum_{e \in A \cup B} \mathrm{Prob}(\{e\}) = \sum_{e \in A} \mathrm{Prob}(\{e\}) + \sum_{e \in B} \mathrm{Prob}(\{e\}) = \mathrm{Prob}(A) + \mathrm{Prob}(B)$。

(2) 假设 $A \subseteq B$。如果 $A = B$，那么 $\mathrm{Prob}(A) = \mathrm{Prob}(B)$。如果 $A \subset B$，那么存在一个事件 C，满足 $C = B - A$。由于 $\mathrm{Prob}(B) = \mathrm{Prob}(A) + \mathrm{Prob}(C)$，并且 $\mathrm{Prob}(C) \geqslant 0$，因此可得 $\mathrm{Prob}(A) \leqslant \mathrm{Prob}(B)$。

(3) 由于 $S = A \cup \overline{A}$，因此 $\mathrm{Prob}(S) = \mathrm{Prob}(A) + \mathrm{Prob}(\overline{A})$。由于 $\mathrm{Prob}(S) = 1$，那么可得：$1 = \mathrm{Prob}(A) + \mathrm{Prob}(\overline{A})$，即 $\mathrm{Prob}(A) = 1 - \mathrm{Prob}(\overline{A})$。

(4) 由于 $\varnothing = \overline{S}$ 和 $\mathrm{Prob}(S) = 1$，可得 $\mathrm{Prob}(S) = 1 - \mathrm{Prob}(\varnothing)$，因此，$\mathrm{Prob}(\varnothing) = 0$。 ■

示例 10.6

(1) 在乐透彩票 "49 选 6" 的随机试验中，事件空间 S 是集合 $\{1, 2, \cdots, 48, 49\}$ 中所有由 6 个元素组成的子集的集合。我们假设每个基本事件 $e \in S$ 都具有相同的概率，即 $\mathrm{Prob}(\{e\}) = \dfrac{1}{\binom{49}{6}}$。现在，根据在定义 10.3 中的条件 (3)，我们想要计算出所抽取的数字中含有数字 2 的概率，即 $\mathrm{Prob}(\{E \mid E \subseteq S, 2 \in E\})$。根据定理 10.2 可得：

$$\mathrm{Prob}(\overline{E}) = 1 - \mathrm{Prob}(E)$$

其中，$\overline{E} = S - E$，即

$$\mathrm{Prob}(\{E \mid E \subseteq S, 2 \in E\}) = 1 - \mathrm{Prob}(\{E \mid E \subseteq S, 2 \notin E\})$$

这里可以很容易地确定 $\{E \mid E \subseteq S, 2 \notin E\}$ 的概率。因为 $\{E \mid E \subseteq S, 2 \notin E\}$ 是减去基本事件 2 的事件空间 $S - \{2\} = \{1, 3, 4, \cdots, 49\}$ 中所有由 6 个元素组成的子集的集合，即

$$\text{Prob}(\{E \mid E \subseteq S, 2 \notin E\})$$

$$= \frac{\sharp(\{1,3,4,\cdots,49\} \text{ 中所有由 6 个元素组成的子集的集合})}{\sharp S}$$

$$= \frac{\binom{48}{6}}{\binom{49}{6}} = \frac{43}{49}$$

因此，在抽取 6 个数字的随机试验中，抽到 2 这个数字的概率是

$$\text{Prob}(\{E \mid E \subseteq S, 2 \in E\}) = 1 - \frac{43}{49} = \frac{6}{49}$$

(2) 在投掷公平硬币的随机试验中，可以得到事件空间 $S = \{\text{头像}, \text{数字}\}$ 和对应的概率分布函数 $\text{Prob}(\{\text{头像}\}) = \text{Prob}(\text{数字}) = \frac{1}{2}$。如果连续投掷 n 个硬币，那么对应的事件空间是由长度为 n 的所有"头像"和"数字"序列对组成，即

$$S^n = \underbrace{\{\text{头像}, \text{数字}\} \times \{\text{头像数字}\} \times \cdots \times \{\text{头像}, \text{数字}\}}_{n \text{ 次}}$$

由于 $\sharp S^n = 2^n$，并且每个被投掷出来的序列对都具有相同的概率，因此对应的概率分布函数为

$$\text{Prob}(\{e\}) = \frac{1}{2^n}, \quad \text{对应每个基本事件 } e \in S^n$$

我们观察在 n 次投掷中正好出现 j 次头像的事件 A_j，即

$$A_j = \{w \in S^n \mid w \text{ 正好包含 } j \text{ 次 头像}\}$$

A_j 中基本事件的数量为 $\sharp A_j = \binom{n}{j}$。因此，事件 A_j 的概率为

$$\text{Prob}(A_j) = \binom{n}{j} \cdot \frac{1}{2^n}$$

现在，我们来看在 n 次投掷硬币过程中出现头像的次数刚好为偶数的事件 B，即

$$B = \{e \mid e \in S^n, \text{ 在 } e \text{ 中出现头像的数量为偶数}\}$$

事件 B 是具有偶数头像 j 的 A_j 的并集，即

$$B = A_0 \cup A_2 \cup A_4 \cup \cdots \cup A_{2 \cdot \lfloor \frac{n}{2} \rfloor}$$

由于所有的 A_j 两两间都是不相交的，因此根据定理 10.2 可知，B 的概率等于所有 j 为偶数的 A_j 的概率之和，即

$$\text{Prob}(B) = \sum_{i=0}^{\lfloor \frac{n}{2} \rfloor} \text{Prob}(A_{2 \cdot i}) = \sum_{i=0}^{\lfloor \frac{n}{2} \rfloor} \binom{n}{2i} \cdot \frac{1}{2^n}$$

根据定理 9.15 可得：

$$\sum_{i=0}^{n}(-1)^i \cdot \binom{n}{i} = \binom{n}{0} - \binom{n}{1} + \binom{n}{2} - \cdots \pm \binom{n}{n} = 0$$

其中，带有负号的二项式系数之和等于带有正号的二项式系数之和。如果 n 是偶数，那么可表示为

$$\binom{n}{0} + \binom{n}{2} + \cdots + \binom{n}{n-2} + \binom{n}{n} = \binom{n}{1} + \binom{n}{3} + \cdots + \binom{n}{n-3} + \binom{n}{n-1}$$

如果 n 是奇数，那么可表示为

$$\binom{n}{0} + \binom{n}{2} + \cdots + \binom{n}{n-3} + \binom{n}{n-1} = \binom{n}{1} + \binom{n}{3} + \cdots + \binom{n}{n-2} + \binom{n}{n}$$

为了能够将这两种情况准确地写入一个等式中，我们使用一种新的表示法。使用 $\lfloor \frac{n}{2} \rfloor$ 表示小于或者等于 $\frac{n}{2}$ 的最大整数。例如，$\lfloor \frac{6}{2} \rfloor = 3$ 和 $\lfloor \frac{7}{2} \rfloor = 3$。如果 n 是偶数，那么 $2 \cdot \lfloor \frac{n}{2} \rfloor = n$；如果 n 是奇数，那么 $2 \cdot \lfloor \frac{n}{2} \rfloor + 1 = n$。

由于 $\binom{n}{n+1} = 0$，因此我们可以将两个等式表示为一个等式：

$$\underbrace{\binom{n}{0} + \binom{n}{2} + \cdots + \binom{n}{2 \cdot \lfloor \frac{n}{2} \rfloor}}_{= \sum\limits_{i=0}^{\lfloor \frac{n}{2} \rfloor} \binom{n}{2i}} = \underbrace{\binom{n}{1} + \binom{n}{3} + \cdots + \binom{n}{2 \cdot \lfloor \frac{n}{2} \rfloor + 1}}_{= \sum\limits_{i=0}^{\lfloor \frac{n}{2} \rfloor} \binom{n}{2i+1}}$$

由于 $\sum\limits_{i=0}^{\lfloor \frac{n}{2} \rfloor} \binom{n}{2i} + \sum\limits_{i=0}^{\lfloor \frac{n}{2} \rfloor} \binom{n}{2i+1} = \sum\limits_{i=0}^{n} \binom{n}{i} = 2^n$（定理 9.16），因此可得：

$$\sum_{i=0}^{\lfloor \frac{n}{2} \rfloor} \binom{n}{2i} = \sum_{i=0}^{\lfloor \frac{n}{2} \rfloor} \binom{n}{2i+1} = \frac{1}{2} \cdot 2^n = 2^{n-1}$$

综上所述可得：

$$\mathrm{Prob}(B) = \frac{2^{n-1}}{2^n} = \frac{1}{2}$$

(3)　现在，我们来讨论所谓的生日悖论问题。生日悖论是说：如果举办一次聚会，那么需要邀请多少位客人才能实现其中至少有两位客人的生日相同的概率至少为 $\frac{1}{2}$。

为简单起见，我们不邀请生日为 2 月 29 日的客人。也就是说，我们只考虑一年有 $d = 365$ 天的情况。我们还假设：问题中作为生日的每一天都具有相同的出现概率。

假设 $x_1, \cdots, x_k$ 是我们邀请的 k 位客人。每位客人都对应一个生日。假设事件空间 S 是所有 k 个数字序列的集合。其中，这些数字是由 k 位客人的生日组成的：

$$S = \underbrace{\{1, 2, \cdots, d\} \times \{1, 2, \cdots, d\} \times \cdots \times \{1, 2, \cdots, d\}}_{k \text{ 次}}$$

在这个序列中，第 i 个元素代表客人 x_i 的生日。根据乘法法则（定理 9.2），S 中基本事件的数量是 $\sharp S = d^k$。

题目中需要考虑的事件 E 是 S 中那些至少出现两次相同生日的所有序列的集合。为了确定 E 的概率，我们可以首先计算其补集的概率，即所有具有不同生日客人的事件概率为

$$\text{Prob}(E) = 1 - \text{Prob}(\overline{E})$$

事件 $\overline{E}$ 是由 S 中没有同一天生日的所有序列的集合组成，是 $\{1, 2, \cdots, d\}$ 中所有 k 排列的集合。根据定义 9.2，这样的集合有 $\begin{bmatrix} d \\ k \end{bmatrix}$ 个，即 $\sharp \overline{E} = \begin{bmatrix} d \\ k \end{bmatrix}$。同时，根据定理 9.8 可得：$\begin{bmatrix} d \\ k \end{bmatrix} = d \cdot (d-1) \cdot \cdots \cdot (d-k+1)$。因此，如下等式成立：

$$
\begin{aligned}
\text{Prob}(\overline{E}) &= \frac{\sharp \overline{E}}{\sharp S} \\[2mm]
&= \frac{\begin{bmatrix} d \\ k \end{bmatrix}}{d^k} & \left(\text{由于 } \sharp \overline{E} = \begin{bmatrix} d \\ k \end{bmatrix}\right) \\[2mm]
&= \frac{d \cdot (d-1) \cdot \cdots \cdot (d-k+1)}{d^k} & (\text{根据定理 9.8})
\end{aligned}
$$

这样就得到等式：

$$\text{Prob}(E) = 1 - \frac{d \cdot (d-1) \cdot \cdots \cdot (d-k+1)}{d^k}$$

如果我们想要知道什么时候 $\text{Prob}(E) \geqslant \frac{1}{2}$，那么我们必须找到一个 k，使得等式右边大于或者等于 $\frac{1}{2}$。而在 $d = 365$ 的时候，$k \geqslant 23$ 就满足条件！也就是说，如果我们邀请至少 23 位客人来聚会，那么我们就有至少 $\frac{1}{2}$ 的概率可以确定这些客人中至少有两位客人具有相同的生日。

如果我们在火星上举办聚会，那么按照火星一年 669 天的情况，我们必须至少邀请 31 位客人才能满足上面问题的条件。

10.2　条件概率

在掷硬币的随机试验中，如果知道了至少有一个硬币出现的是"头像"，那么两个硬币都出现"头像"的概率是多少？在这种条件下，观察到的事件空间会缩小。这时，事件空间不再是由两个硬币产生的所有可能事件组成，而是由至少有一个"头像"的事件组成。因此，在这种情况下事件空间不再是由 4 个，而是由 3 个相同概率的事件组成。所以，两个硬币都出现"头像"的概率为 $\dfrac{1}{3}$。

▲　**定义 10.4**　在事件 B 发生的条件下，事件 A 发生的概率为

$$\mathrm{Prob}(A|B) = \frac{\mathrm{Prob}(A \cap B)}{\mathrm{Prob}(B)}$$

示例 10.7

在上面讨论的投掷两枚硬币，其中至少有一枚出现的是"头像"的问题中，事件空间为

$$S = \{头像, 头像), (头像, 数字), (数字, 头像), (数字, 数字)\}$$

观察到的事件 A 和 B 分别为

$$A = \{(头像, 数字)\} \text{ 和 } B = \{(头像, 数字), (数字, 头像), (头像, 头像)\}$$

根据每个 $w \in S$ 的 $\mathrm{Prob}(w) = \dfrac{1}{4}$ 可得：

$$\mathrm{Prob}(A|B) = \frac{\mathrm{Prob}(A \cap B)}{\mathrm{Prob}(B)} = \frac{\mathrm{Prob}(A)}{\mathrm{Prob}(B)} = \frac{1}{3}$$

这里，我们可以看出在 B 发生的前提下，事件 A 发生的概率增大了。因此在这个示例中，事件 A 的概率受到了事件 B 概率的影响。

但是，不同的事件概率并非在所有的情况下都会有影响力。

▲　**定义 10.5**　两个事件 A 和 B 称为是相互独立的，如果满足：

$$\mathrm{Prob}(A \cap B) = \mathrm{Prob}(A) \cdot \mathrm{Prob}(B)$$

这时，$\mathrm{Prob}(A|B) = \mathrm{Prob}(A)$。

示例 10.8

(1)　在掷硬币的随机试验中，我们可以观察到两个事件：$A =$ "第一个硬币是头像"和 $B =$ "两个硬币的结果不同"。由于 $\mathrm{Prob}(A) = \dfrac{1}{2}$，同时 $\mathrm{Prob}(B) = \dfrac{1}{2}$。因此

$\mathrm{Prob}(A) \cdot \mathrm{Prob}(B) = \dfrac{1}{4}$。而事件 $A \cap B$ 是"第一个硬币是头像，并且两个硬币的结果不同"。因此，$\mathrm{Prob}(A \cap B) = \dfrac{1}{4}$。汇总之后就可得等式：$\mathrm{Prob}(A) \cdot \mathrm{Prob}(B) = \mathrm{Prob}(A \cap B)$ 成立，即事件 A 和 B 是相互独立的。

(2) 同上，我们还是在掷硬币的随机试验中观察到两个事件：$A =$ "两个硬币都是头像"和 $B =$ "至少一个硬币是头像"。由于 $\mathrm{Prob}(A) = \dfrac{1}{4}$，而 $\mathrm{Prob}(A|B) = \dfrac{1}{3}$。因此，这两个事件不是相互独立的。

通过条件概率的定义可得等式：

$$\mathrm{Prob}(A \cap B) \;=\; \mathrm{Prob}(B) \cdot \mathrm{Prob}(A|B)$$

和

$$\mathrm{Prob}(A \cap B) \;=\; \mathrm{Prob}(B \cap A) \;=\; \mathrm{Prob}(A) \cdot \mathrm{Prob}(B|A)$$

成立。综上可得如下等式成立：

$$\mathrm{Prob}(B) \cdot \mathrm{Prob}(A|B) \;=\; \mathrm{Prob}(A) \cdot \mathrm{Prob}(B|A)$$

通过转换，我们可以得到著名的贝叶斯定理。

■ **定理 10.3** （贝叶斯定理）设 A 和 B 是两个事件，那么如下等式成立：

$$\mathrm{Prob}(A|B) = \frac{\mathrm{Prob}(A) \cdot \mathrm{Prob}(B|A)}{\mathrm{Prob}(B)}$$

示例 10.9

我们有一个公平的硬币，即投掷出"头像"或者"数字"的概率是相同的。还有一个不公平的硬币，这个硬币在投掷的时候总是出现"头像"。现在，我们来进行下面的随机试验：

随机选择两枚硬币中的一枚，然后将其投掷两次。

现在我们来计算：如果两次投掷的结果都是"头像"，那么选择了不公平硬币的概率是多少？我们首先假设：A 是选择了不公平硬币的事件，B 是两次投掷硬币的结果都是"头像"的事件。那么上面的问题就是确定 $\mathrm{Prob}(A|B)$ 的问题。被选择的是不公平硬币或者公平硬币的概率都是

$$\mathrm{Prob}(A) = \mathrm{Prob}(\overline{A}) = \frac{1}{2}$$

对于事件 B 我们要考虑的是条件概率：选择的是公平的还是不公平硬币的条件，即 $\mathrm{Prob}(B|A) = 1$ 和 $\mathrm{Prob}(B|\overline{A}) = \dfrac{1}{4}$。由 B 的条件概率和 A 的概率可以确定 B 的"无条

件"概率：因为 $B = (B \cap A) \cup (B \cap \overline{A})$，因此根据定理 10.2 可得等式：

$$\text{Prob}(B) = \text{Prob}(B \cap A) + \text{Prob}(B \cap \overline{A})$$

根据定义 10.4，我们替换掉 $\text{Prob}(B \cap A)$ 和 $\text{Prob}(B \cap \overline{A})$ 后可得等式：

$$
\begin{aligned}
\text{Prob}(B) &= \text{Prob}(A) \cdot \text{Prob}(B|A) + \text{Prob}(\overline{A}) \cdot \text{Prob}(B|\overline{A}) \\
&= \frac{1}{2} \cdot 1 + \frac{1}{2} \cdot \frac{1}{4} \\
&= \frac{5}{8}
\end{aligned}
$$

现在，我们可以应用贝叶斯定理得到最终所求的概率为

$$
\begin{aligned}
\text{Prob}(A|B) &= \frac{\text{Prob}(A) \cdot \text{Prob}(B|A)}{\text{Prob}(B)} \\
&= \frac{\dfrac{1}{2} \cdot 1}{\dfrac{5}{8}} \\
&= \frac{4}{5}
\end{aligned}
$$

10.3　随机变量

到目前为止，我们是用基本事件的集合来描述那些由这些基本事件概率之和确定概率的事件。而对随机变量的观察则可以提供另外一种描述事件的方法。

▲　**定义 10.6**　随机变量 X 是事件空间 S 映射到实数域上的一个函数，即 $X : S \to \mathbb{R}$。

示例 10.10

(1) 在掷骰子的随机试验中，可以使用随机变量 X_1 表示每个观察到的数字 i 映射到实数 i 的函数。因此，X_1 是恒等函数。而且，那些基本事件是数字的随机试验都可以使用这样的随机变量表达。

(2) 我们为投掷两个骰子的实验定义一个随机变量。那么事件空间 S 就是所有可能投掷结果的集合：

$$S = \{1, 2, 3, 4, 5, 6\} \times \{1, 2, 3, 4, 5, 6\}$$

我们定义随机变量 $X_{\max}$ 为 S 到数字集合 $\{1, 2, 3, 4, 5, 6\}$ 上的、满足 $X_{\max}\big((a, b)\big) = \max\{a, b\}$ 的函数。

现在我们来思考一下,哪些随机变量 X 的取值依赖于随机试验的结果? X 取某个特定值的概率完全是通过事件空间上的概率分布确定的。

▲ **定义 10.7** 设 S 是一个事件空间,Prob 是 S 的概率分布函数,X 是 S 上的一个随机变量。那么,取值 r 的 X 概率为

$$\text{Prob}[X = r] = \sum_{e \in X^{-1}(r)} \text{Prob}(\{e\})$$

示例 10.11

(1) 在投掷一个骰子的随机试验中,取值 r 的随机变量 X_1 的概率为 $\text{Prob}[X_1 = r] = \text{Prob}(\{r\})$,其中 $r \in \{1, 2, \cdots, 6\}$。

(2) 现在,我们来看投掷两个骰子的随机试验,以及随机变量 $X_{\max}$。如果所有投掷的结果具有相同的概率,那么我们可以得到事件空间 $S = \{1, 2, 3, 4, 5, 6\} \times \{1, 2, 3, 4, 5, 6\}$ 的概率分布值为

$$\text{Prob}_S\big(\{(a, b)\}\big) = \frac{1}{36}$$

其中,$(a, b) \in S$。两个骰子投掷出的最大数字是 3 的概率是 $X_{\max}$ 取值为 3 的概率,即 $\text{Prob}[X_{\max} = 3]$。根据定义,这个概率等于满足 $X_{\max}(e) = 3$ 的所有事件 $e \in S$ 的概率之和。满足 $X_{\max}(e) = 3$ 的有 $e \in \{(1,3), (2,3), (3,3), (3,2), (3,1)\}$,因此 $\text{Prob}[X_{\max} = 3] = 5 \cdot \frac{1}{36}$。综上所述就可以给出概率 $\text{Prob}[X_{\max} = k]$ 的描述为

k	1	2	3	4	5	6
$\text{Prob}[X_{\max} = k]$	$\frac{1}{36}$	$\frac{3}{36}$	$\frac{5}{36}$	$\frac{7}{36}$	$\frac{9}{36}$	$\frac{11}{36}$

随机变量 X 将事件空间 S 划分成事件 $\{s \mid X(s) = r\}$。其中,r 来自 X 的值域。划分的每个元素都表示为一个实数。而 X 的值域 $X(S)$ 可以被视为新的事件空间。在这个事件空间中,通过 X 和 S 的概率分布定义了一个概率分布函数:$\text{Prob}_X(r) = \text{Prob}[X = r]$。事实上,$\text{Prob}_X$ 具有在定义 10.3 中给出的概率分布函数的三个性质:

(1) $\text{Prob}_X(r) = \text{Prob}[X = r] = \sum_{e \in X^{-1}(r)} \text{Prob}(e) \geqslant 0$,对于 $X(S)$ 中所有 r

(2) $\sum_{r \in X(S)} \text{Prob}_X(r) = \sum_{r \in X(S)} \sum_{e \in X^{-1}(r)} \text{Prob}(e) = \sum_{e \in S} \text{Prob}(e) = 1$

(3) $\text{Prob}_X(R) = \sum_{r \in R} \text{Prob}[X = r] = \sum_{r \in R} \text{Prob}_X(r)$

因为事件空间 $X(S)$ 是由数字组成的，因此可以通过"典型的"数值来表征由 X 定义的概率分布。

▲　**定义 10.8**　设 S 是一个事件空间，X 是 S 上的一个随机变量。X 的期望值被定义如下：

$$E[X] = \sum_{r \in X(S)} r \cdot \text{Prob}[X = r]$$

示例 10.12

(1)　在掷骰子的随机试验中，随机变量 X_1 的期望值计算如下：

$$E[X_1] = \sum_{r \in \{1,2,\cdots,6\}} r \cdot \text{Prob}[X_1 = r]$$

$$= \sum_{r \in \{1,2,\cdots,6\}} r \cdot \frac{1}{6}$$

$$= 3\frac{1}{2}$$

事实上，期望值 $3\frac{1}{2}$ 是所有投掷结果的平均值。

由于每次观察到的数字都具有相同的概率，因此在预测未来投掷的结果时这个期望值并不再有帮助。我们想要借助期望值进行测验之前，还需要另外一个参数，即标准方差（参考定义 10.9）。标准方差为概率分布提供了另一个"典型的"值，并且帮助估计期望值的可预测性。

(2)　随机变量 $X_{\max}$ 的期望值是：

$$E[X_{\max}] = \sum_{r \in \{1,2,\cdots,6\}} r \cdot \text{Prob}[X_{\max} = r]$$

$$= \frac{1 + 6 + 15 + 28 + 45 + 66}{36}$$

$$= \frac{161}{36}$$

$$\approx 4,47$$

对于很多应用来说，能够评估随机变量的值是很重要的。概率 $\text{Prob}[X \geqslant c]$ 表示随机变量取了大于或者等于 c 的值，即 $\text{Prob}[X \geqslant c] = \sum_{r \geqslant c} \text{Prob}[X = r]$。

■　**定理 10.4**（马尔可夫不等式）　设 $c > 0$，并且 X 是一个非负随机变量。那么下面公式成立：

$$\text{Prob}[X \geqslant c] \leqslant \frac{E[X]}{c}$$

证明: 演算如下:

$$\mathrm{Prob}[X \geqslant c] = \sum_{r \geqslant c} \mathrm{Prob}[X = r]$$

$$\leqslant \sum_{r \geqslant c} \frac{r}{c} \cdot \mathrm{Prob}[X = r] \qquad \left(因为 \frac{r}{c} \geqslant 1\right)$$

$$= \frac{1}{c} \sum_{r \geqslant c} r \cdot \mathrm{Prob}[X = r]$$

$$\leqslant \frac{1}{c} \cdot \mathrm{E}[X] \qquad (期望值定义) \qquad \blacksquare$$

表征随机变量的其他典型值还有: 方差和标准差 (均方差)。

▲ **定义 10.9** 随机变量 X 的方差 $\mathrm{Var}[X]$ 描述了该随机变量和其期望值 $\mathrm{E}[X]$ 之间的偏离程度:

$$\mathrm{Var}[X] = \mathrm{E}\big[(X - \mathrm{E}[X])^2\big]$$

方差的 (正) 平方根称为随机变量 X 的标准差 (均方差)。

示例 10.13

在掷骰子的随机试验中, 为了计算随机变量 X_1 的方差, 我们首先需要计算 X_1 的期望值, 然后将其代入方差公式中:

$$\mathrm{Var}[X_1] = \mathrm{E}\big[(X_1 - \mathrm{E}[X_1])^2\big]$$

$$= \mathrm{E}\left[\left(X_1 - 3\frac{1}{2}\right)^2\right]$$

然后, 我们计算 $\left(X_1 - 3\frac{1}{2}\right)^2$ 的期望值。这里, $\left(X_1 - 3\frac{1}{2}\right)^2$ 是一个具有如下事件空间的 (新) 随机变量:

$$\left\{\left(r - 3\frac{1}{2}\right)^2 \,\Big|\, r \in X_1(S)\right\} = \left\{\frac{1}{4}, \frac{9}{4}, \frac{25}{4}\right\}$$

其中, 每个事件都具有相同的概率。因此, $\mathrm{Var}[X_1]$ 的计算如下:

$$\mathrm{E}\left[\left(X_1 - 3\frac{1}{2}\right)^2\right] = \sum_{r \in \left\{\frac{1}{4}, \frac{9}{4}, \frac{25}{4}\right\}} r \cdot \mathrm{Prob}\left[\left(X_1 - 3\frac{1}{2}\right)^2 = r\right]$$

$$= \frac{1}{3} \cdot \left(\frac{1}{4} + \frac{9}{4} + \frac{25}{4} \right)$$

$$= \frac{35}{12}$$

因此，$\mathrm{Var}[X_1] = \dfrac{35}{12}$。

随机变量的本质是一个函数。因此，随机变量的加和或者乘积也是函数，并且还可以被视为随机变量。这就实现了使用随机变量进行计算的可能性。

■　**定理 10.5**　设 X 和 Y 是事件空间 S 上的随机变量，并且 k 属于 $\mathbb{R}$。那么可得如下性质：

(1)　$\mathrm{E}[k] = k$

(2)　$\mathrm{E}\big[\mathrm{E}[X]\big] = \mathrm{E}[X]$

(3)　$\mathrm{E}[k \cdot X] = k \cdot \mathrm{E}[X]$

(4)　$\mathrm{E}[X + Y] = \mathrm{E}[X] + \mathrm{E}[Y]$

(5)　$\mathrm{E}\big[X \cdot \mathrm{E}[X]\big] = \mathrm{E}[X]^2$

证明：

(1)　$\mathrm{E}[k]$ 是随机变量映射到 k 上的所有事件的期望值。因此，$X(S) = \{k\}$。X 取值 k 的概率是 1（$\mathrm{Prob}[X = k] = 1$）。因此可得：

$$\mathrm{E}[k] = \sum_{r \in X(S)} r \cdot \mathrm{Prob}[X = r] = k \cdot \mathrm{Prob}[X = k] = k$$

(2)　由 $\mathrm{E}[k] = k$ 可以证明 $\mathrm{E}\big[\mathrm{E}[X]\big] = \mathrm{E}[X]$，因为 $\mathrm{E}[X]$ 是一个数，而不是一个随机变量。

(3)　我们将 $k \cdot X$ 看作一个对于每个 $s \in S$，$(k \cdot X)(s) = k \cdot X(s)$ 都成立的随机变量。那么可得：

$$\begin{aligned}
\mathrm{E}[k \cdot X] &= \sum_{r \in (k \cdot X)(S)} r \cdot \mathrm{Prob}[(k \cdot X) = r] \\
&= \sum_{r \in X(S)} k \cdot r \cdot \mathrm{Prob}[X = r] \\
&= k \cdot \sum_{r \in X(S)} r \cdot \mathrm{Prob}[X = r] \\
&= k \cdot \mathrm{E}[X]
\end{aligned}$$

(4) 我们将 $X + Y$ 看作一个对于每个 $s \in S$，$(X + Y)(s) = X(s) + Y(s)$ 都成立的随机安变量。那么通过如上的表达进行的转换就可以证明该命题。

(5) 首先，可以确定 $E[X]$ 是一个实数。那么可知 $X \cdot E[X]$ 是 X 的 $E[X]$ 倍。因此可得：

$$E[X \cdot E[X]]$$

$$= \sum_{r \in (X \cdot E[X])(S)} r \cdot \text{Prob}[X \cdot E[X] = r] \qquad \text{(期望值定义)}$$

$$= \sum_{r \in X(S)} r \cdot E[X] \cdot \text{Prob}[X = r] (因为 (X \cdot E[X])(r) = X(r) \cdot E[X])$$

$$= E[X] \cdot \sum_{r \in X(S)} r \cdot \text{Prob}[X = r]$$

$$= E[X] \cdot E[X] \qquad \text{(期望值定义)}$$

$$= E[X]^2 \qquad\blacksquare$$

随机变量和期望值的这些性质为方差提供了一种替代性描述。

■ **定理 10.6** 设 X 是一个随机变量，那么下面等式成立：

$$\text{Var}[X] = E[X^2] - E[X]^2$$

证明：具体流程如下：

$$\text{Var}[X] = E\big[(X - E[X])^2\big] \qquad \text{(方差的定义)}$$

$$= E\big[X^2 - 2 \cdot X \cdot E[X] + E[X]^2\big] \qquad \text{(二项式规则)}$$

$$= E\big[X^2 - 2 \cdot E[X]^2 + E[X]^2\big] \qquad \text{(根据定理 10.5)}$$

$$= E\big[X^2 - E[X]^2\big] \qquad \text{(根据定理 10.5)}$$

$$= E[X^2] - E[X]^2 \qquad \text{(根据定理 10.5)} \qquad\blacksquare$$

示例 10.14

　　我们计算随机变量 $X_{\max}$ 的方差（参见示例 10.10）。我们在示例 10.12 中已经计算得出了 $E[X_{\max}] = \dfrac{160}{36}$ 的期望值。接下来需要计算 $E[X_{\max}^2]$：

$$E[X_{\max}^2] = \sum_{r \in \{1,4,9,16,25,36\}} r \cdot \text{Prob}[X_{\max}^2 = r]$$

$$= \frac{1 + 12 + 45 + 112 + 225 + 396}{36}$$

$$= \frac{791}{36}$$

我们在示例 10.12 中已经计算出 $\mathrm{E}[X_{\max}] = \frac{160}{36}$ 的期望值。使用这个期望值就可以计算出 $X_{\max}$ 的方差，具体步骤如下：

$$\mathrm{Var}[X_{\max}] = \frac{791}{36} - \left(\frac{160}{36}\right)^2$$

$$= \frac{2876}{1296}$$

$$\approx 2.22$$

方差可以用来描述：随机变量和其期望值在取值 c 的时候偏离程度的概率。

■ **定理 10.7** （切比雪夫不等式）设 X 是一个随机变量，并且 $c > 0$。如下公式成立：

$$\mathrm{Prob}\big[|X - \mathrm{E}[X]| \geqslant c\big] \leqslant \frac{\mathrm{Var}[X]}{c^2}$$

证明： 对于非负随机变量 $(X - \mathrm{E}[X])^2$ 和一个 $d > 0$，根据马尔可夫不等式可以得到如下关系：

$$\mathrm{Prob}\big[(X - \mathrm{E}[X])^2 \geqslant d\big] \leqslant \frac{\mathrm{Var}[X]}{d}$$

由于 $(X - \mathrm{E}[X])^2 \geqslant d$ 成立，当且仅当 $|X - \mathrm{E}[X]| \geqslant \sqrt{d}$ 成立。因此，陈述 $c = \sqrt{d}$ 成立。 ■

根据切比雪夫不等式直接可以推导出如下关系：

$$\mathrm{Prob}\big[|X - \mathrm{E}[X]| \geqslant \sqrt{\mathrm{Var}[X] \cdot c}\big] \leqslant \frac{1}{c^2}$$

当 $c = 1$ 时，该关系没有什么意义。而当 $c = 2$ 时，意义就比较丰富了。例如，随机变量 X 取一个与其期望值相差两倍标准差的值的概率最大为 $\frac{1}{4}$。

10.4 二项分布和几何分布

掷硬币是伯努利实验的一个很好的例子。伯努利实验只有两种可能的结果：成功（通常描述为 1）或者失败（通常描述为 0）。到目前为止，我们总是假设事件空间是平均分布的。现在我们来看伯努利实验，其中成功或者失败的概率却可以是不同的：这里使用概率 p 表示成功，$q = (1 - p)$ 表示失败。其中，$0 \leqslant p \leqslant 1$。

二项分布

假设投掷一个不公平的硬币，出现"头像"的次数是"数字"次数的三倍。也就是说，在伯努利实验中，成功的概率为 $p = \dfrac{3}{4}$，失败的概率为 $q = \dfrac{1}{4}$。那么独立投掷 5 次这样的硬币，刚好出现 3 次头像的概率是多大呢？例如，序列 (头像, 头像, 数字, 头像, 数字) 中刚好出现 3 次头像的概率。答案是：其概率为 $p^3 \cdot q^2$，因为各个单个硬币的事件是相互独立的。因此，每个含有 3 次头像的序列的概率为：$p^3 \cdot q^2$。由于这种序列有 $\binom{5}{3}$ 个，因此可得：

$$\mathrm{Prob}(5\ 次投掷出现\ 3\ 次\ 头像) = \binom{5}{3} \cdot p^3 \cdot q^2 = \frac{270}{1024}$$

通常，在重复 n 次独立的伯努利实验中，概率为 p 的成功事件刚好出现 k 次的概率表示为 $b(k; n, p)$。

- **定理 10.8**　在重复 n 次相互独立的伯努利实验中，概率为 p 的成功事件刚好出现 k 次的概率 $b(k; n, p)$ 满足如下等式：

$$b(k; n, p) = \binom{n}{k} \cdot p^k \cdot q^{n-k}$$

证明：这里，我们通过 n 的数学归纳法进行证明。

- 归纳基础：$n = 1$。在这种情况下，等式显然成立。
- 归纳假设：假设对于自然数 m，如下等式成立：

$$b(k; m, p) = \binom{m}{k} \cdot p^k \cdot q^{m-k}$$

- 归纳递推：假设 $n = m + 1$。刚好成功 k 次的概率等于如下概率之和：
  (1) 在 m 次实验中有 k 次成功，并且在第 $(m+1)$ 次实验中没有成功。
  (2) 在 m 次实验中有 k 次成功，并且在第 $(m+1)$ 次实验中也成功了（对比帕斯卡等式）。

那么得到的结果为

$$\begin{aligned}
b(k; m+1, p) &= b(k; m, p) \cdot q + b(k-1; m, p) \cdot p \\
&= \binom{m}{k} \cdot p^k \cdot q^{m-k} \cdot q + \binom{m}{k-1} \cdot p^{k-1} \cdot q^{m-k+1} \cdot p \\
&= \left(\binom{m}{k} + \binom{m}{k-1} \right) \cdot p^k \cdot q^{m-k+1} \\
&= \binom{m+1}{k} \cdot p^k \cdot q^{(m+1)-k}
\end{aligned}$$

■

　　由 $b(k; n, p)$ 定义的概率称为二项分布，因为根据二项式定理（定理 9.14）：$b(k; n, p)$ 刚好是 $(p + q)^n$ 展开后的 k 个加数。

　　现在，我们定义一个将事件空间的每个事件都映射到成功实验的数量上的随机变量 X。其中，事件空间由成功概率为 p 的 n 次独立伯努利实验组成。由此可得：$\text{Prob}[X = k] = b(k; n, p)$。$X$ 的期望值为

$$
\begin{aligned}
\text{E}[X] &= \sum_{k=0}^{n} k \cdot b(k; n, p) \\
&= \sum_{k=1}^{n} k \cdot \binom{n}{k} \cdot p^k \cdot q^{n-k} \\
&= \sum_{k=1}^{n} k \cdot \frac{n}{k} \cdot \binom{n-1}{k-1} \cdot p^k \cdot q^{n-k} \\
&= n \cdot p \cdot \sum_{k=1}^{n} \binom{n-1}{k-1} \cdot p^{k-1} \cdot q^{n-k} \\
&= n \cdot p \cdot \sum_{k=0}^{n-1} \binom{n-1}{k} \cdot p^k \cdot q^{n-1-k} \\
&= n \cdot p \cdot \sum_{k=0}^{n-1} b(k; n-1, p) \quad = \quad n \cdot p
\end{aligned}
$$

　　为了计算 X 的方差，我们使用等式 $\text{Var}[X] = \text{E}[X^2] - \text{E}[X]^2$（定理 10.6）。首先计算 $\text{E}[X^2]$，在此使用如上的类似方法：

$$
\begin{aligned}
\text{E}[X^2] &= \sum_{k=0}^{n} k^2 \cdot b(k; n, p) \\
&= n \cdot p \cdot \sum_{k=1}^{n} k \cdot \binom{n-1}{k-1} \cdot p^{k-1} \cdot q^{n-k} \\
&= n \cdot p \cdot \sum_{k=0}^{n-1} (k+1) \cdot \binom{n-1}{k} \cdot p^k \cdot q^{n-1-k} \\
&= n \cdot p \cdot \left(\sum_{k=0}^{n-1} k \cdot \binom{n-1}{k} \cdot p^k \cdot q^{n-1-k} \right. \\
&\qquad \left. + \sum_{k=0}^{n-1} \binom{n-1}{k} \cdot p^k \cdot q^{n-1-k} \right) \\
&= n \cdot p \cdot ((n-1) \cdot p + 1) \\
&= n \cdot p \cdot q + n^2 \cdot p^2
\end{aligned}
$$

由于 $E[X]^2 = n^2 \cdot p^2$，因此直接可得：$\text{Var}[X] = n \cdot p \cdot q$。

几何分布

我们投掷一枚出现"头像"的概率为 p 的硬币。那么，投掷几次后才能第一次出现"头像"？假设，随机变量 X 给出了所必需的投掷次数。X 的定义域是硬币投掷里包含头像的所有有限序列 e 的集合。函数值 $X(e)$ 是 e 里第一个出现头像位置的索引。例如，$X((\text{数字}, \text{数字}, \text{数字}, \text{头像}, \text{头像}, \text{数字}, \text{头像})) = 4$。$X$ 的值域是正的自然数。概率 $\text{Prob}[X = k]$ 被指定为：$q^{k-1} \cdot p$。其中，q^{k-1} 是投掷出 $(k-1)$ 次数字的概率，p 是第 k 次投掷出头像的概率。由于 $\sum_{k=1}^{\infty} q^{k-1} = \dfrac{1}{1-q}$，因此 $\sum_{k=1}^{\infty} q^{k-1} \cdot p = 1$。事实上，$X$ 给出了被称为几何分布的概率分布。

几何分布的期望值计算如下：

$$\begin{aligned}
E[X] &= \sum_{k=1}^{\infty} k \cdot q^{k-1} \cdot p \\
&= \frac{p}{q} \cdot \sum_{k=0}^{\infty} k \cdot q^k \\
&= \frac{p}{q} \cdot \frac{q}{(1-q)^2} \\
&= \frac{1}{p}
\end{aligned}$$

几何分布的方差为：$\text{Var}[X] = \dfrac{q}{p^2}$。

示例 10.15

(1) 这种几何分布为由字母 $\{0, 1\}$ 组成的所有单词的可数无限集合上定义一种概率分布提供了可能性。首先，单词的长度是被随机确定的。为此需要一直投掷硬币，直到出现第一个头像。然后，用另外一枚硬币投掷出该单词的每个字符。假设 p_1 和 p_2 是这两个硬币投掷成功的概率。那么出现单词 $b_1 \cdots b_n$ 的概率为

$$(1-p_1)^{n-1} \cdot p_1 \cdot (p_2)^a \cdot (1-p_2)^b$$

其中，a 表示该单词中出现"1"的个数，b 表示出现"0"的个数。

(2) 我们再次向儿童分发糖果（参见示例 9.10）。现在，我们反复向一群由 r 名儿童组成的人群中投掷糖果。孩子们试图去接住被投掷的糖果的行为就构成了一个伯努利实验。每个孩子接住糖果的概率是相同的。那么，每个孩子的成功概率为 $p = \dfrac{1}{r}$，失败概率为 $q = \dfrac{r-1}{r}$。

那么，这群孩子中一个特定的孩子在 n 次投掷糖果中刚好接住了 k 次的概率是多大呢？假设 X 是描述这个孩子接住糖果次数的随机变量。那么根据二项分布就可以确定：$\text{Prob}[X = k] = b(n; k, p)$。因此，所期待接到的糖果数为 $\frac{n}{r}$。

那么，必须投掷多少颗糖果，才能让这个孩子接住第一颗糖果呢？这里给出一个合适的表示实验次数的随机变量 X，表示这个孩子第一次接住了糖果。然后根据几何分布确定：$\text{Prob}[X = k] = q^{k-1} \cdot p$。因此，期望值为 $\frac{1}{p} = r$。

那么，必须要投掷多少糖果，才能让每个孩子都接住了至少一颗糖果呢？为此，我们定义随机变量 X_i。如果已经有 $i-1$ 名孩子接住了糖果，那么 X_i 表示第 i 名孩子接到糖果所必需的投掷次数。该实验的失败概率为 $\frac{i-1}{r}$。所有 X_i 都是相互独立的，并且受到几何分布的限制。因此可得：

$$\mathrm{E}[X_i] = \frac{1}{1 - \dfrac{i-1}{r}} = \frac{r}{r - i + 1}$$

投掷糖果次数的期望值是由 X_i 的期望值之和给出的，即

$$\sum_{i=1}^{r} \mathrm{E}[X_i] = \sum_{i=1}^{r} \frac{r}{r - i + 1} = r \cdot \sum_{i=1}^{r} \frac{1}{i}$$

10.5　参考资料

除了在第一部分已经提及的参考文献之外，对于第二部分中涉及了具有不同关注重点的多个主题还可以参考如下文献：

T.H. Cormen, C.E. Leiserson, R.L. Rivest.

　　Introduction to algorithms.

　　MIT Press, 1990.

W.M. Dymàček, H. Sharp.

　　Introduction to discrete mathematics.

　　McGraw-Hill, 1998.

S. Epp.

　　Discrete mathematics with applications.

　　PWS Publishing Company, 1995.

S. Lipschutz.

　　Theory and problems of discrete mathematics.

　　MacGraw-Hill, 1976.

数学证明方法可以参考如下文献：

D.J. Velleman.

   How to prove it: a structured approach.
   Cambridge University Press, 1994.

U. Daepp, P. Gorkin.

   Reading, writing, and proving. Springer-Verlag, 2003.

组合数学和概率论的知识可以参考如下文献：

M. Aigner.

   Combinatorial theory.
   Springer-Verlag, 1979.

G.P. Beaumont.

   Probability and random variables.
   John Wiley & Sons, 1986.

B. Bollobás.

   Combinatorics.
   Cambridge University Press, 1986.

W. Feller.

   An introduction to probability theory and its applications.
   John Wiley & Sons, 1978.

R.L. Graham, D.E. Knuth, O. Patashnik. *Concrete mathematics.*
   Addison-Wesley, 1994.

H.-R. Halder, W. Heise.

   Einführung in die Kombinatorik.
   Akademie-Verlag Berlin, 1977.

S. Jukna.

   Extremal combinatorics.
   Springer-Verlag, 2000.

S. Lipschutz.

   Theory and problems of probability.
   MacGraw-Hill, 1965.

第三部分　数学结构

第11章 布尔代数

布尔代数是一种数学结构，以计算微积分的形式规范地描述了我们前面介绍过的命题及其联结。在这种结构中存在着特定的运算符号和对应的特定运算规则。下面我们来看布尔代数的不同示例，然后观察这些示例是否是"本质相同"（同构）的。

众所周知，计算机和其他数字系统是由电子电路构成的。当某些电压施加到输入引脚时，这些信号会在输出引脚上产生某些信号。这里，用于描述输入和输出电压之间关系的简化模型基于的是两个完全不同的电压值：由值 1 表示的有电流和由值 0 表示的没有电流。对于这种二进制信号可以使用布尔变量进行建模，即值为 $\{0,1\}$ 的变量。现在，如果使用这种布尔变量来描述电路的输入信号，那么对应的输出信号 y 可以表示为布尔函数：$y = f(x_1, \cdots, x_n)$。

电路可以通过非常简单的开关元件（即所谓的门）的高度复杂组合来产生对应的输出，或者计算其布尔函数。其中，这些开关元件执行的是最简单的逻辑运算。1936 年，香农（Claude Elwood Shannon）在其论文 *Calculus of Switching Circuits* 中首次介绍了经典逻辑和初等集合论需要遵循的基本规则，并且仿照布尔（George Boole）1854 年在其著作 *Laws of Thought* 中的形式，使用了布尔函数来分析和描述电路。

11.1 布尔函数及其表达形式

在经典逻辑中，命题和其真值"真"和"假"也被表达为 1 和 0。在前面的章节中，我们已经学习了逻辑运算的基本规则："真与假"为"假"；"真或假"为"真"；"非假"为"真"。也就是说，我们对基本集合 {真, 假} 中的一个或者两个元素使用二元运算符"与和或"和一元运算符"非"可以构建出该集合（{真, 假}）中的一个元素。而布尔函数是通过两个布尔常量 $\{0,1\}$ 来计算基本集合的。下面我们会使用符号 $\mathbb{B}$ 来表示这种集合。只能采用两个真值 0 和 1 的变量被称为布尔变量。布尔函数，即通过布尔变量描述的函数，可以具有任意的元数。一个 n 元的布尔函数 f 表示：将 $\mathbb{B}$ 集合的 n 个参数映射到 $\mathbb{B}$ 集合中的一个值。这种映射关系表示为 $f : \mathbb{B}^n \to \mathbb{B}$。

布尔函数的一种简单的描述方法是数值表。例如，下面的数值表描述的是一元布尔函数 $f : \mathbb{B} \to \mathbb{B}$。

b	$f(b)$
0	1
1	0

从表中可以看到，这个函数的值总是与其参数"相反"。因此，这种函数被称为布尔补函数，可以使用简化形式 $\bar{b}$ 来替代 $f(b)$。除此以外，还有三个类似的一元布尔函数：

b	$g(b)$
0	0
1	0

b	$h(b)$
0	1
1	1

b	$i(b)$
0	0
1	1

其中，两个函数 g 和 h 的函数值与参数是无关的，这种函数被称为常数。常数函数很简单，因为它们可以用函数值 0 或者 1 来表示。此外，常数函数可以具有任意的元数。布尔函数 i 是恒等函数，因为其参数和函数值总是相同的。

现在，我们来看二元布尔函数。在二元布尔函数中，下面两种情况是非常重要的：

b_1	b_2	$r(b_1, b_2)$
0	0	0
0	1	0
1	0	0
1	1	1

b_1	b_2	$s(b_1, b_2)$
0	0	0
0	1	1
1	0	1
1	1	1

其中，函数 r 被称为其对应参数的布尔积。如果我们将两个布尔常量 0 和 1 看作自然数，那么布尔积和算术乘积就是一致的。表达式 $r(b_1, b_2)$ 可以被简写为 $b_1 \cdot b_2$。对应的，函数 s 被称为布尔和。表达式 $s(b_1, b_2)$ 可以被简写为 $b_1 + b_2$。对于布尔函数，$1 + 1$ 的和是 1。这里一定要注意，不要与算术的十进制和运算相混淆。

如果要将一个 n 元布尔函数描述为表格的形式，那么有可能是个非常复杂的过程。因为，一个这样的表格会包含 2^n 个行。幸运的是，我们已经定义了"补""和"以及"积"的运算。这些运算也被称为布尔运算。正如算术运算那样，我们可以使用这些运算符构造布尔表达式。然后，我们就可以使用这种布尔表达式描述布尔函数。那时我们会发现，布尔表达式的定义与命题逻辑公式相似。只是用 ‾ 取代了 ¬、用 $\cdot$ 取代了 $\wedge$，以及用 $+$ 取代了 $\vee$。

▲ **定义 11.1** 所有 n 元布尔表达式的集合被归纳定义为：

(1) 常量 0 和 1，以及布尔变量 $x_1, \cdots, x_n$ 都是 n 元布尔表达式。

(2) 如果 α 和 β 是 n 元布尔表达式，那么 $\bar{\alpha}$、$(\alpha + \beta)$ 和 $(\alpha \cdot \beta)$ 也是 n 元布尔表达式。

布尔表达式的元数可以表明：哪些布尔变量可以出现在布尔表达式中。

示例 11.1

(1) 0 元布尔表达式:

$$0, 1, \overline{0}, (1 \cdot \overline{0}), (1+1), \overline{(1 \cdot \overline{0})}, \overline{(1 \cdot \overline{0})} + (1+1), \cdots$$

(2) 1 元布尔表达式:

$$0, 1, \overline{0}, \cdots, x_1, \overline{x_1}, (x_1 + 1), (x_1 + \overline{x_1}), ((x_1 + 1) \cdot \overline{x_1}), \cdots$$

(3) k 元布尔表达式:

$$0, 1, \cdots, (x_1, \cdots, x_k, \cdots), \overline{((\overline{x_1} \cdot (\overline{(x_2 + x_k)} + \overline{x_3})) \cdot (x_1 \cdot x_k))}, \cdots$$

一个布尔表达式如果没有变量 $x_1, \cdots, x_n$,而只包含两个常量:0、1,那么这个布尔表达式的值可以很容易地通过"补""和"和"积"的布尔运算得到。例如:

$$
\begin{aligned}
(1 \cdot 0) + \overline{(1+1) + 0} &= 0 + \overline{(1+1) + 0} \\
&= 0 + \overline{1 + 0} \\
&= 0 + \overline{1} \\
&= 0 + 0 \\
&= 0
\end{aligned}
$$

所有不包含变量的布尔表达式,要么具有值 0,要么具有值 1。也就是说,正好存在两个 0 元布尔函数:具有值 0 的 0 元函数和具有值 1 的 0 元函数。因此,所有不包含变量的布尔表达式描述的都是一个 0 元布尔函数。

如果将布尔变量 x_1 由 $\mathbb{B}$ 中的可能值 0 和 1 替换,那么由 1 元布尔表达式表示的函数可以借助两个 0 元表达式的布尔运算获得。稍后,我们会在定义 11.5 中看到:集合 $\mathbb{B}$ 还可以被一个更大的集合所替代,并且在其上定义一个由表达式表示的函数。但是在本章中,我们的讨论只限制在集合 $\mathbb{B}$ 上。例如,对表达式 $((x_1 + 1) \cdot \overline{x_1})$ 可以进行置换:

用 $\boxed{0}$ 代替 x_1 可以得到 $((0+1) \cdot \overline{0}) = \boxed{1}$

用 $\boxed{1}$ 代替 x_1 可以得到 $((1+1) \cdot \overline{1}) = \boxed{0}$

其中,两个列框圈出了表达式 $((x_1 + 1) \cdot \overline{x_1})$ 表示的函数 $f : \mathbb{B} \to \mathbb{B}$,其对应的数值表如下:

x_1	$f(x_1)$
0	1
1	0

通过这种方式，现在就可以使用任意布尔表达式来表示布尔函数了。

▲ **定义 11.2** 每个 n 元布尔表达式 α 都描述了一个 n 元布尔函数 $f : \mathbb{B}^n \to \mathbb{B}$。通过在布尔表达式 α 中使用值 b_1 代替变量 $x_1, \cdots$，值 b_n 代替变量 x_n，可以得到参数为 $(b_1, \cdots, b_n)$ 的 f 值，并且在布尔运算后可以计算得出表达式的值。

现在，我们来看描述一个布尔函数 f 的表达式：$(x_1 \cdot x_2) + \overline{(x_1 + 1)}$。对应参数为 $(0, 1)$ 的 f 值是：

$$f(0, 1) \;=\; (0 \cdot 1) + \overline{(0 + 1)} \;=\; 0 + \overline{1} = 0$$

通过计算所有可能参数对应的 f 值可以得到图 11.1 中显示的表。

x_1	x_2	$f(x_1, x_2)$
0	0	0
0	1	0
1	0	0
1	1	1

图 11.1   布尔函数表：$f(x_1, x_2) = (x_1 \cdot x_2) + \overline{(x_1 + 1)}$

这种类型的表我们在前面已经介绍过了，它与对应的布尔积是一致的。这个表描述了具有相同二元布尔函数的两个表达式 $(x_1 \cdot x_2) + \overline{(x_1 + 1)}$ 和 $x_1 \cdot x_2$ 的布尔积。

▲ **定义 11.3** 两个布尔表达式被称为是等价的，当且仅当这两个表达式描述了相同的布尔函数。

为了表示两个布尔函数 α 和 β 是等价的，可以将这两个函数记为 $\alpha = \beta$ 的形式。不同表达式的等价性可以通过对比描述函数的数值表进行验证。当然，我们也可以借助前面介绍过的知识点，通过熟练使用布尔运算来验证不同表达式的等价性。例如，我们来看上面表达式中后面的那个加项 $\overline{(x_1 + 1)}$。该加项中包含了 $x_1 + 1$ 的和。任意表达式与表达式 1 的布尔和总是等于 1（参见布尔和的数值表）。因此可得 $\overline{(x_1 + 1)} = \overline{1}$。由 $\overline{1} = 0$ 可得 $\overline{(x_1 + 1)} = 0$。如果用 0 替换表达式 $(x_1 \cdot x_2) + \overline{(x_1 + 1)}$ 中的 $\overline{(x_1 + 1)}$，那么可以得到对应的等价表达式 $(x_1 \cdot x_2) + 0$。由于任意表达式与该表达式和 0 的布尔和总是等价的，因此可以得到 $(x_1 \cdot x_2) + 0 = (x_1 \cdot x_2)$。下面，我们给出上面讨论的总结，并且使用 b 来表示 $\mathbb{B}$ 中的任意一个元素。

初始表达式： $(x_1 \cdot x_2) + \overline{(x_1 + 1)}$

步骤 1： $= (x_1 \cdot x_2) + \overline{1}$ （因为 $b + 1 = 1$）

步骤 2： $= (x_1 \cdot x_2) + 0$ （因为 $\overline{1} = 0$）

步骤 3： $= (x_1 \cdot x_2)$ （因为 $b + 0 = b$）

通过这个转换链可知，初始的表达式在经过 3 个步骤后就可以得到与之等价的表达式：

$$(x_1 \cdot x_2) + \overline{(x_1 + 1)} = (x_1 \cdot x_2)$$

在每个步骤中，我们根据等价性进行了表达式的转换。而这种转换的正确性根据前面的数值表已经被验证过了。这里，在表达式的转换过程中，不需要一遍遍地检查新表，而只需使用少数的几个基本等价性，即所谓的计算法则（参见图 11.2）。

对于 $\mathbb{B}$ 中的任意元素 x、y 和 z 可得：

交换律：	$x + y = y + x$
	$x \cdot y = y \cdot x$
分配律：	$x \cdot (y + z) = x \cdot y + x \cdot z$
	$x + (y \cdot z) = (x + y) \cdot (x + z)$
同一律：	$x + 0 = x$
	$x \cdot 1 = x$
补余律：	$x + \overline{x} = 1$
	$x \cdot \overline{x} = 0$

图 11.2 布尔代数的计算法则

上面的这些定律我们在命题逻辑的介绍中都已经熟知了：交换律规定 + 和 · 是可交换的运算；分配率规定 + 和 · 是可相互分配的运算；同一律规定 0 相对于 + 是中性元素，1 相对于 · 是中性元素。

现在，我们可以通过设置和检查对应数值表来校验这些计算法则。例如，下面使用分配律的例子进行的证明。

x y z	$(y \cdot z)$	$(x + y)$	$(x + z)$	$x + (y \cdot z)$	$(x + y) \cdot (x + z)$
0 0 0	0	0	0	0	0
0 0 1	0	0	1	0	0
0 1 0	0	1	0	0	0
0 1 1	1	1	1	1	1
1 0 0	0	1	1	1	1
1 0 1	0	1	1	1	1
1 1 0	0	1	1	1	1
1 1 1	1	1	1	1	1

从上面的表格可以看出，表格的最后两列是相同的，因此证明了分配律。

现在，我们使用计算法则再次进行上面的转换：在步骤 3 中应用了同一律。但是，在其他步骤中，我们并没有直接应用计算法则。在步骤 1 中，我们使用了 $y + 1 = 1$ 的等价性置换。这种等价性在计算法则中是不会出现的。但是，我们可以很容易地从中推断出：

$$y + 1 = (y + 1) \cdot 1 \qquad \text{应用了同一律}$$

$$= (y + 1) \cdot (y + \overline{y}) \qquad \text{应用了补余律}$$

$$= (y + \overline{y}) \cdot (y + 1) \qquad \text{应用了交换律}$$

$$= y + (\overline{y} \cdot 1) \qquad \text{应用了分配律}$$

$$= y + \overline{y} \qquad \text{应用了同一律}$$

$$= 1 \qquad \text{应用了补余律}$$

在步骤 2 中，我们应用了 $\overline{1} = 0$ 的等价性置换。这是由后面步骤中被证明的补余律的明确性证实的。

■ **定理 11.1** 由 $x + y = 1$ 和 $x \cdot y = 0$ 可以得到 $y = \overline{x}$。

证明：假设 $x + y = 1$ 和 $x \cdot y = 0$ 成立。从 y 开始，我们可以使用计算法则和假设条件进行等价的置换，直到最终得出 $\overline{x}$。具体的过程可以参考图 11.3。 ■

$$y = y + 0 \qquad \text{同一律}$$
$$= y + (x \cdot \overline{x}) \qquad \text{补余律}$$
$$= (y + x) \cdot (y + \overline{x}) \qquad \text{分配律}$$
$$= (x + y) \cdot (y + \overline{x}) \qquad \text{交换律}$$
$$= 1 \cdot (y + \overline{x}) \qquad \text{已知条件 } x + y = 1$$
$$= (y + \overline{x}) \cdot 1 \qquad \text{交换律}$$
$$= y + \overline{x} \qquad \text{补余律}$$
$$= \overline{x} + y \qquad \text{交换律}$$
$$= (\overline{x} + y) \cdot 1 \qquad \text{补余律}$$
$$= 1 \cdot (\overline{x} + y) \qquad \text{交换律}$$
$$= (x + \overline{x}) \cdot (\overline{x} + y) \qquad \text{补余律}$$
$$= (\overline{x} + x) \cdot (\overline{x} + y) \qquad \text{交换律}$$
$$= \overline{x} + (x \cdot y) \qquad \text{分配律}$$
$$= \overline{x} + 0 \qquad \text{已知条件 } x \cdot y = 0$$
$$= \overline{x} \qquad \text{同一律}$$

图 11.3　定理 11.1 的证明过程：从 y 到 $\overline{x}$ 的等价置换

如果我们将定理 11.1 中的 x 替换为 1，y 替换为 0，那么就会得到等式：$x + y = 1 + 0 = 1$ 和 $x \cdot y = 1 \cdot 0 = 0$。因此可得：$0 = y = \overline{x} = \overline{1}$。

在这个证明的过程中，我们只是在单独使用交换律、分配律、同一律和补余律的基础上证明了这三个步骤的有效性。实际上，通过适当应用和组合这四种计算定律可以实现将一个表达式转换为一个等价的表达式时所有可以想象出的置换。这些表达式之间的关系完全取决于计算定律的有效性。

11.2　布尔代数的定义

前面已经多次提到的布尔表达式与命题公式之间具有一个可类比性。该性质可以基于一个简单的事实给出其依据，即对于基于命题逻辑运算 $\wedge$、$\vee$ 和 $\neg$ 的公式的相同计算规则也适用布尔表达式。事实上，现代代数的一个比较大的优点就是认可了运算与计算规则相同的运算具有相同的性质。因此，只需要以抽象的方式考虑运算就足够了，而不需要考虑运算元素的具体性质。在布尔表达式或者命题逻辑公式中，这种抽象的结构被称为布尔代数。

现在，我们再来看下布尔表达式的组成部分：布尔变量 x_i 是全集中元素的变量；除了在 11.1 节中经常出现的集合 $\mathbb{B}$，我们还可以考虑另外一个全集；运算符 $+$、$\cdot$ 和 $\bar{\ }$ 都具有各自特定的含义；除此以外，同一元素在计算规则中也扮演着一个重要角色。

▲　**定义 11.4**　一个布尔代数的组成部分包括：

(1)　一个全集 B。

(2)　集合 B 上的二元运算符 $\oplus$ 和 $\otimes$。

(3)　集合 B 上的一元运算符 κ。

(4)　集合 B 中的两个不同的元素 $\underline{0}$ 和 $\underline{1}$。

下面给出的 4 个计算规则适用于全集 B 中的所有元素 a、b 和 c：

交换律：　二元运算符 $\oplus$ 和 $\otimes$ 是相互可交换的，

也就是说，$a \oplus b = b \oplus a$ 和 $a \otimes b = b \otimes a$ 成立。

分配律：　二元运算符 $\oplus$ 和 $\otimes$ 是相互可分配的，

也就是说，$a \otimes (b \oplus c) = (a \otimes b) \oplus (a \otimes c)$ 和 $a \oplus (b \otimes c) = (a \oplus b) \otimes (a \oplus c)$ 成立。

同一律：　$\underline{1}$ 对于二元运算符 $\otimes$ 是同一元素，也就是说，$a \otimes \underline{1} = a$ 成立；

$\underline{0}$ 对于二元运算符 $\oplus$ 是同一元素，也就是说，$a \oplus \underline{0} = a$ 成立。

补余律：　一元运算符 $\kappa(a)$ 是 a 的补，

也就是说，$a \oplus \kappa(a) = \underline{1}$ 和 $a \otimes \kappa(a) = \underline{0}$ 成立。

综上所述，布尔代数可以通过四元组 $(B, \oplus, \otimes, \kappa)$ 来表示。

运算符 $\oplus$、$\otimes$ 和 κ 分别被称为和、积和补。已知的四种运算规则分别是交换律、结合律、同一律和补余律。全集 B 中必须有两个元素具有同一律和补余律的性质：一个元素表示为 $\underline{0}$，另一个元素表示为 $\underline{1}$。全集 B 中的这两个元素被称为0 元素和1 元素。

示例 11.2 二元素布尔代数。

我们将全集 B 作为布尔值 $\mathbb{B} = \{0, 1\}$ 的集合，并且使用在 11.1 节中定义的运算 $+$、$\cdot$ 和 $^{-}$。这里，我们将运算 $+$ 表示为运算 $\oplus$、$\otimes$ 表示为 $\cdot$、一元运算 $^{-}$ 表示为 κ。现在，我们要证明 $(\mathbb{B}, +, \cdot, {}^{-}, 0, 1)$ 是一个布尔代数。使用 $0 \in \mathbb{B}$ 的 0 元素和 $1 \in \mathbb{B}$ 的 1 元素就可以满足定义 11.4 中的四个计算规则。

根据布尔代数的定义，只能确定 0 元素和 1 元素的存在性。也就是说，在全集 B 中只有一个元素满足 0 元素的性质，还有一个元素满足 1 元素的性质。

■ **定理 11.2** 在布尔代数中，0 元素和 1 元素是被唯一确定的。

证明： 假设 $(B, \oplus, \otimes, \kappa, \underline{0}, \underline{1})$ 是一个布尔代数，并且元素 $b \in B$ 满足同一律中 1 元素的性质，即 $\underline{1} \otimes b = \underline{1}$。那么 1 元素具有性质 $b \otimes \underline{1} = b$。由于运算 $\otimes$ 是可交换的（交换律），$b \otimes c = c \otimes b$ 成立。因此可得 $b = \underline{1}$。

对于 0 元素的唯一性证明与 1 元素的唯一性证明完全类似。 ■

现在，我们可以定义布尔函数的概念。布尔函数可以借助布尔表达式来描述。这里，我们使用了布尔代数中的运算。

▲ **定义 11.5** 设 $(B, \oplus, \otimes, \kappa, \underline{0}, \underline{1})$ 是一个布尔代数。一个 n 元函数 $f : B^n \to B$ 称为布尔函数，当一个 n 元布尔表达式 α 具有以下性质：

参数为 $(b_1, \cdots, b_n)$ 的 f 值是通过以下表达式 α 获得的：

(1) 变量 x_1 被值 b_1 替代，$\cdots$，变量 x_n 被值 b_n 替代；

(2) 常量 0 被 0 元素替代，常量 1 被 1 元素替代；

(3) 运算符 $+$ 被 $\oplus$ 替代；

(4) 运算符 $\cdot$ 被 $\otimes$ 替代；

(5) 运算符 $^{-}$ 被 κ 替代。

并且，表达式计算值是根据 $\oplus$、$\otimes$ 和 κ 的定义获得的。

我们已经介绍了一种特殊的函数：布尔函数。作为其基础的布尔代数是已经介绍过的二元素布尔代数。

11.3 布尔代数示例

现在，我们来看几个布尔代数的示例。

开关函数

设 $\mathbb{B} = \{0, 1\}$。包含运算 max、min 和 k 的所有 n 元开关函数 $f : \mathbb{B}^n \to \mathbb{B}$（对于任意的 $n \geqslant 0$）的集合 $\mathbb{B}_n$ 是布尔代数。这里，运算 max 将两个 n 元开关函数 g 和 h

映射到了一个 n 元开关函数 $max[g,h]$。其中，$max[g,h](b_1,\cdots,b_n)$ 是 $g(b_1,\cdots,b_n)$ 和 $h(b_1,\cdots,b_n)$ 的算术最大值：

$$max[g,h](b_1,\cdots,b_n) = max(g(b_1,\cdots,b_n),h(b_1,\cdots,b_n))$$

类似地，运算 min 被定义为：

$$min[g,h](b_1,\cdots,b_n) = min(g(b_1,\cdots,b_n),h(b_1,\cdots,b_n))$$

其中，max 和 min 表示自然数对的最大或者最小函数。

一元运算 k 将一个函数 g 映射到了一个函数 $k[g]$。其中，$k[g](b_1,\cdots,b_n) = 1 - g(b_1,\cdots,b_n)$ 成立。

示例 11.3

满足下面条件的函数 g 和 h：

x	y	$g(x,y)$
0	0	1
0	1	0
1	0	0
1	1	1

x	y	$h(x,y)$
0	0	1
0	1	0
1	0	1
1	1	1

可以通过运算 max、min 和 k 映射到下面的函数 $max[g,h]$、$min[g,h]$ 和 $k[g]$：

x	y	$max[g,h](x,y)$
0	0	1
0	1	0
1	0	1
1	1	1

x	y	$min[g,h](x,y)$
0	0	1
0	1	0
1	0	0
1	1	1

x	y	$k[g](x)$
0	0	0
0	1	1
1	0	1
1	1	0

现在，我们想要证明 $(\mathbb{B}_n, max, min, k, f_0, f_1)$ 是一个布尔代数。1 元素 $\underline{1}$ 是始终具有函数值为 1 的常量函数 f_1。对应地，0 元素 $\underline{0}$ 是始终具有函数值为 0 的常量函数 f_0。

现在，我们必须证明对应的 4 个计算规律也是有效的。首先从 max 和 min 的交换性开始。证明过程基于的是自然数对的最大或者最小函数 max 和 min 的可交换性。对于任意的 $b_1,\cdots,b_n \in \mathbb{B}$，可以得到如下两个等式：

$$
\begin{aligned}
max[g,h](b_1,\cdots,b_n) &= max(g(b_1,\cdots,b_n),h(b_1,\cdots,b_n)) \\
&= max(h(b_1,\cdots,b_n),g(b_1,\cdots,b_n)) \\
&= max[h,g](b_1,\cdots,b_n)
\end{aligned}
$$

和

$$min[g,h](b_1,\cdots,b_n) \quad = \quad min(g(b_1,\cdots,b_n),h(b_1,\cdots,b_n))$$
$$= \quad min(h(b_1,\cdots,b_n),g(b_1,\cdots,b_n))$$
$$= \quad min[h,g](b_1,\cdots,b_n)$$

这两个等式证明了交换律是成立的。为了证明分配律，我们必须检查 max 和 min 的相互分配性。那么证明可得如下两个等式：

$$max[f,min[g,h]](b_1,\cdots,b_n)$$
$$= \quad max(f(b_1,\cdots,b_n),min(g(b_1,\cdots,b_n),h(b_1,\cdots,b_n)))$$
$$= \quad min(max(f(b_1,\cdots,b_n),g(b_1,\cdots,b_n)),max(f(b_1,\cdots,b_n),h(b_1,\cdots,b_n)))$$
$$= \quad min[max[f,g],max[f,h]](b_1,\cdots,b_n)$$

和

$$min[f,max[g,h]](b_1,\cdots,b_n)$$
$$= \quad min(f(b_1,\cdots,b_n),max(g(b_1,\cdots,b_n),h(b_1,\cdots,b_n)))$$
$$= \quad max(min(f(b_1,\cdots,b_n),g(b_1,\cdots,b_n)),min(f(b_1,\cdots,b_n),h(b_1,\cdots,b_n)))$$
$$= \quad max[min[f,g],min[f,h]](b_1,\cdots,b_n)$$

对于任意的 $b_1,\cdots,b_n \in \mathbb{B}$ 也满足分配律。为了证明同一律，我们必须检查 f_0 是否真的是 max 的同一元素，f_1 是否真的是 min 的同一元素。那么证明可得如下两个等式：

$$max[f,f_0](b_1,\cdots,b_n) = f(b_1,\cdots,b_n)$$

和

$$min[f,f_1](b_1,\cdots,b_n) = 1$$

对于任意的 $b_1,\cdots,b_n \in \mathbb{B}$ 也满足同一律。最后，必须证明补余律。那么证明可得：两个值 $f(b_1,\cdots,b_n)$ 和 $k[f](b_1,\cdots,b_n)$，一个是 0，另一个是 1。即

$$max[f,k[f]](b_1,\cdots,b_n) \quad = \quad max(f(b_1,\cdots,b_n),k[f](b_1,\cdots,b_n)) \quad = \quad 1$$

和

$$min[f,k[f]](b_1,\cdots,b_n) \quad = \quad min(f(b_1,\cdots,b_n),k[f](b_1,\cdots,b_n)) \quad = \quad 0$$

因此，补余律也是满足的。

综上所述，$(\mathbb{B}_n,max,min,k,f_0,f_1)$ 满足所有布尔代数的计算规则，因此是一个布尔代数。

代数函数

设 $(B, \oplus, \otimes, \kappa, \underline{0}, \underline{1})$ 是一个布尔代数。我们用 B_n 来表示布尔代数 $(B, \oplus, \otimes, \kappa, \underline{0}, \underline{1})$ 上所有 n 元布尔函数 $f : B^n \to B$。类似于可以从自然数的运算 max 推导出开关函数的运算 max 那样，我们从运算 $\oplus$（定义在 B 上）推导出 B_n 上的运算 $\boxplus$。对于 B_n 中的函数 f 和 g，运算 $\boxplus[f, g]$ 被定义为

$$\boxplus[f, g](b_1, \cdots, b_n) = f(b_1, \cdots, b_n) \oplus g(b_1, \cdots, b_n)$$

类似地，我们定义运算 $\boxtimes[f, g]$ 为

$$\boxtimes[f, g](b_1, \cdots, b_n) = f(b_1, \cdots, b_n) \otimes g(b_1, \cdots, b_n)$$

而一元运算 $k[f]$ 定义为

$$k[f](b_1, \cdots, b_n) = \kappa(f(b_1, \cdots, b_n))$$

现在，我们证明 $(B_n, \boxplus, \boxtimes, k, f_0, f_1)$ 是一个布尔代数。首先，选择常量函数 f_0 作为 B_n 中的 0 元素，该函数的值始终是 B 的 0 元素。对应地，我们选择常量函数 f_1 作为 B_n 中的 1 元素，该函数的值始终是 B 的 1 元素。我们可以通过在 $(B, \oplus, \otimes, \kappa, \underline{0}, \underline{1})$ 中讨论过的定理的有效性反推出 $(B_n, \boxplus, \boxtimes, k, f_0, f_1)$ 中 4 个计算规则的有效性。

- 交换律：证明 $\boxplus[f, g] = \boxplus[g, f]$ 成立。
  由对于任意 $(b_1, \cdots, b_n)$ 的 $\oplus$ 的交换律可以得到：

$$
\begin{aligned}
\boxplus[f, g](b_1, \cdots, b_n) &= f(b_1, \cdots, b_n) \oplus g(b_1, \cdots, b_n) \\
&= g(b_1, \cdots, b_n) \oplus f(b_1, \cdots, b_n) \\
&= \boxplus[g, f](b_1, \cdots, b_n)
\end{aligned}
$$

因此，我们可以证明交换律 $\boxtimes$ 成立。

- 分配律：证明 $\boxplus[f, \boxtimes[g, h]] = \boxtimes[\boxplus[f, g], \boxplus[f, h]]$ 成立。
  通过 $\otimes$ 上的 $\oplus$ 的分配律可以得到：

$$\boxplus[f, \boxtimes[g, h]](b_1, \cdots, b_n)$$

$$= f(b_1, \cdots, b_n) \oplus (g(b_1, \cdots, b_n) \otimes h(b_1, \cdots, b_n))$$

$$= (f(b_1, \cdots, b_n) \oplus g(b_1, \cdots, b_n)) \otimes (f(b_1, \cdots, b_n) \oplus h(b_1, \cdots, b_n))$$

$$= \boxtimes[\boxplus[f, g], \boxplus[f, h]](b_1, \cdots, b_n)$$

因此，我们可以证明分配律 $\boxplus$ 上 $\boxtimes$ 成立。

- 同一律：证明 $\boxtimes[f, f_1] = f$ 成立。

  借助有关 $\otimes$ 的 $\underline{1}$ 的同一性可得：

  $$
  \begin{aligned}
  \boxtimes[f, f_1](b_1, \cdots, b_n) &= f(b_1, \cdots, b_n) \otimes f_1(b_1, \cdots, b_n) \\
  &= f(b_1, \cdots, b_n) \otimes \underline{1} \\
  &= f(b_1, \cdots, b_n)
  \end{aligned}
  $$

  因此，我们可以证明关于 $\boxplus$ 的 f_0 的同一性。

- 补余律：证明对于 B_n 中的每个函数 f，$\boxplus[f, k[f]] = f_1$ 都成立。

  基于 κ 的补余律可得：

  $$
  \boxplus[f, k[f]](b_1, \cdots, b_n) = f(b_1, \cdots, b_n) \oplus \kappa(f(b_1, \cdots, b_n)) = 1
  $$

  因此，$\boxtimes[f, k[f]] = f_0$ 成立。

综上所述，我们就证明了布尔代数的 4 个计算规则对于运算 $\boxplus$、$\boxtimes$ 和 k 都是有效的。因此，$(B_n, \boxplus, \boxtimes, k, f_0, f_1)$ 是一个布尔代数。

约数代数

我们将集合 $A = \{1, 2, 3, 6\}$ 作为全集。对于二元运算，我们将 $ggt : A \times A \to A$ 和 $kgv : A \times A \to A$ 定义为对应参数的最大公约数，以及最小公倍数。作为一元运算，我们将 A 上的 k 定义为 $k(a) = \dfrac{6}{a}$。

现在，我们来证明 $(A, ggt, kgv, k, 1, 6)$ 是一个布尔代数。首先，我们选择 1 作为 0 元素，6 作为 1 元素。为了证明交换律，我们必须检查 ggt 和 kgv 的可交换性。由于 $ggt(a, b) = ggt(b, a)$ 和 $kgv(a, b) = kgv(b, a)$ 成立，因此这两个运算是可交换的。

为了证明分配律，我们必须检查 ggt 和 kgv 的相互分配性。因此需要证明：对于全集中的任意元素 a、b 和 c，下面两个等式成立：

$$
ggt(a, kgv(b, c)) = kgv(ggt(a, b), ggt(a, c))
$$

和

$$
kgv(a, ggt(b, c)) = ggt(kgv(a, b), kgv(a, c))
$$

这里，我们可以使用示例参数 $a = 2$、$b = 6$ 和 $c = 3$ 进行证明。那么可以得到如下 4 个等式：

$$
ggt(2, kgv(6, 3)) = ggt(2, 6) = 2
$$

和

$$
kgv(ggt(2, 6), ggt(2, 3)) = kgv(2, 1) = 2
$$

以及

$$
kgv(2, ggt(6, 3)) = kgv(2, 3) = 6
$$

和

$$ggt(kgv(2,6), kgv(2,3)) = ggt(6,6) = 6$$

证明了可分配性之后，再考虑 a、b 和 c 的所有其他选择的可能性，就可以证明分配定律的有效性。

为了证明同一律，我们必须验证：1 是否是 ggt 的同一元素，6 是否是 kgv 的同一元素。因为 $ggt(a,1) = a$ 和 $kgv(a,6) = 6$ 成立，因此同一律是满足的。

最后，我们还必须验证补余律。首先，我们观察 $a=1$ 的情况，可得：$ggt(1,k(1)) = ggt(1,6) = 1$ 和 $kgv(1,k(1)) = kgv(1,6) = 6$ 成立。对于 $a=2$ 的情况，可得：$ggt(2,k(2)) = ggl(2,3) = 1$ 和 $kgv(2,k(2)) = 6$ 成立。对于 $a = 3$ 的情况，可得：$ggt(3,k(3)) = ggt(3,2) = 1$ 和 $kgv(3,k(3)) = 6$ 成立。对于 $a=6$ 的情况，可得：$ggt(6,k(6)) = 1$ 和 $kgv(6,k(6)) = 6$ 成立。由此可以看出，补余律也是满足的。这样就证明了，$(\{1,2,3,6\}, ggt, kgv, k, 1, 6)$ 是一个布尔代数。

幂集代数

现在，我们来考虑幂集 $P(\{0\}) = \{\varnothing, \{0\}\}$ 作为全集，以及对应的集合运算：并集、交集和补集。这样我们就会得到布尔代数 $(P(\{0\}), \cup, \cap, ^-, \varnothing, \{0\})$。其中，一元运算 $^-$ 是有关 $\{0\}$ 的集合补集，$\varnothing$ 作为 0 元素，$\{0\}$ 作为 1 元素。

这样一来，我们也可以将具有较大有限集合的幂集作为一个布尔代数的全集。例如，$\{0,1\}$ 的幂集是集合 $P(\{0,1\}) = \{\varnothing, \{0\}, \{1\}, \{0,1\}\}$。那么可以证明：$(P(\{0,1\}), \cup, \cap, ^-, \varnothing, \{0,1\})$ 也是一个布尔代数。其中，我们还是将 $\varnothing$ 作为 0 元素，但是这里会将 $\varnothing$ 的补集，即 $\{0,1\}$，作为 1 元素。我们已经知道，交换律、分配律和同一律适用于运算 $\cup$ 和 $\cap$。因此，这里只需要证明补余律就可以了。全集中的元素 $\{1\}$ 的补集是 $\overline{\{1\}} = \{0\}$，$\{1\}$ 和 $\overline{\{1\}}$ 的交集是 $\{1\} \cup \{0\} = \{0,1\}$，$\{1\}$ 和 $\overline{\{1\}}$ 的并集是 $\{0\} \cap \{1\} = \varnothing$。因此，元素 $\{1\}$ 满足补余律。同样地，可以使用相同的方法检验全集中的其他元素的补余律。在这个例子中，补余律表明一个集合与其补集的并集可以给出完整的全集，而一个集合与其补集的交集却会给出一个空集。

表达式代数

根据二元素函数代数，可以确定集合 $\mathbb{B}$ 上一个有关所有 n 元布尔表达式的布尔代数。虽然对应的 n 元开关函数"只有" 2^{2^n} 个，但是 n 元的布尔表达式却有无限多个。每个表达式都描述了一个函数，但是每个函数却可以代表无限多个表达式。因此，一共有 2^{2^n} 个类的等价 n 元布尔表达式。我们使用 $\mathbb{A}_n$ 来表示等价 n 元布尔表达式的所有类的集合。

我们首先来看 $\mathbb{A}_0$。0 元布尔表达式表示不包含任何变量，只包含 0 和 1 上的运算。这些运算描述了两个 0 元布尔函数，即函数值为常量 0 的 0 元函数，和函数值为常量 1 的 0 元函数。因此，$\mathbb{A}_0$ 是由两个元素组成的：函数值为 0 的所有 0 元表达式的类，以及函数值为 1 的所有 0 元表达式的类。具体形式如下：

$$\mathbb{A}_0 = \left\{ \underbrace{\{0, (0+0), (0 \cdot 1), \overline{1}, \cdots\}}_{= [0]}, \underbrace{\{1, (0+1), (1 \cdot 1), \overline{0}, \cdots\}}_{= [1]} \right\}$$

包含表达式 α 的等价类被记作 $[\alpha]$。

1 元布尔表达式包含了 x_1、0 和 1 上的运算。这里，存在 4 个 1 元布尔函数，即包含 $\mathbb{A}_1$ 的 4 个类。类 $[0]$ 是由所有 0 的等价表达式：$[0] = \{0, (x_1 \cdot 0), (x_1 \cdot \overline{x_1}), \overline{(x_1 + \overline{x_1})}, \cdots\}$ 组成的。可以表示为

$$\mathbb{A}_1 = \left\{ [0], [x_1], [\overline{x_1}], [1] \right\}$$

确定完全集后，我们必须规定适当的运算：两个类 $A = [\alpha]$ 和 $B = [\beta]$ 上的运算 $+$ 可以得到类 $[\alpha + \beta]$。同样地，两个类 $A = [\alpha]$ 和 $B = [\beta]$ 上的运算 $\cdot$ 可以得到类 $[\alpha \cdot \beta]$。最后，运算 $\overline{}$ 对 $A = [\alpha]$ 的操作可以得到类 $[\overline{\alpha}]$。这里，类 $[0]$ 扮演着 0 元素的角色，$[1]$ 演着 1 元素的角色。根据已知的布尔表达式的性质，可以推导出 $(\mathbb{A}_n, +, \cdot, \overline{}, [0], [1])$ 是一个布尔代数。

在 11.10 节中，我们还会继续讨论开关代数的内容。

11.4 布尔代数的性质

除了 4 个计算规则外，11.3 节中给出的布尔代数的示例还满足各个单独运算和其组合的其他很多规则。例如，幂集代数中的运算 $\bigcup$ 和 $\bigcap$：

$$(P(\{1, 2, 3, 4\}), \bigcup, \bigcap, \overline{}, \varnothing, \{1, 2, 3, 4\})$$

也满足幂等律和关联性，同时还满足德·摩根律。现在我们要证明：这些定律不仅适用于某些示例，而且在任意布尔代数中都是有效的。这种有效性可以直接从 4 个定律中推导出来。

■ **定理 11.3** 设 $(B, \oplus, \otimes, \kappa, \underline{0}, \underline{1})$ 是一个有限的布尔代数。那么运算 $\oplus$ 是幂等的，即对于每个元素 $x \in B$，$x \oplus x = x$ 都成立。

证明： 这里，我们使用计算规则来进行一些等价置换。首先从 $x \oplus x$ 开始，最后得到对应的等价置换链。

第一步，我们使用同一律得到等式：

$$a \otimes \underline{1} = a$$

然后使用由 $x \oplus x$ 表示的全集元素替换 a，得到等式：

$$x \oplus x = (x \oplus x) \otimes \underline{1}$$

根据补余律可知, 对于任意 $a \in B$, $\underline{1} = (a \oplus \kappa(a))$ 都成立。这时我们用 s 替换 a, 可以得到方程式右边的最后一个等价表达式:

$$(x \oplus x) \otimes \underline{1} = (x \oplus x) \otimes (x \oplus \kappa(x))$$

现在, 这个等式的右边可以使用分配律进行转换:

$$(x \oplus x) \otimes (x \oplus \kappa(x)) = x \oplus (x \otimes \kappa(x))$$

然后使用补余律 $a \otimes \kappa(a) = \underline{0}$ 得到等式:

$$x \oplus (x \otimes \kappa(x)) = x \oplus \underline{0}$$

最后根据同一律 $a \oplus \underline{0} = a$ 得到等式:

$$x \oplus \underline{0} = x$$

综上所述, 经过基于有效计算规则的 5 个等价置换之后, 我们证明了 $x \oplus x = x$。在证明过程中, 我们没有对 x 的性质进行任何限制。因此, 这种置换适用于全集 B 中的任意 x。 ∎

接下来, 我们会通过只对置换本身的简要说明来更快地给出证明。这个命题的证明也是运算 $\otimes$ 的幂等 (即对于任意的 $x \in B$, $x \otimes x = x$ 成立), 具体流程如下:

$$
\begin{aligned}
x \otimes x &= (x \otimes x) \oplus \underline{0} &&\text{(同一律)} \\
&= (x \otimes x) \oplus (x \otimes \kappa(x)) &&\text{(补余律)} \\
&= x \otimes (x \oplus \kappa(x)) &&\text{(分配律)} \\
&= x \otimes \underline{1} &&\text{(补余律)} \\
&= x &&\text{(同一律)}
\end{aligned}
$$

与在证明定理 11.3 的步骤 1 中根据同一律使用的等价性 $a \otimes \underline{1} = a$ 不同的是, 在这里是根据同一律使用的等价性 $a \oplus \underline{0} = a$。对应的 4 个计算规则, 每个都是由两个等价性组成。如果在一个等价性中将 $\oplus$ 和 $\otimes$, 或者 $\underline{0}$ 和 $\underline{1}$ 同时交换, 那么会得到另外一个等价性。这种结论不仅与幂等有关, 而且给出了布尔代数的一个非常有意义的结构性质。这种交换被称为对偶。如果要证明布尔代数的一个性质, 那么可以通过所有等价证明的对偶来获得对偶性质的证明。借助 $\oplus$ 的幂等证明, 我们可以通过对每个步骤的二元化获得 $\otimes$ 的对偶幂等的证明, 即每种情况下都使用计算规则的等价性进行了论证。因此, 布尔代数具有对偶规则。

■ **定理 11.4** (对偶规则) 如果布尔代数中的一个性质成立, 那么其对偶性质也成立。

现在, 我们来证明布尔代数的一系列其他性质。

■ **定理 11.5** 设 $(B, \oplus, \otimes, \kappa, \underline{0}, \underline{1})$ 是一个有限的布尔代数。对于 B 中的所有元素 a、b 和 c，以下的等价性成立：

(1) 支配律：$a \oplus \underline{1} = \underline{1}$

(2) 吸收律：$a \oplus (a \otimes b) = a$

(3) 等式简化律：如果 $b \oplus a = c \oplus a$，并且 $b \oplus \kappa(a) = c \oplus \kappa(a)$，那么可得 $b = c$

(4) 结合律：$a \oplus (b \oplus c) = (a \oplus b) \oplus c$

(5) 德·摩根律：$\kappa(a \oplus b) = \kappa(a) \otimes \kappa(b)$

(6) 补律唯一性：如果 $a \oplus b = \underline{1}$，并且 $a \otimes b = \underline{0}$，那么可得 $b = \kappa(a)$

(7) 同一元 $\underline{0}$ 和 $\underline{1}$ 的互补性：$\overline{\underline{0}} = \underline{1}$ 和 $\overline{\underline{1}} = \underline{0}$

(8) 双补律：$\kappa(\kappa(a)) = a$

基于对偶规则（参见定理 11.4），我们不需要将具有同样有效性的对偶性质额外写下来，并且进行证明。例如，对偶吸收律 $a \otimes (a \oplus b) = a$，或者对偶德·摩根律 $\kappa(a \otimes b) = \kappa(a) \oplus \kappa(b)$。

证明： 这里，我们再次使用等价置换给出各个性质的证明。为此，我们要么使用布尔代数的计算规则，要么使用我们已经证明的那些性质。

(1) 下面的置换成立：
$$
\begin{aligned}
a \oplus \underline{1} &= (a \oplus \underline{1}) \otimes \underline{1} & \text{(同一律)} \\
&= (a \oplus \underline{1}) \otimes (a \oplus \kappa(a)) & \text{(补律)} \\
&= a \oplus (\underline{1} \otimes \kappa(a)) & \text{(分配律)} \\
&= a \oplus \kappa(a) & \text{(交换律和同一律)} \\
&= \underline{1} & \text{(补律)}
\end{aligned}
$$

(2) 下面的置换成立：
$$
\begin{aligned}
a \oplus (a \otimes b) &= (a \otimes \underline{1}) \oplus (a \otimes b) & \text{(同一律)} \\
&= a \otimes (\underline{1} \oplus b) & \text{(分配律)} \\
&= a \otimes \underline{1} & \text{(交换律和支配律)} \\
&= a & \text{(同一律)}
\end{aligned}
$$

(3) 假设两个等式 $b \oplus a = c \oplus a$ 和 $b \oplus \kappa(a) = c \oplus \kappa(a)$ 是等价的。那么左边两个公式的笛卡儿积等价于右边两个公式的笛卡儿积：

$$(b \oplus a) \otimes (b \oplus \kappa(a)) = (c \oplus a) \otimes (c \oplus \kappa(a))$$

借助分配律可以去个括号得到：

$$b \oplus (a \otimes \kappa(a)) = c \oplus (a \oplus \kappa(a))$$

因为补律 $a \otimes \kappa(a) = \underline{0}$ 成立，因此可得：

$$b \oplus \underline{0} = c \oplus \underline{0}$$

根据同一律，$\underline{0}$ 是 $\oplus$ 的同一元，因此我们最终得到：

$$b = c$$

(4) 证明两个等价：$((a \oplus b) \oplus c) \otimes a = (a \oplus (b \oplus c)) \otimes a$ 和 $((a \oplus b) \oplus c) \otimes \kappa(a) = (a \oplus (b \oplus c)) \otimes \kappa(a)$。基于等式的简化律，可以得出 $\oplus$ 的结合律：

$$
\begin{aligned}
& ((a \oplus b) \oplus c) \otimes a && \\
=\; & a \otimes ((a \oplus b) \oplus c) && \text{(交换律)} \\
=\; & (a \otimes (a \oplus b)) \oplus (a \otimes c) && \text{(分配律)} \\
=\; & a \oplus (a \otimes c) && \text{(吸收律)} \\
=\; & a && \text{(吸收律)} \\
=\; & a \otimes (a \oplus (b \oplus c)) && \text{(吸收律)} \\
=\; & (a \oplus (b \oplus c)) \otimes a && \text{(交换律)}
\end{aligned}
$$

$$
\begin{aligned}
& ((a \oplus b) \oplus c) \otimes \kappa(a) && \\
=\; & \kappa(a) \otimes ((a \oplus b) \oplus c) && \text{(交换律)} \\
=\; & (\kappa(a) \otimes (a \oplus b)) \oplus (\kappa(a) \otimes c) && \text{(分配律)} \\
=\; & (\kappa(a) \otimes b) \oplus (\kappa(a) \otimes c) && \text{(分配律和补律)} \\
=\; & \kappa(a) \otimes (b \oplus c) && \text{(分配律)} \\
=\; & \underline{0} \oplus (\kappa(a) \otimes (b \oplus c)) && \text{(同一律和交换律)} \\
=\; & (\kappa(a) \otimes a) \oplus (\kappa(a) \otimes (b \oplus c)) && \text{(补律)} \\
=\; & \kappa(a) \otimes (a \oplus (b \oplus c)) && \text{(分配律)} \\
=\; & (a \oplus (b \oplus c)) \otimes \kappa(a) && \text{(交换律)}
\end{aligned}
$$

(5) 证明两个等价：$(a \oplus b) \otimes (\kappa(a) \otimes \kappa(b)) = \underline{0}$ 和 $(a \oplus b) \oplus (\kappa(a) \otimes \kappa(b)) = \underline{1}$。根据补律 $\kappa(a) \otimes \kappa(b)$ 是 $a \oplus b$ 的补，可以得到如下等价：

$$
\begin{aligned}
& (a \oplus b) \otimes (\kappa(a) \otimes \kappa(b)) \\
=\; & (a \otimes (\kappa(a) \otimes \kappa(b))) \oplus (b \otimes (\kappa(a) \otimes \kappa(b))) \\
=\; & ((a \otimes \kappa(a)) \otimes \kappa(b)) \oplus ((b \otimes \kappa(b)) \otimes \kappa(a)) \\
=\; & \underline{0} \oplus \underline{0} \\
=\; & \underline{0}
\end{aligned}
$$

$$
\begin{aligned}
& (a \oplus b) \oplus (\kappa(a) \otimes \kappa(b)) \\
=\; & (a \oplus b \oplus \kappa(a)) \otimes (a \oplus b \oplus \kappa(b)) \\
=\; & \underline{1} \otimes \underline{1} \\
=\; & \underline{1}
\end{aligned}
$$

(6) 设 $a \oplus b = \underline{1}$ 和 $a \otimes b = \underline{0}$ 成立。那么可得：

$$\kappa(a) = \underline{1} \otimes \kappa(a) = (a \oplus b) \otimes \kappa(a) = b \otimes \kappa(a)$$

和

$$\kappa(a) = \underline{0} \oplus \kappa(a) = (a \otimes b) \oplus \kappa(a) = b \oplus \kappa(a)$$

现在，我们将右边 $\kappa(a)$ 等价替换到 $b \otimes \kappa(a)$，那么可得：

$$\kappa(a) = b \oplus (b \otimes \kappa(a)) = b$$

(7) 根据支配律和交换律可得：

$$\underline{0} \oplus \underline{1} = \underline{1} \text{ 且 } \underline{0} \otimes \underline{1} = \underline{0}$$

由于补律的唯一性，可得 $\kappa(\underline{1}) = \underline{0}$。最终，对偶规则给出 $\kappa(\underline{0}) = \underline{1}$。

(8) 根据补律可得 $a \oplus \kappa(a) = \underline{1}$。因为 $\underline{0}$ 和 $\underline{1}$ 是互补的，因此可得 $\kappa(a \oplus \kappa(a)) = \underline{0}$。通过使用德·摩根律和 $\otimes$ 的结合律可得 $\kappa(\kappa(a)) \otimes \kappa(a) = \underline{0}$。对偶规则提供了 $\kappa(\kappa(a)) \oplus \kappa(a) = \underline{1}$。最终，通过补律的唯一性，从最后两个等价中可得 $\kappa(\kappa(a)) = a$。 ∎

11.5 布尔代数中的偏序

在一个布尔代数中，如果无论给 1 元素添加什么元素，其和始终是 1 元素，那么这个 1 元素就可以被认为是该布尔代数的最大元素。这个想法可以进行推广，并且用来在布尔代数上定义偏序的概念。

▲ **定义 11.6** 设 $(B, \oplus, \otimes, \kappa, \underline{0}, \underline{1})$ 是一个布尔代数，并且 a 和 b 是全集 B 中的元素。当且仅当 $a \oplus b = b$ 时，我们就称 a 小于或者等于 b，记作 $a \leqslant b$。

示例 11.4

(1) 现在，我们来观察一个幂等代数：$(P(\{0,1\}), \cup, \cap, {}^{-}, \varnothing, \{0,1\})$ 对应的一个全集：$P(\{0,1\}) = \{\varnothing, \{0\}, \{1\}, \{0,1\}\}$。其中，$\{0\} \leqslant \{0,1\}$ 满足上面偏序的定义，因为 $\{0\} \cup \{0,1\} = \{0,1\}$。但是，$\{0\} \leqslant \{1\}$ 和 $\{1\} \leqslant \{0\}$ 都不满足上面偏序的定义，因为 $\{0\} \cup \{1\} = \{0,1\}$。

(2) 在二元素函数的开关函数中，我们来考虑具有以下性质的函数 g、h 和 k：

x	y	$g(x,y)$
0	0	1
0	1	0
1	0	0
1	1	1

x	y	$h(x,y)$
0	0	0
0	1	0
1	0	1
1	1	1

x	y	$k(x,y)$
0	0	1
0	1	0
1	0	1
1	1	1

这里，⊕ 扮演着运算 max 的角色。因此，$max[g, h] = k$ 成立。因为函数 h 和 k 是不同的，因此 $g \leqslant h$ 不成立。因为函数 g 和 k 也是不同的，并且根据交换律可知，$h \leqslant g$ 也不成立。因此，两个函数 g 和 h 不能使用关系 $\leqslant$ 进行相互比较。但是另一方面，$max[g, k] = k$ 成立。那么可得出 $g \leqslant k$。这也可以从函数 g 和 k 的真值表中得到证明。在 g 和 k 的真值表的第三位上出现不同的真值，即 $g(1,0) \neq k(1,0)$。也就是说，$g(1,0)$ 的真值为 0，而 $k(1,0)$ 的真值为 1。但在真值表的其他位置上都是相同的。因此，关系 $\leqslant$ 对应的是函数值的位置比较。

对于幂等代数来说，关系 $\leqslant$ 正好对应子集 $\subseteq$。因为对于任意的集合 x 和 y 都满足：$x \subseteq y$ 成立，当且仅当 $x \cup y = y$ 成立。

根据定义 5.12，关系 $\leqslant$ 确定了一个偏序关系。由一个集合 A 和 A 上的一个偏序关系 R 组成的 (A, R) 被称为偏序集。例如，偏序集 $(P(\{0,1\}), \subseteq)$ 可以通过 11.4 图中的哈斯图进行描述。

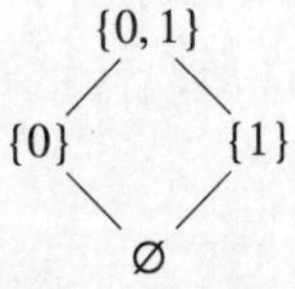

$$
\begin{array}{c}
\{0,1\} \\
\{0\} \quad\quad \{1\} \\
\varnothing
\end{array}
$$

图 11.4 偏序集 $(P(\{0,1\}), \subseteq)$ 的哈斯图

幂等代数 $(P(\{0,1,2\}), \cup, \cap, ^{-}, \varnothing, \{0,1,2\})$ 是由对应的偏序集 $(P(\{0,1,2\}), \subseteq)$ 描述的（参见图 11.5）。

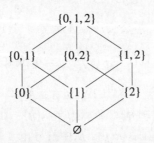

图 11.5 偏序集 $(P(\{0,1,2\}), \subseteq)$ 的哈斯图

在哈斯图中，还可以读取运算 $\cap$ 和 $\cup$ 的真值：$x \cap y$ 表示小于或者等于 x，同时小于或者等于 y 的最大元素。对应地，$x \cup y$ 表示大于或者等于 x，同时大于或者等于 y 的最小元素。

■ **定理 11.6** 设 $(B, \oplus, \otimes, \kappa, \underline{0}, \underline{1})$ 是一个布尔代数。那么 $(B, \leqslant)$ 是基于全集 B 上的偏序集。

证明： 我们已经知道：当一个关系是自反的、传递的和反对称的，那么这个关系就是偏序关系。因此，我们必须证明 $\leqslant$ 具有偏序关系的这三个性质。

- **自反性：** 由于 $\oplus$ 是幂等的，那么对于全集 B 中的所有元素 x：$x \oplus x = x$ 都成立。因此可得：$x \leqslant x$。

- **传递性：** 设 $x \leqslant y$ 和 $y \leqslant z$ 对于全集 B 中的任意元素 x、y 和 z 都成立。根据 $\leqslant$ 的定义可得：$x \oplus y = y$ 和 $y \oplus z = z$。因此，我们可以改写为

$$x \oplus z = x \oplus (y \oplus z) = (x \oplus y) \oplus z = y \oplus z = z$$

这样就得到了 $x \leqslant z$。

- **反对称性：** 设 $x \leqslant y$ 和 $y \leqslant x$ 对于全集 B 中的任何元素 x、y 和 z 都成立。那么可得：$x \oplus y = y$ 和 $y \oplus x = x$。由此可得：

$$x = y \oplus x = x \oplus y = y \qquad \blacksquare$$

在布尔代数中，我们借助 $\oplus$ 的性质推导出了偏序关系 $\leqslant$。正如下面定理给出的那样，我们也可以很好地使用 $\otimes$ 的类似性质：一个元素 x 与一个较大元素 y 进行运算 $\otimes$，结果始终是 x。

■ **定理 11.7** $x \leqslant y$ 成立，当且仅当 $x \otimes y = x$ 成立。

证明： 假设 $x \leqslant y$ 成立。由定义可知 $x \oplus y = y$。根据吸收律可知 $x \otimes (x \oplus y) = x$。基于前提条件 $x \leqslant y$，我们用 $(x \oplus y)$ 替换 y 就得到了 $x \otimes y = x$。

现在假设 $x \otimes y = x$。根据吸收律可知 $y \oplus (x \otimes y) = y$。使用 x 替换 $(x \otimes y)$ 之后，我们就可以得到 $x \oplus y = y$，即 $x \leqslant y$。 $\blacksquare$

如果将补集 $\kappa(x)$ 添加到 x，那么会产生 $\underline{1}$ 元素。

■ **定理 11.8** $x \leqslant y$ 成立，当且仅当 $\kappa(x) \oplus y = \underline{1}$ 成立。

证明： 已知：$x \leqslant y$ 成立，当且仅当 $x \oplus y = y$ 成立。现在，我们将等价的两边进行补运算，然后应用德·摩根律得到 $\kappa(x) \otimes \kappa(y) = \kappa(y)$。通过对两边分别和 x 进行笛卡儿积运算可得 $x \otimes (\kappa(x) \otimes \kappa(y)) = x \otimes \kappa(y)$。从中推导出 $\underline{0} = x \otimes \kappa(y)$。再次对两边进行补运算，然后应用德·摩根律，我们最终得到了 $\underline{1} = \kappa(x) \oplus y$。 $\blacksquare$

11.6 布尔代数的原子

布尔代数中有一种特殊的元素是：大于 $\underline{0}$ 元素 $\underline{0}$，小于全集中所有其他元素的元素。这些元素相互间可以进行比较。

▲ **定义 11.7** 布尔代数 $(B, \oplus, \otimes, \kappa, \underline{0}, \underline{1})$ 的原子是一个满足下面性质的元素 $a \in B$：$a \neq \underline{0}$，并且对于所有 $b \leqslant a$，当且仅当 $b = \underline{0}$ 或 $b = a$。

在布尔代数的哈斯图中，原子恰好是 0 元素的直接邻居。

示例 11.5

(1)　在布尔代数 $(P(\{0,1,2\}),\cup,\cap,\bar{\ },\varnothing,\{0,1,2\})$ 中，0 元素是空集 $\varnothing$，原子是元素 $\{0\}$、$\{1\}$ 和 $\{2\}$。

(2)　在函数代数中，0 元素是具有常量函数值 $\underline{0}$ 的函数。对应的偏序关系 $\leqslant$ 是对函数值的位置比较。因此，函数代数的原子就是那些函数值只有一个参数为 1，其余都为 0 的那些函数。例如，二元素开关函数的代数具有 4 个原子：

x	y	$g_1(x,y)$	x	y	$g_2(x,y)$	x	y	$g_3(x,y)$	x	y	$g_4(x,y)$
0	0	1	0	0	0	0	0	0	0	0	0
0	1	0	0	1	1	0	1	0	0	1	0
1	0	0	1	0	0	1	0	1	1	0	0
1	1	0	1	1	0	1	1	0	1	1	1

原子与其他任意一个元素的笛卡儿积运算的结果只有两个：两个元素无法比较的时候结果为 $\underline{0}$，或者笛卡儿积就是原子本身。

■　**定理 11.9**　设 a 是布尔代数的一个原子，b 是其全集中的任意一个元素。那么，要么 $a \otimes b = \underline{0}$ 成立，要么 $a \otimes b = a$ 成立。

　　证明：假设 $a \otimes b \neq a$。只要 $a \otimes b \leqslant a$，就有 $a \otimes b = \underline{0}$，因为 $\underline{0}$ 是全集中的唯一一个小于 a 的元素。　　　■

　　在布尔代数中，如果一个原子不能与一个元素相比较，那么该原子与该元素的补集就是可比的，反之亦然。

■　**定理 11.10**　设 a 是布尔代数中的一个原子，b 是其全集中的任意一个元素。则 $a \otimes b = \underline{0}$ 成立，当且仅当 $a \otimes \kappa(b) = a$ 成立。

　　证明：

- $(\leftarrow)$

  证明从 $a \otimes \kappa(b) = a$ 可以推导出 $a \otimes b = \underline{0}$。首先，我们假设 $a \otimes \kappa(b) = a$ 成立。如果 $a \otimes b \neq \underline{0}$，那么可得 $a \otimes b = a$。因此可以得到：

  $$a \otimes \kappa(b) = (a \otimes b) \otimes \kappa(b) = \underline{0}$$

  而这与假设条件是相矛盾的。

- $(\rightarrow)$

  现在假设 $a \otimes b = \underline{0}$ 成立。通过假设 $a \otimes \kappa(b) \neq a$ 可以得到 $a \otimes \kappa(b) = \underline{0}$。这意味着 $a \otimes b = a \otimes \kappa(b)$。如果在该等价式两边加上 a 可得 $a \oplus \kappa(b) = \kappa(b)$。如果将和运算替换成 $a \otimes \kappa(b) = \underline{0}$，那么可得 $a = 0$。而这与假设条件是相矛盾的。∎

■ **定理 11.11** 设 a 是布尔代数中的一个原子，b 是其全集中的任意一个元素。那么，要么 $a \leqslant b$ 成立，要么 $a \leqslant \kappa(b)$ 成立。

证明： 假设 $a \leqslant b$ 或者 $a \leqslant \kappa(b)$ 都不成立。那么 $a \otimes b = \underline{0}$，$a \otimes \kappa(b) = \underline{0}$。这样可得 $a \otimes b = a \otimes \kappa(b)$。通过添加 $\kappa(b)$ 可得 $a \oplus \kappa(b) = \kappa(b)$。因此 $a = \underline{0}$ 必须成立，而这就与 a 是一个原子相矛盾。 ∎

示例 11.6

(1) 布尔代数 $(P(\{0,1,2\}), \cup, \cap, \overline{}, \varnothing, \{0,1,2\})$ 具有的全部原子为：$\{0\}$、$\{1\}$ 和 $\{2\}$。全集中的元素都是 $\{0,1,2\}$ 的子集。也就是说，每个元素 x 都可以表示为原子的并集。例如，元素 $\{0,2\}$ 可以表示为原子 $\{0\}$ 和 $\{2\}$ 的并集：

$$\{0\} \cup \{2\} = \{0,2\}$$

这个并集中出现的原子正好是小于 $\{0,2\}$ 的原子。

(2) 在开关函数中，每个函数 f 也是小于或者等于 f 的所有原子函数的总和。例如

$$max \left(\begin{array}{cc|c} x & y & g_1(x,y) \\ \hline 0 & 0 & 1 \\ 0 & 1 & 0 \\ 1 & 0 & 0 \\ 1 & 1 & 0 \end{array} , \begin{array}{cc|c} x & y & g_4(x,y) \\ \hline 0 & 0 & 0 \\ 0 & 1 & 0 \\ 1 & 0 & 0 \\ 1 & 1 & 1 \end{array} \right) = \begin{array}{cc|c} x & y & g(x,y) \\ \hline 0 & 0 & 1 \\ 0 & 1 & 0 \\ 1 & 0 & 0 \\ 1 & 1 & 1 \end{array}$$

或者

$$max \left(max \left(\begin{array}{cc|c} x & y & \\ \hline 0 & 0 & 1 \\ 0 & 1 & 0 \\ 1 & 0 & 0 \\ 1 & 1 & 0 \end{array} , \begin{array}{cc|c} x & y & \\ \hline 0 & 0 & 0 \\ 0 & 1 & 0 \\ 1 & 0 & 0 \\ 1 & 1 & 1 \end{array} \right) , \begin{array}{cc|c} x & y & \\ \hline 0 & 0 & 0 \\ 0 & 1 & 0 \\ 1 & 0 & 1 \\ 1 & 1 & 0 \end{array} \right) = \begin{array}{cc|c} x & y & \\ \hline 0 & 0 & 1 \\ 0 & 1 & 0 \\ 1 & 0 & 1 \\ 1 & 1 & 1 \end{array}$$

■ **定理 11.12** 在布尔代数中，任意一个元素 a 都是所有小于或者等于 a 的原子之和。

证明： 设 b 是布尔代数 $(B, \oplus, \otimes, \kappa, \underline{0}, \underline{1})$ 中的一个元素，$a_1, \cdots, a_k$ 是 B 中所有满足 $a_i \leqslant b$ 的原子。我们用 σ_b 表示这些原子的和 $a_1 \oplus \cdots \oplus a_k$。现在我们来证明：$b \leqslant \sigma_b$ 和 $\sigma_b \leqslant b$ 成立，然后就可以从中推导出 $b = \sigma_b$。

我们首先证明 $b \otimes \sigma_b = \sigma_b$，并且观察积运算 $b \otimes \sigma_b = \sigma_b$。基于分配律，这个积运算等价于 $(b \otimes a_1) \oplus (b \otimes a_2) \oplus \cdots \oplus (b \otimes a_k)$。因为 $a_i \leqslant b$，所以 $a_i \otimes b = a_i$ 成立。因此，这个和等价于 $a_1 \oplus a_2 \oplus \cdots \oplus a_k$。

现在，我们来看积运算 $b \otimes \kappa(\sigma_b) = b \otimes \overline{(a_1 \oplus a_2 \oplus \cdots \oplus a_k)}$。假设，$b \otimes \kappa(\sigma_b) \neq \underline{0}$ 成立。那么存在一个原子 $a \leqslant b \otimes \kappa(\sigma_b)$。因此，$a \otimes b \otimes \kappa(\sigma_b) = a$ 成立。假设 $a \leqslant b$，那么 a 就是 σ_b 中的一个和，记作 a_c。因此可得：

$$a = a \otimes b \otimes \kappa(\sigma_b) = a \otimes b \otimes \kappa(a_1) \otimes \cdots \otimes \kappa(a_c) \otimes \cdots \otimes \kappa(a_k) = \underline{0}$$

成立。

因为 a 是一个原子，那么可知 $a \neq \underline{0}$。因此，假设 $a \leqslant b$ 不成立，同时 $a \leqslant \kappa(b)$ 必须成立，即 $a \otimes \kappa(b) = a$。因此可得：

$$a = a \otimes b \otimes \kappa(\sigma_b) = a \otimes \kappa(b) \otimes b \otimes \kappa(\sigma_b) = \underline{0}$$

这样就产生了一个矛盾：a 是一个原子。因此，$b \otimes \kappa(\sigma_b) = \underline{0}$ 成立。

综上所述，我们就证明了 $b \otimes \sigma_b = \sigma_b$，$b \otimes \kappa(\sigma_b) = \underline{0}$。根据方程简化规则就可以得到：$b = \sigma_b$。 ■

原子的每个和运算都描述了全集中的唯一一个元素。

■ **定理 11.13** 布尔代数中的每个元素都可以被唯一表示为原子的和。

证明： 假设，元素 b 是通过两个不同的原子和运算 $b = \sigma$ 和 $b = \sigma'$ 表示的。那么在两个和运算中的一个和运算中存在一个原子 $a \leqslant b$，而这个原子不会出现在另一个和运算中。不失一般性地假设：a 出现在 σ 中。根据定理 11.9 可得 $a \otimes b = a \otimes \sigma' = \underline{0}$ 成立。因此，$a = \underline{0}$ 与 a 是一个原子相矛盾。 ■

□ **推论 11.1** 如果一个布尔代数具有 n 个原子，那么它正好具有 2^n 个元素。

原子补集表示的是一个原子 a 的补集 $\kappa(a)$。

■ **定理 11.14** 布尔代数中的每个元素都是所有较大原子补集的积。

定理 11.12 和定理 11.14 也被称为标准型定理。这些定理允许借助原子来统一表示布尔代数的正式元素。

11.7 布尔表达式的规范形式

现在，我们来讨论 11.3 节中介绍的表达式代数的原子。表达式代数中的每个元素都是一组等价的布尔表达式。由于等价布尔表达式表示的是相同的开关函数，因此表达式代数的每个元素都包含那些表示相同开关函数的不同布尔表达式。图 11.6 给出了一个示例。

开关函数			等价表示
x_1	x_2	$f(x_1, x_2)$	$\overline{(\overline{x_1} \cdot \overline{x_2})} + (x_1 \cdot x_2)$
0	0	1	$\overline{((\overline{x_1} \cdot x_2) + (x_1 \cdot \overline{x_2}))}$
0	1	0	$(\overline{x_1} + x_2) \cdot (x_1 + \overline{x_2})$
1	0	0	$\overline{(\overline{x_1} \cdot x_2) \cdot (x_2 + \overline{x_1})}$
1	1	1	$\vdots$

图 11.6　一个开关函数和不同的等价表示

为了确定表达式代数的原子，我们可以回想一下代数的开关函数的原子。那些原子是正好具有一个值为 1 的参数，其余参数值为 0 的函数。此类原子作为布尔表达式的描述可以从具有函数值为 1 的参数获得。例如，原子开关函数 g:

x_1	x_2	$g(x_1, x_2)$
0	0	0
0	1	0
1	0	1
1	1	0

对于参数 $(1, 0)$ 正好具有函数值 1。因此，如果将表达式中参数 $(1, 0)$ 的第一个元素 x_1 用 1 替换，第二个元素 x_2 用 0 替换，那么描述布尔表达式的 g 正好等价于 1。一个具有这些性质的表达式示例为 $x_1 \cdot \overline{x_2}$。参数 $(1, 0)$ 指定了这两个变量的"符号"：x_1 的符号为 1，意味着笛卡儿积中出现了"正"；x_2 的符号为 0，意味着笛卡儿积中出现了"负"。

一个变量 x_i，或者该变量的补 $\overline{x_i}$ 被称为项。从刚才的示例中我们可以看出：开关函数的原子可以通过这些项的笛卡儿积来表示。这个积被称为极小项。如果每个变量 $x_1, \cdots, x_n$ 正好出现一次，那么就称为完整极小项。在具有变量 x_1, x_2, x_3 的表达式代数中，例如 $x_1 \cdot x_2 \cdot x_3$ 和 $x_1 \cdot \overline{x_2} \cdot \overline{x_3}$ 就是完整极小项。如果每个变量在笛卡儿积中出现的次数不止一次，那么就被称为一个极小项，而不是一个完整极小项。每个极小项就是比之更小的完整极小项的和。例如，$x_1 \cdot \overline{x_2} = (x_1 \cdot \overline{x_2} \cdot x_3) + (x_1 \cdot \overline{x_2} \cdot \overline{x_3})$ 成立。

在 n 元素开关函数中，每个原子正好对应于具有变量 $x_1, \cdots, x_n$ 的表达式代数中与一个完整极小项等价的表达式的集合。根据定理 11.12：布尔代数中的每个元素都是原子的和。因此，表达式代数遵循如下定理。

■ **定理 11.15** 每个布尔表达式都等价于一个完整的极小项之和。

为了确定这个和，我们可以在真值表的基础上来考虑由表达式表示的函数，并且确定表中以 1 结尾的行中的所有极小项。而寻求的和正是由这些极小项组成的。

示例 11.7

表达式

$$(x_1 + x_2) \cdot (\overline{x_1} \cdot \overline{x_2}) + (x_2 \cdot x_3)$$

代表了如下的函数 f，从这个函数中我们可以获得对应的极小项。

x_1	x_2	x_3	$f(x_1, x_2, x_3)$		
0	0	0	0		
0	0	1	0		
0	1	0	0		
0	1	1	1	$\rightarrow$	$\overline{x_1} \cdot x_2 \cdot x_3$
1	0	0	0		
1	0	1	0		
1	1	0	0		
1	1	1	1	$\rightarrow$	$x_1 \cdot x_2 \cdot x_3$

也就是说，$(x_1 + x_2) \cdot (\overline{x_1} \cdot \overline{x_2}) + (x_2 \cdot x_3) = \overline{x_1} \cdot x_2 \cdot x_3 + x_1 \cdot x_2 \cdot x_3$ 成立。

现在，我们来看极小项的补，例如，$\overline{x_1 \cdot x_2 \cdot x_3}$。根据德·摩根律和双重否定律我们可以得到：

$$\overline{\overline{x_1} \cdot x_2 \cdot x_3} = x_1 + \overline{x_2} + \overline{x_3}$$

因此，极小项的补总是项的和。这样的和被称为极大项。当定义表达式代数的时候，每个变量 $x_1, \cdots, x_n$ 都出现在其中，那么这种极大项被称为完整极大项。根据定理 11.14，布尔代数中的每个元素都是原子补的笛卡儿积。由此可以得出如下布尔表达式的结论。

■ **定理 11.16** 每个布尔表达式都等价于完整极大项的笛卡儿积。

为了确定极大项的积，我们可以使用确定极小项和的类似方法。根据定理 11.11：布尔代数的每个元素要么大于一个原子，要么小于该原子的补。如果将开关函数真值表中真值为 1 的行表示为布尔表达式，那么正好会得到更小的原子。对应地，真值为 0 的行会正好得到更大的原子补。因此，我们只需确定每个真值为 0 的行的极小项，并且构建其对应的补就可以得到极大项。

示例 11.8

对于示例 11.7 中的开关函数，我们可以得到：

x_1	x_2	x_3	$f(x_1,x_2,x_3)$		极小项		极小项的补
0	0	0	0	$\rightarrow$	$\overline{x_1} \cdot \overline{x_2} \cdot \overline{x_3}$	$\rightarrow$	$x_1 + x_2 + x_3$
0	0	1	0	$\rightarrow$	$\overline{x_1} \cdot \overline{x_2} \cdot x_3$	$\rightarrow$	$x_1 + x_2 + \overline{x_3}$
0	1	0	0	$\rightarrow$	$\overline{x_1} \cdot x_2 \cdot \overline{x_3}$	$\rightarrow$	$x_1 + \overline{x_2} + x_3$
0	1	1	1				
1	0	0	0	$\rightarrow$	$x_1 \cdot \overline{x_2} \cdot \overline{x_3}$	$\rightarrow$	$\overline{x_1} + x_2 + x_3$
1	0	1	0	$\rightarrow$	$x_1 \cdot \overline{x_2} \cdot x_3$	$\rightarrow$	$\overline{x_1} + x_2 + \overline{x_3}$
1	1	0	0	$\rightarrow$	$x_1 \cdot x_2 \cdot \overline{x_3}$	$\rightarrow$	$\overline{x_1} + \overline{x_2} + x_3$
1	1	1	1				

因此，可得极大项：

$$(x_1 + x_2) \cdot (\overline{x_1} \cdot \overline{x_2}) + (x_2 \cdot x_3) = (x_1 + x_2 + x_3) \cdot (x_1 + x_2 + \overline{x_3}) \cdot (x_1 + \overline{x_2} + x_3)$$

11.8　最小化布尔表达式

现在，我们的目标是为布尔表达式找到一个等价的、尽可能紧凑的极小项之和。也就是说，对应的和应该包含尽可能少的，并且短的极小项。根据定理 11.15 可知：每个布尔表达式等价于一个完整极小项之和。这种表示可以通过等价置换将给定的表达式转换为所需的形式。首先，必须确保替换掉所有子表达式的补集，并且只对变量进行补运算。这可以通过重复使用德·摩根律和双重否定律实现。之后，可以借助分配律、吸收律和幂等律将这些表达式转换为等价的极小项之和。例如：

$$\begin{aligned}
& (x_1 + x_2) \cdot \overline{(x_1 + x_2)} + \overline{(\overline{x_2} + \overline{x_3})} \\
= \ & (x_1 + x_2) \cdot (\overline{x_1} \cdot \overline{x_2}) + (x_2 \cdot x_3) \\
= \ & (x_1 \cdot \overline{x_1} \cdot \overline{x_2}) + (x_2 \cdot \overline{x_1} \cdot \overline{x_2}) + (x_1 \cdot x_2 \cdot x_3) + (\overline{x_1} x_2 \cdot x_3) \\
= \ & (x_1 \cdot x_2 \cdot x_3) + (\overline{x_1} \cdot x_2 \cdot x_3)
\end{aligned}$$

　　这个结果被认为是极小项之和：这个和的两个完整的极小项包含相同的变量，并且只是在单个项中有所不同。因此，各个具有三个项的两个极小项之和可以通过一个只具有两个变量的等价极小项替代。这个等价极小项被称为预解式（resolvent）。两个可以构建一个预解式的极小项被称为是可预解的。这里，x_i 和 $\overline{x_i}$ 的预解式是 1。

　　现在，我们想要转换一个极小项的和，以便其包含尽可能少的和尽可能短的加项。为此，需要构建所有的预解式（也包括预解式的预解式），并且记下哪些极小项被预解了。通过不能被预解的极小项的集合可以最终确定一个包含来自所有完整极小项的预解式的最小子集。

　　我们可以使用数学归纳法来描述这个过程。首先，构造一个图 $G = (V, E)$，其各个结点是极小项，每个极小项的有向边导向了对应的预解式。

　　我们从出现在和中的完整极小项 $m_1, \cdots, m_k$ 开始：

　　归纳基础：$G_0 = (V_0, E_0)$，其中：$V_0 = \{m_1, \cdots, m_k\}, E_0 = \varnothing$

　　在每个步骤中，我们通过新的预解式来扩展结点集。每个新的预解式是新边的终点，其起始点是由该结点预解的结点。

　　归纳规则：　　$G_{i+1} = (V_{i+1}, E_{i+1})$，其中：

$$V_{i+1} = V_i \cup \{r \mid r \text{ 是 } t \text{ 的预解式}, t \in V_i\}$$

$$E_{i+1} = E_i \cup \{(t, r), (t', r) \mid r \text{ 是 } t \text{ 的预解式}, t' \in V_i\}$$

　　V_0 中的结点是完整极小项。V_1 中的结点全部来自 V_0 和一个具有少了一个项的极小项，以此类推。设 n 是完整极小项中变量的个数。那么，$V_i - V_{i-1}$ 中的结点是具有 $n - i$ 个变量的极小项。最多 n 个步骤之后，该图将不再改变。最终，我们就得到了图 $G = G_n$。在 G 中，起始度为 0 的结点正好是那些不能预解的极小项。

$$N = \{t \in V \mid t \text{ 在 } G \text{ 中的起始度为 } 0\}$$

现在，通过所有不能预解的极小项 t 可以等价替换所有完整的极小项 m_i。其中，t 被预解。我们将对应的集合记作

$$R(t) = \{s \mid s \in \{m_1, \cdots, m_k\}, s \xrightarrow[G]{*} t\}$$

那么，下面等式成立：

$$\bigcup_{t \in N} R(t) = \{m_1, \cdots, m_k\}$$

因此，N 中所有极小项的和等于所有极小项 $m_1, \cdots, m_k$ 的和。但是，一个极小项的最小和只是由 N 中的具有 $\bigcup_{t \in T} R(t) = \{m_1, \cdots, m_k\}$ 的子集 T 组成。具有这个属性的最小子集 T 的所有极小项之和正好是我们寻找的紧凑表示。

11.9　同构基本定理

作为布尔代数的例子，我们已经了解了幂等代数、表达式代数和开关函数代数。其中，表达式代数是从开关函数中推导出来的：通过一个函数，即开关函数的每个元素，我们已经将该函数描述的表达式的集合构造为该表达式代数的元素。相反，元素的每个表示也可以通过该表达式描述的代数表达式确定。其中，代数表达式对应每个表达式，函数对应代数表达式的元素。从形式上来说，这样描述的映射 Φ_F 是从开关函数的全集到表达式代数全集上的双射。

示例 11.9

$$\Phi_F \begin{pmatrix} \begin{array}{cc|c} x_1 & x_2 & \\ \hline 0 & 0 & 1 \\ 0 & 1 & 0 \\ 1 & 0 & 0 \\ 1 & 1 & 1 \end{array} \end{pmatrix} \;=\; [(\overline{x_1} \cdot \overline{x_2}) + (x_1 \cdot x_2)]$$

现在，我们来考虑开关函数的运算 max。这个运算对应表达式代数中的运算 $+$。将运算 max 应用到两个函数 f 和 g 上，并且通过观察确定所得到的表达式，可以看出结果刚好属于 f 和 g 的两个表达式的和，即

$$\Phi_F(max(f,g)) = \Phi_F(f) + \Phi_F(g)$$

示例 11.10

$$\begin{array}{cc|c} x_1 & x_2 & \\ \hline 0 & 0 & 1 \\ 0 & 1 & 0 \\ 1 & 0 & 0 \\ 1 & 1 & 1 \end{array} \; , \; \begin{array}{cc|c} x_1 & x_2 & \\ \hline 0 & 0 & 1 \\ 0 & 1 & 0 \\ 1 & 0 & 1 \\ 1 & 1 & 0 \end{array} \qquad \overset{\Phi_F}{\longleftrightarrow} \qquad [(\overline{x_1} \cdot \overline{x_2}) + (x_1 \cdot x_2)] \, , \, [\overline{x_2}]$$

$$\Big\downarrow max \qquad\qquad\qquad\qquad\qquad\qquad\qquad \Big\downarrow +$$

$$\begin{array}{cc|c} x_1 & x_2 & \\ \hline 0 & 0 & 1 \\ 0 & 1 & 0 \\ 1 & 0 & 1 \\ 1 & 1 & 1 \end{array} \qquad\qquad \overset{\Phi_F}{\longleftrightarrow} \qquad [(\overline{x_1} \cdot \overline{x_2}) + (x_1 \cdot x_2) + \overline{x_2}]$$

上面的结论同样适用于运算 min 和 $\cdot$，以及 k 和 $^-$。映射 Φ_F 不仅是双射，而且在推理的过程完全相同。因此，称 Φ_F 继承了结构。一个保持了结构的映射被称为同构。

▲ **定义 11.8** 设 $(A, \oplus, \otimes, \kappa, \underline{0}, \underline{1})$ 和 $(B, \boxplus, \boxtimes, k, \underline{0}, \underline{1})$ 是两个布尔代数。一个映射 $\Phi: A \to B$ 被称为同构，如果对于 A 中的所有元素 a 和 b 满足：

(1) $\Phi(a \oplus b) = \Phi(a) \boxplus \Phi(b)$

(2) $\Phi(a \otimes b) = \Phi(a) \boxtimes \Phi(b)$

(3) $\Phi(\kappa(a)) = k(\Phi(a))$

两个布尔代数被称为是同构的，如果它们之间存在一个同构映射。

上面描述的双射 Φ_F 是开关函数和表达式代数之间的同构。对应非正式的表述是：开关函数和表达式代数是"真正"等价的，只是对应元素的性质不同。事实上，具有相同大小的所有有限代数相互间都是"真正"等价的。

■ **定理 11.17** （Stone 同构基本定理） 每个有限布尔代数和一个有限集合 $M \subseteq \mathbb{N}$ 的幂等代数 $(P(M), \cup, \cap, ^-, \varnothing, M)$ 是同构的。

证明： 设 $(B, \oplus, \otimes, \kappa, \underline{0}, \underline{1})$ 是一个布尔代数，n 是该代数原子的个数。我们用 $a_1, a_2, \cdots, a_n$ 表示这些原子，并且选择 $M = \{1, 2, \cdots, n\}$ 作为幂等代数的全集。这里，我们需要证明：$(B, \oplus, \otimes, \kappa, \underline{0}, \underline{1})$ 是同构的。之后，我们定义一个映射 $\Phi: B \to P(M)$。然后证明：该映射是一个同构。Φ 将 b 的每个元素映射到和为 b 的原子指数集合上。因此，Φ 将 0 元素 $\underline{0}$ 映射到 $\varnothing$，原子 a_i 映射到集合 $\{i\}$，元素 $b = a_{i_1} \oplus \cdots \oplus a_{i_k}$ 映射到集合 $\{i_1, \cdots, i_k\}$。

由于 B 的每个元素都通过原子和被唯一表示（定理 11.13），因此 Φ 是双射。

这里仍然需要明确的一点是：Φ 也是保持结构的。为此，我们必须证明两个有关 Φ 的运算是相互对应的。因此，必须证明全集 B 中的所有元素 b 和 c 具有以下三个属性：

(1) $\oplus$ 和 $\cup$ 是相互对应的，也就是说 $\Phi(b \oplus c) = \Phi(b) \cup \Phi(c)$。

(2) $\otimes$ 和 $\cap$ 是相互对应的，也就是说 $\Phi(b \otimes c) = \Phi(b) \cap \Phi(c)$。

(3) κ 和 $^-$ 是相互对应的，也就是说 $\Phi(\kappa(b)) = \overline{\Phi(b)}$。

我们从属性 (1) 开始证明。假设 $b = a_{i_1} \oplus \cdots \oplus a_{i_k}$，$c = a_{j_1} \oplus \cdots \oplus a_{j_l}$。那么可以得到：

$$
\begin{aligned}
\Phi(b \oplus c) &= \Phi((a_{i_1} \oplus \cdots \oplus a_{i_k}) \oplus (a_{j_1} \oplus \cdots \oplus a_{j_l})) \\
&\quad (b \text{ 和 } c \text{ 的定义}) \\
&= \Phi(a_{i_1} \oplus \cdots \oplus a_{i_k} \oplus a_{j_1} \oplus \cdots \oplus a_{j_l}) \\
&\quad (\text{结合律和幂等律})
\end{aligned}
$$

$$
\begin{aligned}
&= \{i_1, \cdots, i_k, j_1, \cdots, j_l\} \\
&\quad (\Phi \text{ 的定义}) \\
&= \{i_1, \cdots, i_k\} \cup \{j_1, \cdots, j_l\} \\
&\quad (\cup \text{ 的属性}) \\
&= \Phi(a_{i_1} \oplus \cdots \oplus a_{i_k}) \cup \Phi(a_{j_1} \oplus \cdots \oplus a_{j_l}) \\
&\quad (\Phi \text{ 的定义}) \\
&= \Phi(b) \cup \Phi(c) \\
&\quad (b \text{ 和 } c \text{ 的定义})
\end{aligned}
$$

属性 (2) 和属性 (3) 的证明，即 $\Phi(b \otimes c) = \Phi(b) \cap \Phi(c)$ 和 $\Phi(\kappa(b)) = \overline{\Phi(b)}$ 的证明可以以此类推。这样就证明了 Φ 是同构的。∎

示例 11.11

(1) 我们观察具有全集

$$A = \{1, 2, 3, 5, 6, 10, 15, 30\}$$

的因数代数 $(A, ggt, kgv, k, 1, 30)$。其中，全集 A 是 30 的所有因数，A 上的二元运算 ggt 是"最大公约数"，kgv 是"最小公倍数"。补 k 是一个一元运算，记作 $k(a) = \dfrac{30}{a}$。现在，我们使用同构基本定理来证明 $(A, ggt, kgv, k, 1, 30)$ 是一个布尔代数。为此，我们为一个类代数构造一个同构。由于 A 是由 $8 = 2^3$ 个元素组成，因此该代数必须包含 3 个原子。因此，$(P(\{1,2,3\}), \cup, \cap, \bar{\ }, \varnothing, \{1,2,3\})$ 是该问题中涉及的代数。

现在，我们必须构造同构。这可以通过使用全集上的归纳偏序来完成。子集关系 $\subseteq$ 是 $P(\{1,2,3\})$ 上的一个偏序。因数关系 $\{(m,n) \mid m \text{ teilt } n\}$ 是 A 上的一个偏序。现在，选择这两个结构之间的同构，以便在对应每个偏序中具有相同"位置"的元素彼此映射。如果已经知道偏序，那么找到一个保留结构的图并不难。这两个偏序的哈斯图可以参见图 11.7。

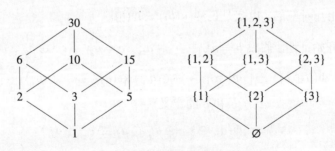

图 11.7　因数代数和同构幂等代数的哈斯图

例如，双射 $\Phi_T : P(\{1,2,3\}) \to A$，其中：

A	$\varnothing$	$\{1\}$	$\{2\}$	$\{3\}$	$\{1,2\}$	$\{1,3\}$	$\{2,3\}$	$\{1,2,3\}$
$\Phi_T(A)$	1	2	3	5	6	10	15	30

因为 Φ_T 映射到两个哈斯图相同的"位置"，因此很明显，Φ_T 是一个同构。这就证明了，$(A, ggt, kgv, k, 1, 30)$ 是一个布尔代数。

(2) 下一个示例我们来看开关函数代数：n 元开关函数 $(\mathbb{B}_n, max, min, k, 0, 1)$。一个 n 元开关函数的值曲线是由 2^n 个值组成，即 $\mathbb{B}_n$ 是由 2^{2^n} 个元素组成。根据同构基本定理可知，$(\mathbb{B}_n, max, min, k, 0, 1)$ 与下面幂等代数是同构的：

$$(P(\{1, 2, \cdots, 2^n\}), \cup, \cap, {}^-, \varnothing, \{1, 2, \cdots, 2^n\})$$

我们定义一个从 $\mathbb{B}_n$ 到 $P(\{1, 2, \cdots, 2^n\})$ 的映射 Φ_n，以便当 f 的值曲线的第 i 个位置的值为 1 时，集合 $\Phi_n(f)$ 刚好包含数字 i。

下面给出二元函数 f 的值曲线：

x_1	x_2	$f(x_1, x_2)$
0	0	1
0	1	0
1	0	1
1	1	0

其对应的 4 个数字为 $1, 0, 1, 0$。因此，$\Phi_4(f) = \{1, 3\}$。

显然，每个函数都正好映射到一个集合，反之亦然。因此，Φ_n 是双射的。这就表明了，运算 max、min 和 k 对应于运算 $\cup$, $\cap$ 和 ${}^-$。通过 max 的定义可得，$max[f,g]$ 的曲线值中的一个位置是 1，当且仅当 f 或者 g 的曲线值中这个位置也是 1。因此，max 和 $\cup$ 是对应的。

$$
\begin{aligned}
\Phi_n(max[f,g]) &= \{i \mid \text{在 } f \text{ 的数值表中，第 } i \text{ 个位置是 1} \\
&\qquad \text{或者，在 } g \text{ 的数值表中，第 } i \text{ 个位置是 1}\} \\
&= \{i \mid \text{在 } f \text{ 的数值表中，第 } i \text{ 个位置是 1}\} \\
&\qquad \cup \{i \mid \text{在 } g \text{ 的数值表中，第 } i \text{ 个位置是 1}\} \\
&= \Phi_n(f) \cup \Phi_n(g)
\end{aligned}
$$

其他运算的证明与之类似。因此证明了：Φ_n 是一个同构。

11.10　电路代数

　　现在, 我们来学习一个对于电子和计算机技术具有重要意义的布尔代数: 电路代数。电路代数是由电路组成的, 而电路是由端口和逻辑门组成。每个逻辑门要么是打开的, 要么是关闭的。也就是说, 每个逻辑门要么是导电 (打开) 的, 要么是不导电 (关闭) 的。我们分别将元素 1 和 0 分配给这两种状态。这里, 我们将二元运算 $\otimes$ 和 $\oplus$ 解释为 $\wedge$ 门和 $\vee$ 门, 一元运算 κ 解释为 $\neg$ 门。这些逻辑门以及对应的运算可以参见图 11.8。电路是由不同的逻辑门组成的, 每个逻辑门的输出都可以成为其他逻辑门的输入。

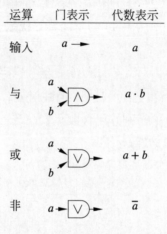

图 11.8　电路门和运算的分配

　　例如, 图 11.9 中的电路具有输入门 x_1、x_2 和 x_3, 以及一个输出门。在图 11.8 中, 我们已经使用布尔表达式的形式描述了每个逻辑门的函数, 并且根据输入门的信号可以得出输出门的信号。这里, 由于我们使用信号 1 和 0 进行计算, 因此可以通过电路表示开关函数。图 11.9 中的电路被表示为如下相同的函数:

$$((x_1 \cdot x_2) \cdot (x_2 + x_3)) \cdot \overline{(x_2 + x_3)}$$

需要注意的是, 由 $\vee$ 门计算的子函数 $x_2 + x_3$ 在表达式中出现两次。电路有时允许用比表达式更短的函数表示。相反, 每个表达式显然可以通过一个电路表示。

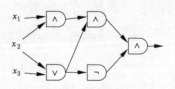

图 11.9　电路示例

▲ **定义 11.9** 一个带有变量 $x_1, \cdots, x_n$ 的电路 S 是一个有向无环图。输入度为 0 的结点（输入门）是由变量 x_i，或者常量 $0, 1$ 标记的。输入度 $\geqslant 1$ 的结点（内结点、内逻辑门）是由开关函数标记的。其中，输入度正好是开关函数的元数。至少有一个结点具有输出度为 0（输出门）。

在逻辑门 G 处计算的函数 $f_G(x_1, \cdots, x_n)$ 可以被归纳地描述为：

(1) $f_G(x_1, \cdots, x_n) = m$，如果 G 是一个标记为 m 的输入结点。

(2) $f_G(x_1, \cdots, x_n) = m(f_{G_1}(x_1, \cdots, x_n), \cdots, f_{G_l}(x_1, \cdots, x_n))$，如果 G 是一个标记为 m 的内部结点，其前结点是 $G_1, \cdots, G_l$。

由电路表示的开关函数是在输出门处计算得到的函数。

现在，我们再来看图 11.9 中的电路。输入门是由 x_1、x_2 和 x_3 标记的。而位于图最右端的是输出门，因为由它不能再到达其他的逻辑门。

示例 11.12

奇偶校验函数通过具有 $\wedge$ 门、$\vee$ 门和 $\neg$ 门的表示要比通过布尔表达式更紧凑。n 元奇偶校验函数 $P_n : \mathbb{B}^n \to \mathbb{B}$ 被定义为：

$$P_n(b_1, \cdots, b_n) = 1 \text{ 成立，当且仅当}$$
$$b_i \text{ 的一个奇数的值为 1。}$$

例如，P_3 具有图 11.10 中的真值表。

x_1	x_2	x_3	$P_3(x_1, x_2, x_3)$
0	0	0	0
0	0	1	1
0	1	0	1
0	1	1	0
1	0	0	1
1	0	1	0
1	1	0	0
1	1	1	1

图 11.10 P_3 的真值表

如果将 P_n 表示为范式，那么可以得到 2^{n-1} 和的极小项。这个极小项在至少两个成对的位置是不同的。因此，这个表达式并没有被最小化。Krapchenko 在一个名句中指出：作为布尔表达式的 P_n 的每个表示的大小都至少为 n^2。现在，我们要用最小电路表示奇偶校验函数。

首先，我们来看一个计算两个输入等价性的逻辑门。当且仅当两个输入等价的时候，值才为 1。

运算	门表示	代数表示
等价	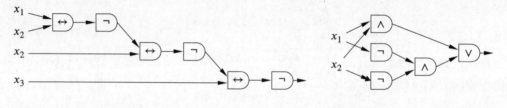	$(a \cdot b) + (\overline{a} \cdot \overline{b})$

借助等价门可以较容易地构造用于奇偶校验函数的电路。图 11.11 中的电路计算得出的函数为 P_4。

P_n 的一个对应电路是由 n 个输入门，$n-1$ 个等价门和 $n-1$ 个否定门组成的。因此，这个电路具有不到 $3n$ 个逻辑门。现在，我们构建一个仅由输入门、$\wedge$ 门、$\vee$ 门和 $\neg$ 门组成的电路。通过等价门计算所得的开关函数可以表示为表达式：$(x_1 \cdot x_2) + (\overline{x_1} \cdot \overline{x_2})$。这就意味着，每个等价门可以被对应电路的一个表达式所替代。图 11.12 中描述了这种电路。

图 11.11 P_4 的电路   图 11.12   用于奇偶校验函数的电路

通过这种方式，我们得到一个具有 n 个输入门，$(n-1) \cdot 5$ 个替代奇偶校验门的逻辑门和 $(n-1)$ 个否定门的 P_n 的电路 C_n。因此，电路 C_n 具有不到 $7n$ 个逻辑门。由于每个布尔表达式表示为具有最少 n^2 大小的 P_n，因此可以看出由电路表示的 P_n 要小于由布尔表达式表示的 P_n。

通常情况下，电路和 $\wedge$ 门、$\vee$ 以及 $\neg$ 门一起使用。现在，我们来给出如何使用电路来定义一个布尔代数。从这个想法可以看出，具有 n 个输入门的电路刚好代表了 n 元开关函数。这些逻辑门满足布尔代数的四个计算规则：

(1) $\wedge$ 门和 $\vee$ 门是可交换的。

(2) $\wedge$ 门和 $\vee$ 门是相互分配的。

(3)   1 是 $\wedge$ 门的单位元，0 是 $\vee$ 门的单位元。

(4)   在一个 $\wedge$ 门输入一个值和其对应的补，可以返回 0。而在一个 $\vee$ 门进行同样的操作可以返回 1。

现在，我们只需要确定全集。显然，存在无限多个具有 n 个输入门的电路。但是在这里，我们需要考虑表达式中的特定操作：分解所有电路的集合，使得在每个分区中恰好存在可以计算相同开关函数的电路。因为这种 n 元开关函数的个数是有限的，因此所有分区的集合也是有限的。我们将这些集合作为全集。在这种全集上，运算是根据

图 11.8 中显示的那样被定义的。这样就定义了 n 元电路代数，同时可以在其上使用同构基本定理。

■ **定理 11.18** n 元电路代数与 n 元开关函数代数 $(\mathbb{B}_n, max, min, k, 0, 1)$ 是同构的。

在这个定理基础上，我们可以将那些已经讨论过的布尔代数上所有的计算规则和步骤直接应用到电路代数上。

示例 11.13

我们想构建一个用于两个二进制数相加的电路。在书写相加的过程中，两个加数向右靠齐，然后将对齐的数字按照之前确定的进位法则相加（注意 1 的意义）。

$$
\begin{array}{c}
1\ 1\ 0\ 1\ 0 \\
1_1\ 1\ 0_1\ 1\ 1 \\
\hline
1\ 1\ 0\ 1\ 0\ 1
\end{array}
$$

在这个例子中，将两个二进制数 $a_4 a_3 a_2 a_1 a_0 = 11010$ 和 $b_4 b_3 b_2 b_1 b_0 = 11011$ 相加，得到的结果是 $s_5 s_4 s_3 s_2 s_1 s_0 = 110101$。

用于加法的电路应该包含 $\wedge$ 门、$\vee$ 门和 $\neg$ 门。这两个二进制数中的每个比特位都是一个输入门，而计算得到的和中的每一个比特位都是一个输出门。在步骤 1 中：获取两个二进制数的最后一位数字，并将其相加。如果产生进位，那么在计算倒数第二位数字的时候必须考虑这个进位，之后以此类推。因此，这个加法的过程一直重复这个基本步骤，即两个二进制数的第 i 位数字连同之前低位的进位一起进行相加。这个步骤是由半加器完成的。这种半加器是由两个二元开关函数组成的。其中一个函数用来计算和，另一个用来计算进位。

输入位		进位	和
a	b	c	s
0	0	0	0
0	1	0	1
1	0	0	1
1	1	1	0

借助合取范式可得：

$$c = a \cdot b \quad 并且 \quad s = \overline{a} \cdot b + a \cdot \overline{b}$$

因此，半加器可以实现图 11.13 中显示的电路。由于我们将半加器用作较大电路的一部分，因此可以将半加器设置为"黑箱"。

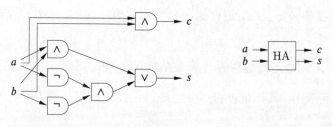

图 11.13　一个半加器和其作为 "黑箱" 的流程

现在我们来构造一个电路，其中除了要对两个加数的对应位相加，还需要加入进位。也就是说，需要相加 3 个位，两个二进制数的第 i 位 a_i 和 b_i，和之前低位的进位 c_{i-1} 相加。由此得出和的第 i 位 s_i，以及一个新的进位 c_i。因此，这就涉及一个函数：$\{0,1\} \times \{0,1\} \times \{0,1\} \to \{0,1\} \times \{0,1\}$。该函数显示在图 11.14 中。如果 c_{i-1} 等于 0，那么 c_i 和 s_i 的结果与 a_i 和 b_i 相加的结果相同。如果 c_{i-1} 等于 1，那么 a_i 和 b_i 的和必须再加 1，然后调整进位。因此，全加器是由两个半加器和一个额外的 $\vee$ 门组成的。图 11.14 显示了全加器的结构。现在，可以将半加器和全加器相互嵌套用来进行二进制数的加法。图 11.15 显示了如何使用一个半加器和两个全加器对两个三位的二进制数进行相加。数字 $a_2a_1a_0$ 和 $b_2b_1b_0$ 被对应相加。它们的和是 $s_3s_2s_1s_0$。由于 a_0 和 b_0 相加时没有产生进位，因此使用一个半加器就可以了。由 a_0 和 b_0 相加所得的进位在进行 a_1 和 b_1 相加的时候需要被考虑。因此，a_1 和 b_1 相加的时候需要使用一个全加器。由 a_2 和 b_2 相加所得的进位给出了和的最终位 s_3。

输入位			进位	和
a_i	b_i	c_{i-1}	c_i	s_i
0	0	0	0	0
0	1	0	0	1
1	0	0	0	1
1	1	0	1	0
0	0	1	0	1
0	1	1	1	0
1	0	1	1	0
1	1	1	1	1

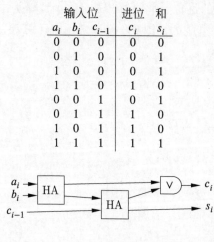

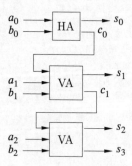

图 11.14　以进位表和电路图表示的加法函数　　图 11.15　三位二进制数的加法器的示意图

第12章　图　和　树

　　在计算机科学中，图和树被广泛地应用于建模。这是因为图和树的表示方法既生动，又易于抽象化。本章，我们将介绍图和树的基本概念和特征。

　　图论的诞生被认为是莱昂哈德·欧拉（Leonhard Euler）在 1936 年开始的研究。在这项研究中，欧拉为以下地理问题给出了解决方案：东普鲁士的柯尼斯堡（即如今俄罗斯加里宁格勒州首府加里宁格勒）位于普列戈利亚河的两个分支的交汇处。当时，柯尼斯堡（1736）具有 7 座连接城市各个部分的桥梁。这些桥梁架于河流的各个河岸，以及河中的一个小岛上（参见图 12.1）。那么一个疑问是：一名步行者是否可以从城市中的任何一点出发，在所有桥只能走一遍的前提下，走遍这个城市的所有桥，最后回到出发点。为了解决这个问题，欧拉使用了一个图（更确切地说是多图）来描述这个城市。也就是说，使用了一个仅由结点和连接这些结点的边组成的结构图。欧拉画出了城市中彼此间可以不需要过桥就可以到达的所有地点。如果"一个结点的位置"通过一座桥梁被连接到"另外一个结点的位置"，那么两个结点会通过一条边来连接。根据如上的叙述，柯尼斯堡的城市地图可以表示为图 12.2。现在，根据生成的图提出的问题是：是否存在这样一条

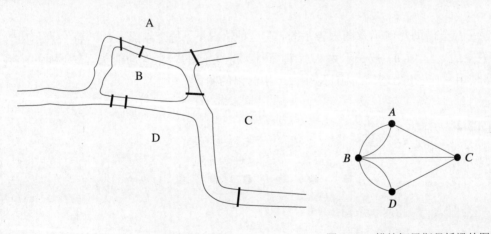

图 12.1　柯尼斯堡的七桥　　　　　　　图 12.2　描绘柯尼斯堡桥梁的图

路线，从图中的任意一个结点出发，在经历所有边的前提下，每条边只经历一次，最后回到出发结点？在柯尼斯堡图论模型的基础上，欧拉给出了非常简单的结论：在柯尼斯堡没有所期望的那种环形路线。在所期望的路线上，当每条边只经历一次的时候，那么在环形路径上的每个中间结点对应的到达和离开的次数（这里被称为结点的度）应该是

相等的。然而实际上，柯尼斯堡城市建模图上有一个特性，即每个结点都具有一个奇数的度。

12.1 基本概念

▲ **定义 12.1** 一个（有向）图 $G = (V, E)$ 是一个由两部分组成的结构：一个集合 V 和这个集合 V 上的一个关系 $E \subseteq V \times V$。集合 V 的元素 v 被称为结点，集合 E 的元素 $e = (v, u)$ 被称为图的边。边 e 连接结点 v 和 u。因此，v 也被称为 e 的始点，u 被称为 e 的终点。在图中，由一条边连接在一起的两个结点被认为是彼此相邻的（简称相邻的）。

图 $G = (V, E)$ 被称为有限图，当结点集合 V 是有限的，否则被称为无限图。在本书中，我们只研究有限图的情况。

示例 12.1

(1) 不包含边的图 $G = (V, \varnothing)$ 被称为零图，或者完全无连接图。这时，如果 V 是由 n 个结点组成，那么对应的零图就记作 O_n。

(2) 图 $G = (V, V \times V)$ 被称为完全图。具有 n 个结点的完全图被记作 K_n。K_n 具有最大数量的边，即 n^2 条。

(3) 具有结点 $V = \{1, 2, 3, 4\}$ 和边 $E = \{(1, 2), (1, 3), (2, 4), (3, 3), (4, 2), (4, 3)\}$ 的图表示为 $G = (V, E)$。

通常都会借助几何示意图来表示图。在这种情况下，每个结点 $v \in V$ 都会表示为一个点 P_v，边 $e = (v, u)$ 被表示为从点 P_v 到点 P_u 方向的一个有向箭头。在下面的示例中，将使用几何示意图来表示在示例 12.1 中给出的图。

示例 12.2

(1) 图 O_6 的几何示意图：

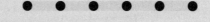

(2) 完全图 K_4 的几何示意图：

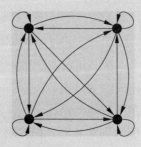

---

(3) 示例 12.1(3) 中图 G 的几何示意图：

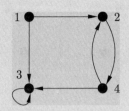

如果一个图 $G = (V, E)$ 的边集 E 具有对称关系 $E \subseteq V \times V$，也就是说，对于每个 $(u, v) \subset E$，都存在一个对称的 $(v, u) \in E$，那么我们称图 $G = (V, E)$ 为无向图。在几何示意图中，这种无向图可以简单地通过将有向图中从 u 到 v 和从 v 到 u 的两个箭头用一个单独的无方向连接线替代的方法来绘制。无向图中的边可以记作二元结点集合 $\{u, v\}$。因此，在无向图中没有具有相同始点和终点的结点（即所谓的循环）的边。

示例 12.3

一个完全图 K_n 中的各条边的关系是一种全关系，因此完全图是对称的。完全图因此可以被作为无向图进行理解和绘制。这里需要注意的是：无向完全图 K_n 只包含 $\binom{n}{2}$ 条边。因此，具有结点集合 V 的完全图的边集可以记作 $\binom{V}{2}$。图 12.3 显示了无向图 K_4。

图 12.3　无向图 K_4

通常，图和描述该图的几何示意图之间并不能被很明确地区分。但是，我们必须要明确图和几何示意图并不是等同的。特殊的几何表示可以揭示被描述图的结构属性，而仅由一个结点集合和该集合上的一个关系组成的表示却无法描述揭示这种结构属性。

示例 12.4

我们考虑具有结点集合 $V - \{1, 2, 3, 4, 5\}$ 和边集 $E = \{(1, 2), (2, 3), (3, 4), (4, 5), (5, 1)\}$ 的图 $G = (V, E)$。图 G 既可以表示为五角星，也可以表示为五边形（参见图 12.4）。

在数学和计算机科学中，图之所以具有广泛应用和重要性是有原因的。通常，图可以使用清晰的方式来建模复杂的关系。因此，就像本章开头介绍的示例那样，桥梁、街

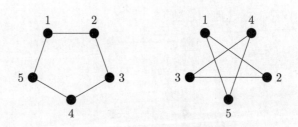

图 12.4　5 个结点图的两种表示

道、通信或者计算机网络都可以借助图来表示。例如，语言概念之间的语义关系，或者不同国家之间的边界关系。

从图的定义可以直接得出：

(1)　一条边不能包含 3 个或者更多的结点。

(2)　边只能与结点相接触，示意图中的边与边的其他交叉点与基础图无关。

(3)　两个结点最多可以由一条边相连接。

在不同的背景下，最后这个性质是被严格证明的。现在来看，所谓的多图即结构。其中，两个结点可以由多条边相连。但是，这部分内容已经超出了本书所涉及的范围。

我们已经介绍过完全图（简称图）的所有结点都是相互连接的。如果完全图的结点数 n 比较小，那么可以很容易地进行绘制（参见图 12.5）。

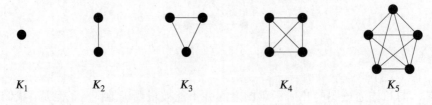

图 12.5　最多 5 个结点的完全图

另一类比较有趣的图是二分图（二部图）。这类图的性质有：

(1)　结点集合 V 被分解为两个不相交子集 U 和 W，记作 $V = U \bowtie W$。

(2)　其中，边的一个端点属于 U，另一个端点属于 W。

二分图具有非常重要的意义，因为它可以为第 5 章中讨论的二元关系提供直接的例证。事实上，任何关系 $R \subseteq A \times B$ 中的元素都可以被解释为从结点 A 到结点 B 的边。

具有结点集合 $U \bowtie W$ 的完全二分图 G 将 U 中的每个结点和 W 中的每个结点都相连接了，不存在其他的边。如果 U 由 n 个结点组成，W 由 m 个结点组成，那么 G 记作 $K_{n,m}$。图 12.6 中给出两个示例。

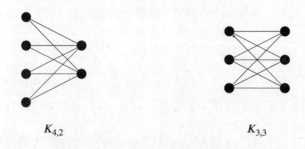

图 12.6 完全二分无向图 $K_{4,2}$ 和 $K_{3,3}$

通常，图的了结构被称为子图。

▲ **定义 12.2** 设 $G = (V_G, E_G)$ 和 $H = (V_H, E_H)$ 是两个图。H 称为 G 的子图，如果 $V_H \subseteq V_G$ 和 $E_H \subseteq E_G$ 成立，或者 H 的每条边也属于 G。

示例 12.5

图 12.7 中显示了图 K_3 及其 18 个子图。

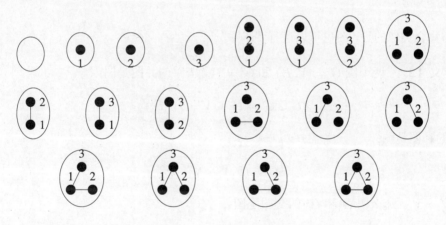

图 12.7 K_3 的 18 个子图

显然，零图 O_n 是具有 n 个结点的任意图的子图，而每个这样的图本身还是完全图 K_n 的子图。

▲ **定义 12.3** 设 $G = (V, E)$ 是一个图。如果 $V' \subseteq V$ 是图 G 的结点集合 V 的一个子集，那么图 $G[V'] = (V', E')$ 称为图 G 通过结点集 V' 诱导的子图，其中：

$$E' = \{(u,v) \mid u,v \in V' \text{，并且} (u,v) \in E\}$$

通常，图 $G[V - \{v\}]$ 或者 $(V, E - \{e\})$ 被记作 $G - \{v\}$ 或者 $G - \{e\}$，或者简写为

$G - v$ 或者 $G - e$。当然，由图 $G = (V, E)$ 的整个结点集合 V 诱导的 G 的子图 $G[V]$ 与图 G 是一致的。

示例 12.6

(1) 设 G 是示例 12.1 的 (3) 的图，并且 $V' = \{2, 3, 4\}$。那么可得：

$$G[V'] = (\{2, 3, 4\}, \{(2, 4), (3, 3), (4, 2), (4, 3)\})$$

图 12.8 显示了图 $G[V]$ 和其诱导子图 $G[\{2, 3, 4\}]$。

(2) 由 K_{2n} 中 n 个结点诱导的子图是 K_n。

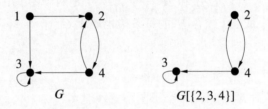

G $G[\{2, 3, 4\}]$

图 12.8　示例 12.1(3) 的图和其诱导子图 $G[\{2, 3, 4\}]$

与集合类似的是，图也可以进行"计算"。

▲ **定义 12.4**　两个图 $G = (V, E)$ 和 $G' = (V', E')$ 的并图是图：

$$G \cup G' = (V \cup V', E \cup E')$$

图 G 的补图是图：

$$\neg G = (V, V \times V - E)$$

如果 $V = V'$，那么图 G 和 G' 的交图是图：

$$G \cap G' = (V, E \cap E')$$

在本章的开头部分，我们已经提及了有关结点度的概念。

▲ **定义 12.5**　设 $G = (V, E)$ 是一个图，v 是 G 的结点。结点 v 的出度 $outdeg(v)$ 是指以结点 v 作为始点的边的个数。结点 v 的入度 $indeg(v)$ 是指以结点 v 作为终点的边的个数。如果图 G 是一个无向图，那么结点 v 的出度和入度是一致的，被简称为度 $deg(v)$。

显然，具有属性 $indeg(v) = outdeg(v) = 0$ 的图中的每个结点 v 都是孤立的，即没有其他结点可以到达该结点。如果在一个具有 n 个结点的无向图 G 中，所有结点都满足 $deg(v) = n - 1$，那么该图为 $G = K_n$。

■ **定理 12.1**

(1) 设 $G = (V, E)$ 是一个有向图，那么可得：

$$\sum_{i=1}^{\sharp V} indeg(v_i) = \sum_{i=1}^{\sharp V} outdeg(v_i) = \sharp E$$

(2) 如果 G 是一个无向图，那么可得：

$$\sum_{i=1}^{\sharp V} deg(v_i) = 2 \cdot \sharp E$$

证明： 这里，我们通过对边数 $m = \sharp E$ 的完全归纳法进行证明。对于 $m = 0$，即只存在孤立结点的图来说，两个声明显然是有效的。

假设两个声明对于所有具有最多 m 条边的图都是成立，并且假设 $G = (V, E)$ 是一个具有 $m+1$ 条边的有向/无向图。如果我们去掉图 G 中的任何一条边 $e \in E$，即可得图 $G - e$，那么我们会得到一个具有 m 条边的有向/无向图，而根据归纳假设，得到的图是满足两个声明的。在有向图的情况下，在去掉一条边之后，不仅边的个数减少了一个，而且出度的和和入度的和也分别减少了一个（声明 1）。在无向图的情况下，在去掉一条边之后，该边连接的两个结点对应的度分别都减少一个，因此这个结点的度减少 2 个（声明 2）。 ■

□ **推论 12.1** 在无向图中，具有奇数个结点的度为偶数。

证明： 根据上面的定理可知，每个无向图中的结点度的总和是偶数。由于偶数个结点度加起来总是一个偶数的和，而奇数个结点度想要相加为一个偶数的和，那么当加数的个数为偶数，奇数的结点度的个数必须为偶数。 ■

类似于鸽巢原理，直接来自上面定理给出的陈述在组合数学中也具有非常深远的意义。

▲ **定义 12.6** 一个无向图 $G = (V, E)$ 称为是正则的，如果该图的所有结点都具有相同的度 k。

□ **推论 12.2** 在一个具有结点度为 k 的正则图 $G = (V, E)$ 中，可得：

$$k \cdot \sharp V = 2 \cdot \sharp E$$

12.2 图中的通路和回路

在图论中，通路和回路，即连续的、在回路的情况下是封闭的边的序列，这两个基本概念扮演着重要的角色。

▲　**定义 12.7**　设 $G = (V,E)$ 是一个图，u 和 v 是图 G 中的两个结点。

(1) 从 u 到 v 的一条通路是指一系列相邻的结点 $u_0, u_1, \cdots, u_l$，其中 $u = u_0$，$v = u_l$。这条道路的长度是 l。u 和 v 是该道路的端点。长度为 0 的通路只包含一个结点，被称为平凡通路。

(2) 一条通路被称为封闭的（回路），当该条通路的两个端点（起点和终点）是相同的。

示例 12.7

(1) 在图 12.9 显示的图中，从 v_1 到 v_5 的结点序列 $v_1, v_3, v_2, v_5, v_2, v_5$ 的长度为 5。

(2) 在图 12.9 显示的图中，通路 (v_2, v_5, v_2) 是一个封闭的通路（回路）。

(3) 在图 12.10 显示的图中，包含了多条从 u 到 v 的不同长度的通路，其中加粗的黑线标记了一条。

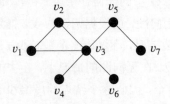 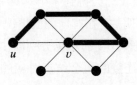

图 12.9　具有通路和封闭通路（回路）的图　　图 12.10　具有通路和封闭通路（回路）的图

借助于通路的概念可以引出图论的一个核心概念，即图的连通性。

▲　**定义 12.8**　一个无向图 $G = (V,E)$ 的两个结点 u 和 v 被称为是连通的，当在图 G 中存在一条从 u 到 v 的通路。

这时很容易看出，连通的属性在一个无向图的结点集合上定义了一个关系，被称为连通关系。对下面定理的证明就是一个简单的练习。

■　**定理 12.2**　设 $G = (V,E)$ 是一个无向图，Z 表示图 G 的结点集合 V 上的连通关系。那么 Z 是一个等价关系。

▲　**定义 12.9**

(1) 图 G 被称为是连通的，当其连通关系只有一个等价类，也就是说，当每对结点都是连通的。

(2) 一个无向图 G 的一个连通关系的等价类被称为 G 的连通分量。

因此，无向图 G 的一个连通分量是具有以下性质的子图 H:H 是连通的，并且 G 中没有一个包含 H 的连通子图。也就是说，不包含一个比 H 具有更多结点或者更多边的连通子图。

示例 12.8

(1) 所有的完全图 K_n（例如，参见图 12.5）都是连通的。

(2) 图 12.11 显示了 3 个图：G_1 是连通的，而 G_2 和 G_3 不是连通的。

(3) 图 12.12 显示了在图 12.11 中给出的三个图的并图 $G = G_1 \cup G_2 \cup G_3$，及其连通分量。

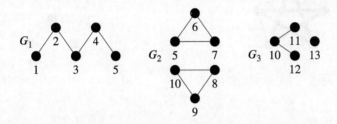

图 12.11　图 G_1、G_2 和 G_3

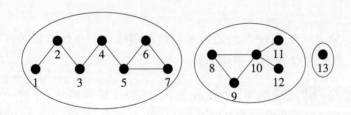

图 12.12　图 12.11 中三个图的并是由三个连通分量组成的

在一个连通图中，或者在一个非连通图的连通分量中，（圆的）通路特别有意思，其对应的边或者结点不能被多次访问。

▲　**定义 12.10**

(1) 在图中的通路被称为路径，当其中没有边被遍历两次。一个封闭的路径称为回路（或者圈）。

(2) 简单路径是指一条没有结点被重复遍历的路径。一条封闭路径，除了起始点外没有结点被重复遍历，那么这条路径称为简单回路。

(3) 通过图中所有结点的简单回路被称为哈密顿回路。

通过一个图的所有结点的回路或者哈密顿回路只能出现在连通图中。

示例 12.9

(1) 每个满足 $n \geqslant 3$ 的完全图 K_n 都具有一个哈密顿回路。例如，从该回路的起点结点 v_1 开始，根据升序索引来连接所有的结点，最后将 v_n 与 v_1 相连接。由于图的完全性，因此所有可能的边事实上都出现了（参见图 12.13）。

(2) 在图 12.14 显示的图 G 中，想要使用起点 v 直接给出一个通过图 G 中所有结点的回路是不可能的。但是，去掉 v 后，就可以给出一个哈密顿回路，即一个封闭的路径。

图 12.13　带有一个哈密顿回路的 K_5　　　　图 12.14　没有哈密顿回路的图

在示例 12.9 中介绍的图 G 有一个总是可以从哈密顿回路的构造的不可能性推导出来的性质：如果在一个适当的位置仅移除一个结点，那么可以将原图分解为两个不连通的子图。

■　**定理 12.3**　如果一个图 G 的连通性可以通过删除一个单结点和所有与该结点相连的边被破坏掉，那么图 G 没有哈密顿回路。

　　证明：设 G 是一个连通的图。v 表示一个具有以下属性的结点：$G - v$ 不再是连通的，即 $G - v$ 至少包含两个非空的连通分量 G_1 和 G_2。

　　每个通过 G 的所有结点并且起点不是结点 v 的回路必须至少两次通过 v：从连通分量 G_1 或者 G_2 中的起点出发，回路必须至少一次切换到分量 G_2 或者 G_1 的结点，并且在那里回归到分量 G_1 或者 G_2，以便真实遍历 G 的所有结点。在这种情况下，结点 v 至少途经了两次。

　　如果回路的起点是结点 v，那么该结点至少要被经过三次。除了这两种情况，就是一个简单的回路，即一个哈密顿回路。　　　　　　　　　　　　　　　　　　　　　■

　　事实上，只有少数的图具有哈密顿回路。这些图具有以下非常特殊属性的子图属性：

■　**定理 12.4**　图 $G = (V, E)$ 具有一个哈密顿回路，当该图的一个子图 H 具有以下的属性：

(1) H 包含图 G 的所有结点；

(2) H 是连通的；

(3) H 具有与结点数量一样多的边；

(4) H 是正则的，并且 H 的每个结点的度都为 2。

证明： 显然，每个由固定哈密顿回路的所有结点和边组成的图都满足上面 (1)~(4) 的属性。 ∎

借助 $n \geqslant 3$ 的完全图 K_n 的类型，我们已经了解了这类图中的一种：哈密顿回路。这种类型的图可以构造在示例 12.9 中给出的哈密顿回路，因为在对应的每个结点中都存在所有必需的边。因此，一个显而易见的问题是，在不破坏具有哈密顿回路这个属性的前提下，可以将一个完全图中的多少边去掉。这个问题早在 1952 年就由 Gabriel Dirac 给出了答案。

■ 定理 12.5 设 G 是具有 n 个结点并且 $n \geqslant 3$ 的图。如果 G 的每个结点 v 的度至少为 $n/2$，即 $deg(v) \geqslant n/2$，那么图 G 含有一个哈密顿回路。

证明： 显然，该定理对于具有 $n = 3$ 和 $n = 4$ 的所有图都是成立的。

如果该定理是错误的，那么说明存在一个最小的 n 对应定理的反例。显然，如果 $n > 4$，那么没有一个反例是完全的。现在，我们选择一个反例 G，即满足定理条件的一个图。对于这样 G 的选择可以是：选择一个添加一条边后图 G 具有了一个哈密顿回路。

设图 G 的结点是 $\{v_1, v_2, \cdots, v_n\}$。首先，在图 G 中添加一条原本不存在的边 $e_{1,n}$，使得图 G 出现一个哈密顿回路 $(v_1, v_2, \cdots, v_n, v_1)$。我们首先可以看到，不存在 $k, 1 < k < n,$，使得 v_1 与 v_k 相邻，并且 v_{k-1} 与 v_n 相邻，否则图 G 中就会出现一个哈密顿回路：$(v_1, v_k, v_{k+1}, \cdots, v_n, v_{k-1}, v_{k-2}, \cdots, v_2, v_1)$。因此，对于每个与 v_1 相邻的 v_k，v_{k-1} 不能与 v_n 相邻。由于 $deg(v_1) \geqslant n/2$，因此结点 $\{v_2, \cdots, v_{n-1}\}$ 中至少 $(n/2) - 1$ 个结点不能与 v_n 相邻。此外，图 G 中的 v_1 和 v_n 都与 v_n 不相邻，因此 $deg(v_n) < n/2$ 与对于图 G 中所有结点 $deg(v) \geqslant n/2$ 的假设相矛盾。 ∎

最后，这个定理为图中哈密顿回路的存在性提供了一个非常好的紧凑判断标准。除了具有高结点度的图之外，还存在具有完全相反属性，但是也含有哈密顿回路的图。在这种图的回路中，每个结点的度仅为 2。在基于度的标准中，Dirac 的定理是最优的。当然，还可以给出一些例子，其中具有度数为 $n/2 - 1$ 的图已经不能包含哈密顿回路了。

12.3 图和矩阵

图以视觉的方式为信息和事实呈现对应的性质，使其成为各种应用领域的通用描述工具。不仅在计算机科学中，而且在物理或者化学、经济学或者语言学中，都可以看到图应用。为了实现借助图来描述非常复杂的信息和问题，并且通过计算机对其进行处理，需要找到一个图的表示，即所谓的数据结构，实现轻松有效地存储和操作计算机中的图。由于多种原因，矩阵表示被证明是特别适合的形式。

▲ **定义 12.11** 设 $G = (V, E)$ 是一个具有结点集合 $V = \{v_1, v_2, \cdots, v_n\}$ 的（有向）图。那么一个 $n \times n$ 的矩阵 $\boldsymbol{A}_G = (a_{i,j})_{1 \leqslant i,j \leqslant n}$，其中

$$a_{i,j} = 1 \text{ 如果 } (v_i, v_j) \in E, \text{ 否则 } a_{i,j} = 0$$

称为 G 的邻接矩阵。

根据定义可知：邻接矩阵是值为 0 和 1 的矩阵。这样的矩阵精确地反映了所表示图的结点之间的相邻结构：位于图 $\boldsymbol{A}_G$ 中第 i 行和第 j 列的相交点 1 表示图 G 中存在的一条从第 i 个结点 v_i 到第 j 个结点 v_j 的边。邻接矩阵 $\boldsymbol{A}_G$（在确定结点编号之后）可以由图 G 唯一确定。反之亦然，由一个值为 0 和 1 组成的矩阵 $\boldsymbol{A}$ 可以唯一重建一个图 G，记作 $\boldsymbol{A} = \boldsymbol{A}_G$。

示例 12.10

(1) 一个图和其对应的邻接矩阵：

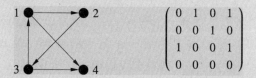

(2) 一个回路和其对应的邻接矩阵：

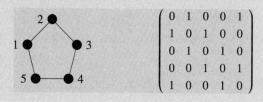

此外，多图，即两个结点之间可以存在多条边的图，也可以使用邻接矩阵来表示。这里，使用 $a_{i,j}$ 来表示从结点 v_i 到结点 v_j 的边的条数。

示例 12.11

表示柯尼斯堡桥问题的（多）图和其对应的邻接矩阵：

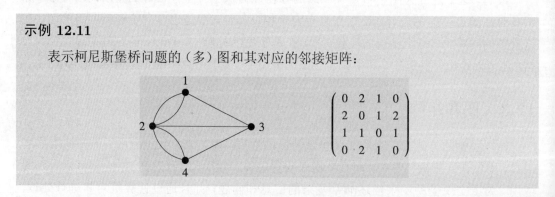

在无向图中，边关系的对称性也反映在了其邻接矩阵的对称性中。矩阵 $\boldsymbol{A} = (a_{i,j})_{1 \leqslant i,j \leqslant n}$ 称为对称的，当 $a_{i,j} = a_{j,i}$ 对于所有的 $1 \leqslant i, j \leqslant n$ 都成立。如果图 $G =$

(V, E) 是无向的，那么 $(v_i, v_j) \in E$ 成立，当且仅当对于所有的 $v_i, v_j \in E$，$(v_j, v_i) \in E$ 成立。那么图 G 的邻接矩阵 $\boldsymbol{A}_G$ 事实上对于所有的 $1 \leqslant i, j \leqslant n$ 都具有性质 $a_{i,j} = a_{j,i}$。

示例 12.12

图 $K_{4,1}$ 和其对应的对称邻接矩阵。

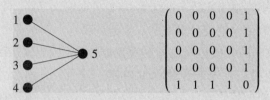

借助对应的邻接矩阵可以清晰地给出图的结构。首先，我们可以从邻接矩阵的形式推导出其所表示的图的相关性质。

示例 12.13

无向图 G 和其三个连通分量 G_1，G_2 和 G_3。

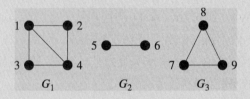

图 G 的邻接矩阵 $\boldsymbol{A}_G$ 是由主对角线上的三个块组成的。每个块都是 G 的一个连通分量对应的邻接矩阵。

$$\boldsymbol{A}_G = \begin{pmatrix} 0 & 1 & 1 & 1 & 0 & 0 & 0 & 0 & 0 \\ 1 & 0 & 0 & 1 & 0 & 0 & 0 & 0 & 0 \\ 1 & 0 & 0 & 1 & 0 & 0 & 0 & 0 & 0 \\ 1 & 1 & 1 & 0 & 0 & 0 & 0 & 0 & 0 \\ 0 & 0 & 0 & 0 & 0 & 1 & 0 & 0 & 0 \\ 0 & 0 & 0 & 0 & 1 & 0 & 0 & 0 & 0 \\ 0 & 0 & 0 & 0 & 0 & 0 & 0 & 1 & 1 \\ 0 & 0 & 0 & 0 & 0 & 0 & 1 & 0 & 1 \\ 0 & 0 & 0 & 0 & 0 & 0 & 1 & 1 & 0 \end{pmatrix}$$

事实上，在上述示例中所描述的情况并非偶然。如果一个无向图具有 n 个结点，k 个连通分量 G_i，$1 \leqslant i \leqslant k$，并且每 n_i 个结点满足 $\sum_{i=1}^{k} n_i = n$，那么图 G 对应的 $n \times n$ 的邻接矩阵 $\boldsymbol{A}_G$ 则由 k 个每个大小为 $n_i \times n_i$ 并且 $1 \leqslant i \leqslant k$ 的块 $\boldsymbol{A}_{G_i}$ 组成。其中，这些块是沿着对角线排列的。

除了这些块之外，矩阵中的其他元素都为 0。为了理解这一点，只需要记住除这些块外的非零元素，都连接来自一个连通分量中的一个结点和另一个连通分量中的一个结点。

事实上，图与其对应的邻接矩阵之间的关系要比我们以上介绍的深入得多。为了更深入地了解这种关系，我们首先来看对应图 G 的一个邻接矩阵 $\boldsymbol{A}_G$ 与自身相乘可以推导出什么。为此，我们将邻接矩阵的系数视为整数，并且在 $\mathbb{Z}$ 上进行计算。

为了了解可以从相乘矩阵 $\boldsymbol{B} = \boldsymbol{A}_G \cdot \boldsymbol{A}_G$ 的各个系数中得到哪些信息，我们来看矩阵 $\boldsymbol{B}$ 中第 r 行和第 s 列相交点的元素 $b_{r,s}$。根据矩阵乘法的定义可得：

$$b_{r,s} = \sum_{i=1}^{n} a_{r,i} \cdot a_{i,s}$$

对于每个满足 $1 \leqslant i \leqslant n$ 的 i，$a_{r,i} \cdot a_{i,s} = 1$ 成立，当且仅当 $a_{r,i} = 1$ 和 $a_{i,s} = 1$ 都成立。如果 G 中同时存在从 v_r 到 v_i ($a_{r,i} = 1$) 的边和从 v_i 到 ($a_{i,s}) = 1$ 的边，或者存在从 v_r 到 v_s 的路径长度为 2 的情况，那么上述情况也成立。因此，对于每个满足 $1 \leqslant i \leqslant n$ 的 i，会被记录为 1，当且仅当存在一条从 v_r 经过 v_i 到 v_s 的路径的长度为 2。$b_{r,s}$ 表示从 v_r 到 v_s 的长度为 2 的路径的数量。

示例 12.14

我们来看示例 12.13 中的图 G_1 对应的邻接矩阵 $\boldsymbol{A}_{G_1}$，以及乘法矩阵 $\boldsymbol{A}_{G_1} \cdot \boldsymbol{A}_{G_1}$：

$$\boldsymbol{A}_{G_1} = \begin{pmatrix} 0 & 1 & 1 & 1 \\ 1 & 0 & 0 & 1 \\ 1 & 0 & 0 & 1 \\ 1 & 1 & 1 & 0 \end{pmatrix} \qquad \boldsymbol{A}_{G_1} \cdot \boldsymbol{A}_{G_1} = \begin{pmatrix} 3 & 1 & 1 & 2 \\ 1 & 2 & 2 & 1 \\ 1 & \boxed{2} & 2 & 1 \\ 2 & 1 & 1 & 3 \end{pmatrix}$$

在乘法矩阵 $\boldsymbol{A}_{G_1} \cdot \boldsymbol{A}_{G_1}$ 中，被方框标注的元素表示的是从结点 3 到结点 2 的长度为 2 的路径的数量。图 12.15 给出了 G_1 中的这两条路径。

图 12.15　示例 12.13 的 G_1 中，从结点 3 到结点 2 的两条路径

■ **定理 12.6** 设 G 是一个具有结点 $v_1, \cdots, v_n$ 的图，并且 $\boldsymbol{A} = (a_{i,j})_{1 \leqslant i,j \leqslant n}$ 是其对应的邻接矩阵。那么对于每个自然数 k，存在满足 $1 \leqslant r,s \leqslant n$ 的系数 $b_{r,s}$，对应 A 的第 k 次幂：

$$A^k = (b_{r,s})_{1 \leqslant r,s \leqslant n}$$

表示在图 G 中长度为 k 的从 v_r 到 v_s 的路径的数量。

证明： 这里，我们可以通过 k 的数学归纳法来证明这个定理。

对于 $k = 0$，A^0 的系数实际上给出了平凡路径的数量，即从 v_r 到 v_s 的长度为 0 的路径的数量。因为 $A^0 = E$ 成立，因此单位矩阵 E 在主对角线的所有位置上都为 1，其他位置都是 0。

在 $k = 1$ 的情况下，上述声明也是满足的，因为 $A^1 = A$ 成立，并且邻接矩阵表示了两个结点之间所有边的数量，即所有长度为 1 的路径的数量。

假设声明对于所有 $k < l$ 都是成立的。设 $b_{r,s}$，$1 \leqslant r,s \leqslant n$，根据矩阵乘法的定义，矩阵

$$\boldsymbol{B} = A^l = A^{(l-1)} \cdot A$$

的任意一个系数可表示为：

$$b_{r,s} = \sum_{i=1}^{n} c_{r,i} a_{i,s}$$

其中，$c_{r,i}$ 表示矩阵 $\boldsymbol{A}^{(l-1)}$ 的系数。对于每个满足 $1 \leqslant i \leqslant n$ 的 i，加数 $c_{r,i} a_{i,s}$ 都不为 0，如果 $a_{i,s} = 1$ 成立，因此 $c_{r,i} a_{i,s} = c_{r,i}$。根据归纳假设，$c_{r,i}$ 给出了长度为 $l - 1$ 的从 v_r 到 v_i 路径的数量，并且由于存在边 (v_i, v_s)（$a_{i,s} = 1$），这些路径每一条都成为了一个从 v_r 到 v_s 的长度为 l 的路径，因此加数 $c_{r,i} a_{i,s}$ 正好记录了和 $b_{r,s}$ 中从 v_r 经过 v_i 到 v_s 的长度为 $(1-1)1 = 1$ 的路径的数量。由于所有的中间结点 v_i，$1 \leqslant i \leqslant n$，都被求和了，因此 $b_{r,s}$ 就如声明的那样给出了图 G 中从 v_r 到 v_s 的长度为 l 的整个路径的数量。 ■

顺便说一下，可以使用一个完全类似的定理来计算一个多图中两个结点之间一个给定长度的路径的数量。

我们现在回到有关图连通的问题上。在第 11 章中，为了简单，我们首先将问题限制在了无向图中。而如果在有向图 G 中进行类似的思考就会发现一个问题：在图 G 中可能存在一条从结点 v_i 到另一个结点 v_j 的路径，但是并不存在一条可以从结点 v_j 到结点 v_i 的路径。

▲ **定义 12.12** 设 G 是一个（有向）图，v_i，v_j 是 G 的结点。v_j 被称为是 v_i 可达的，如果在图 G 中存在一条从 v_i 到 v_j 的路径。

与无向图中的连通性类似的是，可达性定义了（有向）图结点集合上的一种关系，这种关系被称为可达性关系。在无向图中，可达性关系和连通性关系是一致的。因此，这种可达关系总是自反的和可传递的。

在图论的各种应用中，满足 $\sharp V = n$ 的关系图 $G = (V, E)$ 的可达性关系的详细知识是非常重要的。幸运的是，在图的对应邻接矩阵 $\boldsymbol{A}$ 的帮助下，计算其可达性关系变得非常容易：只需要将 $\boldsymbol{A}$ 的第 n 次幂构建为开关代数 $(\mathbb{B}, +, \cdot, {}^-)$ 即可。

■ **定理 12.7** 设 $G = (V, E)$ 是一个具有 n 个结点的图，R 是 G 的可达性关系。$B^{(t)} = (b_{r,s}^{(t)})_{1 \leqslant r,s \leqslant n}$ 表示由 G 的邻接矩阵 $\boldsymbol{A}_G = (a_{i,j})_{1 \leqslant i,j \leqslant n}$ 通过二元素开关代数 $(\mathbb{B}, +, \cdot, {}^-)$ 构造的第 t 次幂：

$$B^{(t)} = (\boldsymbol{A}_G)^t$$

两个结点 v_r 和 v_s 满足：

$$v_r R v_s \ \text{当且仅当} \ b_{r,s}^{(0)} + b_{r,s}^{(1)} + \cdots + b_{r,s}^{(n-1)} = 1$$

证明： 如果我们计算二元素开关代数 $(\mathbb{B}, +, \cdot, {}^-)$，那么在所有矩阵中只可能出现 0 和 1 两个系数，并且使用布尔运算 $+$ 和 $\cdot$ 来代替通常使用的加法和乘法。由于邻接矩阵通常都是 0 和 1 的值，因此我们可以计算开关代数 $(\mathbb{B}, +, \cdot, {}^-)$ 对应的 l 次幂。

首先，我们来弄清楚布尔矩阵乘法的计算。$b_{r,s \ 1 \leqslant r,s \leqslant n}^{(2)}$ 表示矩阵 $\boldsymbol{B}^{(2)} = (A_G)^2$ 的一个系数：

$$b_{r,s}^{(2)} = \sum_{i=1}^{n} a_{r,i} \cdot a_{i,s}$$

显然，$b_{r,s}^{(2)} = 1$ 成立，当且仅当存在一个满足 $1 \leqslant i \leqslant n$ 的 i。因此 $a_{r,i} = 1$ 和 $a_{i,s} = 1$ 同时成立，所以 v_r 通过一个长度为 2 的路径可以到达 v_s。由数学归纳法可以看出，$(\boldsymbol{A}_G)^t$ 的系数 $b_{r,s}^{(t)}$ 成立，即 $b_{r,s}^{(t)} = 1$ 成立，当且仅当 v_r 通过一个长度为 t 的路径可达 v_s。

事实上，$b_{r,s}^{(0)} + b_{r,s}^{(1)} + \cdots + b_{r,s}^{(n-1)} = 1$ 成立，当且仅当从 v_r 到 v_s 存在一条长度小于或等于 $n-1$ 的路径。

最后还需要证明，只要从一个结点 v_r 可以到达另一个结点 v_s，那么这两个结点之间必然存在一条长度小于或等于 $n-1$ 的路径。假设，存在一条从 v_r 到 v_s 的路径 p，其长度长于 $n-1$，并且在 G 中不存在一条从 v_r 到 v_s 更短的路径了。由于 G 只具有 n 个结点，那么路径 p 必须访问一个结点 v 至少两次。如果我们从 p 中删除这两次访问之间的部分，那么可以得到一个路径 p'。该路径同样也可以从 v_r 到 v_s，但是却比路径 p 短，而这与假设矛盾。 ■

示例 12.15

我们将图 G 表示为其对应的邻接矩阵 $\boldsymbol{A}_G$：

$$A_G = \begin{pmatrix} 0 & 1 & 0 & 0 \\ 0 & 0 & 1 & 0 \\ 0 & 0 & 0 & 1 \\ 1 & 0 & 0 & 0 \end{pmatrix}$$

由开关代数 $(\mathbb{B}, +, \cdot, ^-)$ 构建的 $\boldsymbol{A}_G$ 的幂矩阵为

$$\boldsymbol{B}^{(0)} = \begin{pmatrix} 1 & 0 & 0 & 0 \\ 0 & 1 & 0 & 0 \\ 0 & 0 & 1 & 0 \\ 0 & 0 & 0 & 1 \end{pmatrix} \qquad \boldsymbol{B}^{(1)} = A_G$$

$$\boldsymbol{B}^{(2)} = \begin{pmatrix} 0 & 0 & 1 & 0 \\ 0 & 0 & 0 & 1 \\ 1 & 0 & 0 & 0 \\ 0 & 1 & 0 & 0 \end{pmatrix} \qquad \boldsymbol{B}^{(3)} = \begin{pmatrix} 0 & 0 & 0 & 1 \\ 1 & 0 & 0 & 0 \\ 0 & 1 & 0 & 0 \\ 0 & 0 & 1 & 0 \end{pmatrix}$$

从中我们可以得到 G 的可达关系 R 的矩阵为

$$\boldsymbol{R}_G = \boldsymbol{B}^{(0)} + \boldsymbol{B}^{(1)} + \boldsymbol{B}^{(2)} + \boldsymbol{B}^{(3)} = \begin{pmatrix} 1 & 1 & 1 & 1 \\ 1 & 1 & 1 & 1 \\ 1 & 1 & 1 & 1 \\ 1 & 1 & 1 & 1 \end{pmatrix}$$

关于可达关系，我们最后再来简短地介绍 $G = (V, E)$ 中给出的边关系 E 和可达关系 R 之间的关系。参考第 4 章中涉及的关系理论背景可以很快得出 $E \subseteq R$，即 E 是 R 的一个子关系。虽然边关系不必是自反的或者可传递的，但是可达关系通常具有这两种性质。事实上，图的可达关系 R 是图中边关系 E 包含的最小关系，并且既是自反的，也是可传递的。因此，在关系语言中，R 被称为是 E 的传递闭包。此外，如果 E 在对称性方面是闭包的，那么可以得到通过 E 推导出的等价关系（参见 5.4 节）。

鉴于有限集上的每个关系 K 都可以表示为图 G_K，并且借助被称为关系矩阵的矩阵 $\boldsymbol{A}_K = \boldsymbol{A}_{G_K}$ 进行表示，因此可以使用上面的定理的背景给出一个对给定关系的传递闭包进行计算的一个有效流程。

■ **定理 12.8** 设 K 是一个 n 元集合上的关系，并且 $\boldsymbol{A}$ 是 K 的关系矩阵。K 的传递闭包 T 对应的关系矩阵 $\boldsymbol{A}_T$ 可以根据

$$\boldsymbol{A}_T = A^0 \bowtie A^1 \bowtie \cdots \bowtie A^n$$

进行计算。其中，所有矩阵计算都是在开关代数 $(\mathbb{B}, +, \cdot, ^-)$ 上进行的。

12.4 图同构

在图的几何表示中，无论是通过图表还是通过邻接矩阵的表示，我们都可以看到，将数字或者名称分配给图中结点的方式具有非常大的影响力。因此，改变图结点对应的几何点通常会完全改变图的表示，而改变结点的编号会导致一个不同形状的邻接矩阵，尽管图的结构没有发生任何改变。这种现象被称为图同构。

示例 12.16

图 12.16 中给出了具有两个不同结点编号，以及对应不同的邻接矩阵的一个图。

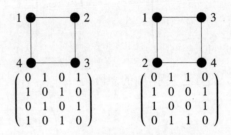

图 12.16   两个同构图和其对应的邻接矩阵

▲ **定义 12.13** 两个图 $G = (V, E)$ 和 $G' = (V', E')$ 称为是同构的，如果存在唯一一个映射 $\phi : V \to V'$，当且仅当 $(u, v) \in E$ 时，满足 $(\phi(u), \phi(v)) \in E'$。该映射称为图同构。

如果 $H = (V_H, E_H)$ 是 $G = (V, E)$ 的一个子图，并且 $\phi : V \to V'$ 是一个图同构，那么我们使用简写 $\phi(H)$ 来表示由 $\phi(V_H)$ 推导出来的子图 G'。

示例 12.17

在示例 12.16 中的两个图之间的同构 ϕ 可以表示为

v	1	2	3	4
$\phi(v)$	1	3	4	2

图同构遵守图的所有特定性质。

■ **定理 12.9** 设 ϕ 是由 $G = (V, E)$ 到 $\phi(G) = G'$ 的一个图同构，其中 $G' = (V', E')$。那么以下声明成立：

(1) 如果 H 是 G 的一个子图，那么 $\phi(H)$ 就是 G' 的一个子图，并且具有相同的结点数和边数。

(2) 如果 G 是无向的，那么 G' 也是无向的。

(3) 如果 v 是 G 中一个具有入度/出度/度为 d 的一个结点，那么该结点对应的映射结点 $\phi(v)$ 具有相同的入度/出度/度 d。

(4) ϕ 在图 G 是传输的路径/回路/哈密顿回路与在 G' 上的路径/回路/哈密顿回路具有相同的长度。

(5) 如果 Z 是 G 的一个连通组件，那么 $\phi(Z)$ 就是 G' 的一个具有相同大小的连通组件。

证明：声明 (1) 可以从图同构的定义中直接证明。

现在假设 G 是无向的，并且 (u', v') 是 G' 上的任意一条边。我们来证明，(v', u') 也属于 G'，G 中 (u', v') 的原像的格式为 $(\phi^{-1}(u'), \phi^{-1}(v')) = (u, v)$。由于 G 是无向的，并且边 $(v, u) = (\phi^{-1}(v'), \phi^{-1}(u'))$ 也属于 G，因此 (v', u') 必须是 G' 的一条边。所以 G' 也是对称的，声明 (2) 成立。

对于声明 (3)，如果一个结点 v 的入度或者出度是 d，那么 v 的度为 d 的终点或者始点是不同的边 $(u_1, v), \cdots, (u_d, v)$，或者 $(v, u_1), \cdots, (v, u_d)$，其中 $u_i \neq u_j$ 对于所有的 $1 \leqslant i < j \leqslant d$。由于 ϕ 是一个图同构，因此这些边的像在形式上都是成对不同的，并且映射为 $\phi(v)$。满足 $\phi^{-1}(v) \neq u_i$, $1 \leqslant i \leqslant d$ 条件的额外边 $((w', \phi(v))$ 或者 $(\phi(v), w'))$ 不会出现在 G' 中，因为这些边原有的原像 $(\phi^{-1}(w'), \phi^{-1}\phi(v)) = (w, v)$ 或者 $(\phi^{-1}\phi(v), \phi^{-1}(w')) = (v, w)$ 也是由 v 映射来的，即 $w = u_i$ 对于一个 $1 \leqslant i \leqslant d$ 必须成立。$outdeg(v) = outdeg(\phi(v))$ 和 $indeg(v) = indeg(\phi(v))$ 对于 G 中每个结点 v 也是必须成立的。如果 G 是无向的，那么可以类似地推导出 $deg(v) = deg(\phi(v))$。

声明 (4) 和 (5) 不需要其他新论据就可以被证明，因此读者可以自己进行练习。 ∎

同构概念是数学中一个（非常）基本的概念。同构允许识别不同对象的“同构性”。其中，不同的对象是指那些仅从结构上考虑很难加以区分，只能从对结构来说是微不足道的细节（例如，结点的命名）上进行区分的对象。如果我们只对集合的结构感兴趣，那么两个集合之间的每个一对一映射都会产生一个（集合）同构。如果我们查看这种图的结构，那么结点集合上的一对一映射必须满足图结构所必需的附加性质，即必须遵守边的关系。在这个意义上，同构定义了一个可以适应各个结构的广义的等价概念。

■ **定理 12.10** 图同构在所有图集上定义了一个等价关系。

证明：我们必须证明，通过所有图集上的图同构定义的关系是自反的、对称的和可传递的。

由于结点集合上的相同映射，每个图与其自身都是同构的，因此图同构是自反的。此外，设 ϕ 是从 G 到 G' 的一个图同构，即一个一对一的映射 $\phi : V \rightarrow V'$，其中 $(\phi(u), \phi(v)) \in E'$ 成立，当且仅当 $(u, v) \in E$。现在，我们来看 ϕ 的一对一的逆映射 $\phi^{-1} : E' \rightarrow E$ 和一条任意的边 $(u', v') \in E'$。由于 ϕ 的一对一性，V' 中的每个 v' 都具

有一个原像 $v \in V$，其中 $\phi(v) = v'$，因此，每条边 $(u', v') \in E'$ 也可以记作 $(\phi(u), \phi(v))$，并且满足 $(\phi^{-1}(u'), \phi^{-1}(v')) = (\phi^{-1}(\phi(u)), \phi^{-1}(\phi(v))) = (u, v) \in E$ 成立，当且仅当 $(u', v') = (\phi(u), \phi(v)) \in E$。因此，图同构定义了一个对称的关系。

最后，为了证明图同构的可传递性，我们需要证明两个图同构 $\phi : G \to G'$ 和 $\rho : G' \to G''$ 的乘积还是一个图同构。作为两个一对一映射的积，χ 自己是一对一的，并且满足 $(\chi(u), \chi(v)) = (\rho\phi(u), \rho\phi(v)) \in E''$，当且仅当 $(\phi(u), \phi(v)) \in E'$（$\rho$ 是图同构），即 $(u, v) \in E$（ϕ 是图同构）。∎

对两个给定的图是否是同构的问题的回答提出了一个计算上非常具有挑战性的问题。事实上，需要检查图的结点集合中所有可能的一对一映射（参见 7.3 节）在另一个图上是否还遵守相同的边关系。相反，确定两个图不是同构通常会更简单些。在应用图同构的时候，这些性质必须保持不变。

▲ **定义 12.14** 图 G 的一个性质 P 称为图同构的不变量，如果每个 G 的同构图都具有性质 P。

下面列出了一系列非常简单的图同构不变量，基本上是定理 12.9 的一个推论。

□ **推论 12.3** 下面的性质是图同构不变量：

(1) 图具有 n 个结点。

(2) 图具有 m 条边。

(3) 图具有 s 个度为 k 的结点。

(4) 图具有长度为 l 的 s 个回路。

(5) 图具有 s 个哈密顿回路。

(6) 图是无向的。

(7) 图是连通的。

(8) 图具有 s 个连通组件。

12.5 树

在计算机的各个应用领域，那些不具有闭合回路的图扮演着重要的角色。例如，这些被称为树的图被描述为：

(1) 碳氢化合物：由 Arthur Caylay 在 19 世纪末研究并确定了这种结构的可能数量。

(2) 电路：Gustav Kirchhoff 早在 19 世纪中叶就在树论的帮助下开始对电路进行了研究。

(3) 计算机编程语言和自然语言的语法：Noam Chomsky 使用语法树来根据给定的规则导出正确形成的句子；John Backus 和 Peter Naur 在 20 世纪 50 年代末开发了一种语法树的拼写，用来定义 ALGOL。

(4) 决策程序：决策图不仅在政治和经济学中发挥着重要的作用，而且在计算机辅助电
路分析中也占有一席之地。

由于篇幅限制，我们只对无向树给出简短的分析。

▲ **定义 12.15**

(1) 一个图被称为无环的，如果该图不存在长度 $\geqslant 1$ 的回路。

(2) 一个无向图被称为森林，如果该图是无环的。

(3) 一个无向图被称为树，如果该图是无环的，并且是连通的。

示例 12.18

(1) 一个森林：

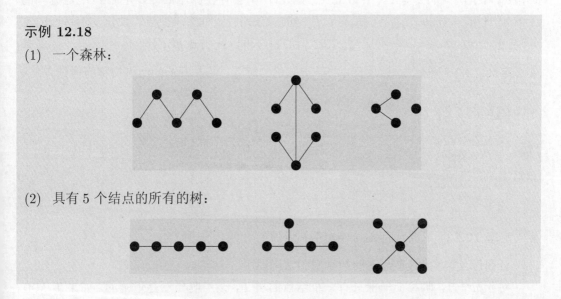

(2) 具有 5 个结点的所有的树：

树的一个基本特征是：树中的每对结点都只是通过一条路径连接的。

进一步我们可以看出，删去树的边或者结点，在最坏的情况下可以将树变成森林，
而向树中仅添加一条边就可以完全破坏该树的结构。

■ **定理 12.11**

(1) 如果在一棵树中删除一条边，那么可以得到一个森林。

(2) 如果在一棵树中添加一条边，那么会破坏该树对应的结构。

证明： 通过观察可以看出，如果从一棵树中删除一条边，那么就无法形成一条回路，
因此可以证明声明 (1)。

对于声明 (2) 的证明可以考虑如下的因素：设 T 是一棵树，即一个连通的、无环的
图。由于 T 的连通性，任意两个结点 u、v 都可以通过 T 中的一条路径 $p_{u,v}$ 被连接。现
在，如果想向图中添加一条额外的边 $e = \{u, v\}$，那么 $p_{u,v}$ 和 e 就会产生一条封闭的回
路，这样就破坏了 T 的树结构。 ■

树的特征可以通过其结点数和边数的一个非常紧密的关系来刻画。为了证明这一点，我们来看一个非常有趣的定理。

■ **定理 12.12** 所有具有 n 个结点的树 T，其中 $n > 1$，都至少具有两个度为 1 的结点。

证明： 设 $T = (V, E)$ 是一棵树，其中 $\sharp V = n > 1$。根据定义，T 作为一棵树是无环的，因此 T 中所有路径的长度被限制为小于或等于 n。我们选择 T 中的一条最长的路径 $p = (u_1, u_2, \cdots, u_r)$。由于 T 是连通的，并且满足 $n > 1$，因此 $u_1 \neq u_r$ 成立。

如果 $deg(u_1) > 1$，那么对于 u_1 必须存在一个邻接结点 $v \in V$，其中 $v \neq u_2$。由于 $v \neq u_i$ 对于所有的 $1 \leqslant i \leqslant r$ 成立（否则在 T 中会存在一个回路，并且 T 不是无环的了），因此 $p' = (v, u_1, u_2, \cdots, u_r)$ 是 T 中的一条路径，而该路径与假设长度不超过 p 是矛盾的。所以，$deg(u_1) = 1$ 成立。用类似的方法可以证明 $deg(u_r) = 1$。 ■

▲ **定义 12.16** 树中，度等于 1 的结点被称为树叶，度大于 1 的结点被称为内结点。

示例 12.19

在下图中，u、v 和 w 是树叶，其他的结点都是内结点：

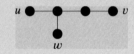

■ **定理 12.13** 每棵具有 n 个结点的树都具有 $n - 1$ 条边。

证明： 这里，我们通过 n 的数学归纳法来证明这个定理。

对于 $n = 1$，即对于一棵只有一个结点的树 T，该声明显然是正确的。如果 T 只有一条边，那么 T 就不是无环的，因为在 T 中肯定存在一条非平凡的封闭路径。

现在我们假设，定理中的声明对于所有具有小于或等于 k 个结点的树都是成立的。设 T 是一棵具有 $k + 1$ 个结点的树。由于 $k + 1 > 1$，因此根据上一个定理可知 T 具有一片树叶（实际上是两片），即具有一个度为 $deg(v) = 1$ 的结点。设 e 是 v 的具有第二个端点 u 的邻接边，$e = \{v, u\}$。现在，我们来考虑 T 的子图 $T' = (V', E')$，该子图是通过从 T 中删除结点 v 和边 e 后产生的：

$$V' = V - \{v\}, \ E' = E - \{e\}$$

作为树的子图，T' 是森林。由于 T' 显而易见也是连通的，因此 T' 也是一棵树，具有 $(k + 1) - 1 = k$ 个结点。根据归纳假设，T' 因此具有 $k - 1$ 条边。因此，T 具有 $(k - 1) + 1 = k$ 条边，$k + 1$ 个结点。 ■

有趣的是，上面定理的逆定理也适用于连通图：具有 n 个结点和 $n - 1$ 条边的连通图是一棵树。为了证明这一点，我们首先证明可以从一个连通图中的任意一条闭合路径上删除一条边，却不会破坏图的连通性。

■ **定理 12.14** 设 G 是一个连通图，p 是 G 中一条非平凡闭合路径。如果从 p 中删除任意一条边，那么得到的图将会保持连通性。

证明： 设 e 是 p 中的任意一条边，G 中删除 e 后得到 G'。为了证明 G' 是连通的，我们需要证明 G' 中两个任意的结点 u 和 v 是通过一条路径相连的。

由于 u 和 v 是 G 中的结点，而 G 是连通的，因此 G 中存在一条从 u 到 v 的路径 q。

(1) 情况：删除的边 e 不属于路径 q。由于 G 和 G' 之间的不同之处仅在于边 e，因此路径 q 的所有边也属于 G'。所以，u 和 v 在 G' 中也是相连的。

(2) 情况：删除的边 e 属于路径 q。根据假设，e 是闭合路径 $p = (r, e, s, p', r)$ 的一部分。由于 $e = (r, s)$ 属于从 u 到 v 的连接路径，因此具有形式 $q = (u, q_1, r, e, s, q_2, v)$。由于边 $e = \{r, s\}$ 和 p 的子路径 p' 都连接了结点 r 和 s，因此在 q 中用 p' 替换 e 提供了另外一个从 u 到 v 的连接。该连接中没有出现边 e，因此是完全在 G' 中出现的路径。 ■

■ **定理 12.15** 如果 G 是一个具有 n 个结点和 $n-1$ 条边的连通图，那么 G 是一棵树。

证明： 我们必须证明 G 是无环的。因此，假设 G 不是一个无环的图。那么在 G 中存在一个非平凡的闭合路径 p。根据定理 12.14，我们可以从这条路径中删除一条边，而不破坏连通性。之后我们继续删除闭合路径上的边，而不破坏连通性，直到我们得到一棵树 T。由于在删除的过程中没有改变结点的数量，因此树 T 同样具有 n 个结点，因此也具有 $n-1$ 条边。而我们前面的假设是 G 不是无环的。因此，在不破坏连通性的情况下删除边的假设是错误的。 ■

在很多应用中，树中的一个特定结点被特别标记为起始点。

▲ **定义 12.17** 设 T 是一棵树。T 被称为根状树，如果 T 的一个结点被特殊标记为 v_0。v_0 被称为 T 的树根。

在根状树中（在大多数应用中会直接简短地记作树），可以从概念上很好地对树的各个结点之间的关系进行描述。

▲ **定义 12.18**

(1) T 中一个结点的深度被记作是该结点与树根的距离。T 的深度是 T 中与树根距离最大的那个结点的深度。

(2) 所有具有相同深度的结点构成了一个结点层。

(3) T 中一个结点 v 的子结点被记作是那些与 v 相邻，并且深度比 v 大 1 的所有结点。v 被称为是这些子结点的父结点。

示例 12.20

下面树根为 r 的根状树的深度为 3。结点 v 的深度为 1，u 和 w 是 v 的子结点。a、b 和 v 构建了一个结点层：

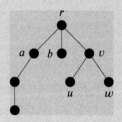

在根状树中，那些内部结点具有最多两个子结点的树具有特别重要的意义，尤其在计算机科学应用中。

▲ **定义 12.19** 二叉树是一棵根状树，其中每个内部结点最多具有两个子结点。

■ **定理 12.16** 每棵具有 t 个树叶，深度为 d 的二叉树 T 都满足

$$t \leqslant 2^d$$

或者等价表示为

$$\log_2 t \leqslant d$$

证明： 这里，我们通过对深度 d 使用数学归纳法进行证明。

如果 $d = 0$，那么说明 T 只包含一个结点。这个结点是一个叶子，因此 $t = 1$ 成立。由于 $1 \leqslant 2^0$ 或者 $log_2 1 \leqslant 0$ 成立，因此对于 $d = 0$ 时的声明是真的。

假设对于所有深度为 $\leqslant d - 1$ 的二叉树，该声明也是真的。设 r 是 T 的树根，(r, u) 和 (r, v) 是与 r 相邻的两条边。

现在，我们来观察 T 中以 u 和 v 为树根的子树 T_u 和 T_v。如果用 d_u 和 d_v 来表示 T_u 和 T_v 的深度，T_u 和 T_v 表示树叶的数量，那么显然 $d_u, d_v \leqslant d - 1$ 和 $t_u + t_v = t$ 是成立的。根据归纳假设可得：

$$t_u \leqslant 2^{d_u} \quad 和 \quad t_v \leqslant 2^{d_v}$$

也是成立的。因此，我们可得：

$$t = t_u + t_v \leqslant 2^{d_u} + 2^{d_v} \leqslant 2 \cdot 2^{d-1} \leqslant 2^d$$

■

▲ **定义 12.20** 完全二叉树是一棵二叉树，其中每个内部结点都正好具有两个子结点。

显然，完全二叉树是一棵特别紧凑的树。

■ **定理 12.17** 设 T 是一棵具有 k 个内部结点的完全二叉树。那么 T 具有 $k+1$ 个叶子，并且总共具有 $2k+1$ 个结点。

证明： 如果我们观察完全二叉树的结点数量，那么可以马上发现：T 中除了根结点，其他所有结点都是 T 中一个结点的子结点，并且子结点的数量是对应父结点数量的两倍。由于所有内部结点都被作为父结点，因此 $t = 1 + 2k$。由于从结点总数和内部结点数之差可以得出 T 中叶结点的数量，因此可以证明该声明。 ■

如果将最后两个定理整合在一起，那么可得如下推论：

□ **推论 12.4** 如果 T 是 棵深度为 d 的完全二叉树，那么 T 总共具有

$$\sum_{i=0}^{d} 2^i = 2^{d+1} - 1$$

个结点。

第13章 命题逻辑

命题逻辑反映了正确推理的基本思想。首先,我们来考虑布尔代数与命题逻辑之间的联系。然后,我们将介绍可以用来检验正确推理的归结方法。

在本书的前几章中,我们已经了解了有关命题逻辑对于公式化、对于理解和运作命题的意义。现在,我们来考虑如何验证由公式表示的命题是否为真的问题。首先,我们来证明命题逻辑是布尔代数。这样一来,我们就可以使用布尔代数中全部有效的计算规则,尤其是其中的范式定理。因此,作为原子补码乘积的布尔代数的元素的描述,正好对应合取范式中命题公式的描述。在这种类型公式的基础上,我们将学习归结方法,即一种检验真值的方法。

13.1 布尔代数和命题逻辑

在 11.2 节定义布尔代数的过程中,我们已经注意到,布尔表达式和命题公式看起来非常相似。只是在表达式中进行了替换:

(1) 每个 $+$ 替换成 $\vee$;

(2) 每个 $\cdot$ 替换成 $\wedge$;

(3) 每个 $^{-}$ 替换成 $\neg$;

(4) 每个 1 替换成 T;

(5) 每个 0 替换成 F。

替换之后,就会得到一个命题公式。这些规则确定了一个从布尔表达式集合到公式集合上的映射 Φ_a。

示例 13.1

布尔表达式:

$$\alpha = \big((x_1 \cdot x_2) \cdot (\overline{x_2} + x_3)\big) + (\overline{x_3} \cdot x_1)$$

被映射到命题公式:

$$\Phi_a(\alpha) = \big((x_1 \wedge x_2) \wedge (\neg x_2 \vee x_3)\big) \vee \neg(\neg x_3 \wedge x_1)$$

由于映射 Φ_a 是通过可逆的替换规则定义的，每个替换规则都对应唯一的结果，因此也可以明确地定义 Φ_a 的逆映射 Φ_a^{-1}，记作 Φ_f，即 $\Phi_f = \Phi_a^{-1}$。

示例 13.2

布尔公式：

$$\alpha = \big(\neg(x_3 \wedge \neg x_2) \vee (f \vee x_3)\big)$$

被映射到表达式 $\Phi_f(\alpha)$：

$$\Phi_f(\alpha) = \overline{\left((x_2 \cdot \overline{x_2}) + (0 + x_3)\right)}$$

映射 Φ_f 将命题公式映射到布尔表达式，并且给出了一个表达式代数：

$$(\mathbb{A}_n, +, \cdot, {}^{-})$$

的同构。该表达式代数在公式代数中的一个 n 元布尔表达式（关于 $\mathbb{B} = \{0, 1\}$）：

$$(\mathbb{F}_n, \vee, \wedge, \neg)$$

对应的表达式代数是具有变量 $x_1, x_2, \cdots, x_n$ 的所有类别的等价命题公式。运算符 $\vee$ 将两个类 $[\alpha]$ 和 $[\beta]$ 连接为类 $[\alpha \vee \beta]$；运算符 $\wedge$ 将两个类 $[\alpha]$ 和 $[\beta]$ 连接为类 $[\alpha \wedge \beta]$；运算符 $\neg$ 将类 $[\alpha]$ 转换为类 $[\neg \alpha]$。代数的 0 元素是所有矛盾式的类 [F]，而 1 元素是所有重言式的类 [T]。因此，布尔常数 0 对应真值 F，常数 1 对应真值 T。

由于表达式代数和公式代数之间的同构，因此表达式和命题公式的含义实际上是相同的：每个表达式都描述了一个开关函数。可以通过以下方式确定固定参数的函数值：将表达式中每个变量使用对应的值 0 或者 1 来替换，然后计算表达式的值（参见定义 11.2）。每个表达式代表一个逻辑事实，对应的真值取决于其各个变量的真值和被应用的运算符的组合。公式的真值表对应开关函数的表格，公式通过该表格可以描述为对应的表达式。

▲ **定义 13.1** 命题公式可以表示为开关函数，其对应的表格是根据公式的真值表生成的，即用 1 来替换每个 T，用 0 来替换每个 F。

示例 13.3

具有真值表：

x_1	x_2	x_3	$((x_1 \wedge x_2) \vee (x_2 \vee x_3))$
T	T	T	T
T	T	F	T
T	F	T	T
T	F	F	F
F	T	T	T
F	T	F	T
F	F	T	T
F	F	F	F

的公式 $((x_1 \wedge x_2) \vee (x_2 \vee x_3))$ 可以表示为如下的开关函数:

x_1	x_2	x_3	$f(x_1, x_2, x_3)$
1	1	1	1
1	1	0	1
1	0	1	1
1	0	0	0
0	1	1	1
0	1	0	1
0	0	1	1
0	0	0	0

开关函数的参数是将常数 1 或者 0 分配给布尔表达式的每个变量,这对应于将真值 T 或者 F 分配给命题公式的每个变量。根据表达式代数的计算规则,无需变量即可确定表达式的值。现在,也为命题公式定义了这些计算规则。

▲ **定义 13.2** 带有变量 $x_1, \cdots, x_n$ 的命题公式的分配是指将所有带有变量 $x_1, \cdots, x_n$ 的命题公式的集合映射到对于所有公式 α 和 β 的具有如下属性的真值 $\{\mathrm{T}, \mathrm{F}\}$ 的集合中的映射 A:

(1) $A(\mathrm{T}) = \mathrm{T}$ 和 $A(\mathrm{F}) = \mathrm{F}$;

(2) $A(\alpha \wedge \beta) = \mathrm{T}$,当且仅当 $A(\alpha) = \mathrm{T}$ 和 $A(\beta) = \mathrm{T}$;

(3) $A(\alpha \vee \beta) = \mathrm{T}$,当且仅当 $A(\alpha) = \mathrm{T}$ 或 $A(\beta) = \mathrm{T}$;

(4) $A(\neg \alpha) = \mathrm{T}$,当且仅当 $A(\alpha) = \mathrm{F}$。

根据示例 2.2 中的重言式，我们将 $(\alpha \to \beta)$ 类型的公式视为等价公式 $(\neg\alpha \vee \beta)$ 的形式，$(\alpha \leftrightarrow \beta)$ 类型的公式视为等价公式 $((\alpha \to \beta) \wedge (\beta \to \alpha))$ 的形式。也就是说：

$$A(\alpha \to \beta) = A(\alpha \to \beta) \ \text{和} \ A(\alpha \leftrightarrow \beta) = A((\alpha \to \beta) \wedge (\beta \to \alpha))$$

成立。

因此，不同分配的本质区别在于哪些真值被分配给了变量。如果将一个公式中每个变量 x_i 都替换成被分配的真值 $A(x_i)$，那么可以得到一个不包含变量，而只出现常量 T 和 F 的公式。该公式的真值可以根据对应的 $\vee$、$\wedge$ 和 $\neg$ 的计算规则计算得出。

示例 13.4

我们来观察命题公式 α：

$$(x_1 \vee \neg x_2) \wedge ((\neg x_1 \vee x_2) \wedge x_3)$$

对应满足如下条件的分配 A_1：

	x_1	x_2	x_3
$A_1(x_i)$	T	F	T

为了确定真值 $A_1(\alpha)$，将 α 中每个变量 x_i 替换成真值 $A_1(x_i)$，然后得到命题：

$$(\text{T} \vee \neg\text{F}) \wedge ((\neg\text{T} \vee \text{F}) \wedge \text{T})$$

现在，可以逐步使用运算 $\wedge$、$\vee$ 和 $\neg$ 的计算规则，然后得到：

$$(\text{T} \vee \text{T}) \wedge ((\text{F} \vee \text{F}) \wedge \text{T})$$

$$\text{T} \wedge (\text{F} \wedge \text{T})$$

$$\text{T} \wedge (\text{F} \wedge \text{T})$$

$$\text{T} \wedge \text{F}$$

$$\text{F}$$

即

$$A_1\big((x_1 \vee \neg x_2) \wedge ((\neg x_1 \vee x_2) \wedge x_3)\big) = \text{F}$$

成立。

对应满足如下条件的分配 A_2：

	x_1	x_2	x_3
$A_2(x_i)$	T	T	T

真值 $A_2(\alpha)$ 可以从命题

$$(T \vee \neg T) \wedge ((\neg T \vee T) \wedge T)$$

中计算得出。类似地，进一步可得：

$$(T \vee F) \wedge ((F \vee T) \wedge T)$$

$$T \wedge (T \wedge T)$$

$$T \wedge T$$

$$T$$

即 $A_2(\alpha) = T$ 成立。

更正式些，我们还可以利用同构定理，那么具有变量 $x_1, \cdots, x_n$ 的公式 α 的真值 $A(\alpha)$ 在分配 A 下对应的值是由表达式 $\Phi_f(\alpha)$ 表示的开关函数在分配 A 对应的变量。也就是说：

$$A(\alpha) = \Phi_a \Big(\Phi_f(\alpha) \big(\Phi_f(A(x_1)), \cdots, \Phi_f(A(x_n)) \big) \Big)$$

在逻辑上，人们对公式是否表示一个真实的事物充满兴趣。

▲ **定义 13.3** 设 α 是一个公式，那么：

(1) 分配 A 称为 α 的模型，如果 $A(\alpha) = T$。

(2) α 称为可满足的，如果 α 具有一个模型。

(3) α 称为不可满足的（或者矛盾式），如果 α 不具有一个模型。

(4) α 称为有效的（或者重言式），如果每个分配都是 α 的模型。

示例 13.5

满足 $A(x) = T$，$A(y) = F$ 和 $A(z) = T$ 的分配 A 是公式 $((x \rightarrow y) \rightarrow z)$ 的模型，但不是公式 $(x \wedge y) \vee \neg z$ 的模型。公式 $((x \wedge y) \vee (\neg(x \wedge y)))$ 是有效的，而公式 $(\neg(x \rightarrow (\neg y \vee x)))$ 是不可满足的。公式 x 是可满足的，但是并不是有效的。

有效公式（重言式）和不可满足公式（矛盾式）是非常相似的。

■ **定理 13.1** α 是有效的，当且仅当 $\neg \alpha$ 是不可满足的。

证明： α 是有效的，当且仅当

$$每个分配是 \alpha 的一个模型　　　　　　（有效性定义）$$

$$对于每个分配 A, A(\alpha) = T　　　　　　（模型定义）$$

$$对于每个分配 A, A(\neg\alpha) = F　　　　　　（\neg 性质）$$

$$没有分配是 \neg\alpha 的一个模型　　　　　　（模型定义）$$

$$\neg\alpha 是不可满足的　　　　　　（不可满足性定义）　　　■$$

通过上面的讨论可知，命题逻辑公式的集合可以被划分为 3 个不相交的子集：

(1)　有效公式集合；

(2)　不可满足公式集合；

(3)　可满足的，但是并不是有效的公式集合。

这三个集合在上面的定义中被定义为"语义的"，也就是说，对应分配的概念。在接下来的章节中，我们将介绍如何在语法上定义这些集合。然后可以从句法的定义中开发出算法，通过这些方法可以验证公式的满足性。

13.2　范式

在 11.7 节中讨论过的范式定理对于每个布尔代数都是成立的。表达式代数的原子（参见 11.6 节）是通过文字的乘积表示的等价表达式的类，例如

$$x_1 \cdot \overline{x_2} \cdot x_3 \cdot x_4 \cdot \overline{x_5}$$

中的类为 $[x_1 \cdot \overline{x_2} \cdot x_3 \cdot x_4 \cdot \overline{x_5}]$。表达式代数和公式代数之间的同构 Φ_a 将文字的乘积映射为文字的合取，例如

$$\Phi_a(x_1 \cdot \overline{x_2} \cdot x_3 \cdot x_4 \cdot \overline{x_5}) = x_1 \wedge \neg x_2 \wedge x_3 \wedge x_4 \wedge \neg x_5$$

因此，公式代数的原子也是等价表达式给出的文字的合取：

$$(x_1 \wedge \neg x_2 \wedge x_3) \vee (\neg x_1 \wedge x_2) \vee (x_1 \wedge x_2 \wedge \neg x_3)$$

▲　**定义 13.4**　命题逻辑公式是析取范式（简写为 DNF），如果该公式是单项式的析取，

从布尔代数的第一个范式定理（定理 11.12）可以直接得出：

□　**推论 13.1**　对于每个命题逻辑公式，都在析取范式中存在　个等价公式。

对于每个公式，我们可以使用与表达式中相同的步骤（参见 11.7 节）在析取范式中构建一个等价公式。为此，我们需要使用公式的真值表。每个可满足的分配，即真值表中所有以 T 结束的行，都确定了一个单项式。下面，使用示例公式

$$\neg(\neg x_3 \wedge \neg(x_2 \wedge x_1))$$

来描述这个过程。图 13.1 显示了如何从对应的真值表中读取单项式。通过这种方式获得的所有单项式的析取在析取范式中给出了公式 $\neg(\neg x_3 \wedge \neg(x_2 \wedge x_1))$ 的一个形式，即

$$(x_1 \wedge x_2 \wedge x_3) \vee (x_1 \wedge x_2 \wedge \neg x_3) \vee (x_1 \wedge \neg x_2 \wedge x_3) \vee (\neg x_1 \wedge x_2 \wedge x_3) \vee (\neg x_1 \wedge \neg x_2 \wedge x_3)$$

布尔代数的第二个范式定理（定理 11.14）涉及的是原子补的乘积。上面讨论的原子

$$\neg(x_1 \wedge \neg x_2 \wedge x_3 \wedge x_4 \wedge \neg x_5)$$

对应的补是

$$(\neg x_1 \vee x_2 \vee \neg x_3 \vee \neg x_4 \vee x_5)$$

这个原子的补是文字的析取。

x_1	x_2	x_3	$\neg(\neg x_3 \wedge \neg(x_2 \wedge x_1))$	单项式	
T	T	T	T	$\rightarrow$	$x_1 \wedge x_2 \wedge x_3$
T	T	F	T	$\rightarrow$	$x_1 \wedge x_2 \wedge \neg x_3$
T	F	T	T	$\rightarrow$	$x_1 \wedge \neg x_2 \wedge x_3$
T	F	F	F		
F	T	T	T	$\rightarrow$	$\neg x_1 \wedge x_2 \wedge x_3$
F	T	F	F		
F	F	T	T	$\rightarrow$	$\neg x_1 \wedge \neg x_2 \wedge x_3$
F	F	F	F		

图 13.1　从真值表中读取析取范式的单项式

▲　**定义 13.5**　子句是文字的析取。命题逻辑公式是合取范式（简写为 KNF），如果该公式是子句的合取。

由布尔代数的第二个范式定理（定理 11.14）可以直接得到：

□　**推论 13.2**　对于每个命题逻辑公式，都在合取范式中存在一个等价公式。

对于每个公式，我们可以使用与表达式相同的步骤（参见 11.7 节）在合取范式中构建一个等价公式。这里，我们需要再次使用公式的真值表。每个不可满足的分配的补，即真值表中所有以 F 结尾的行，都确定了一个子句。该子句恰好是通过该行确定的单项式的补。例如，我们来看上面提及的公式：

$$\neg\big(\neg x_3 \wedge \neg(x_2 \wedge x_1)\big)$$

图 13.2 显示了如何从真值表中读取子句。这些子句的合取给出了合取范式的表示形式：

$$(\neg x_1 \vee x_2 \vee x_3) \wedge (x_1 \vee \neg x_2 \vee x_3) \wedge (x_1 \vee x_2 \vee x_3)$$

x_1	x_2	x_3	$\neg(\neg x_3 \wedge \neg(x_2 \wedge x_1))$	
T	T	T	T	
T	T	F	T	
T	F	T	T	
T	F	F	F	$\rightarrow \quad \neg x_1 \vee x_2 \vee x_3$
F	T	T	T	
F	T	F	F	$\rightarrow \quad x_1 \vee \neg x_2 \vee x_3$
F	F	T	T	
F	F	F	F	$\rightarrow \quad x_1 \vee x_2 \vee x_3$

图 13.2 从真值表中读取析取范式的单项式

13.3 可满足性等价公式

现在，我们回到关于命题逻辑公式的可满足性这个焦点。析取范式中的公式可满足性是很容易进行验证的：由于每个单项式都是可满足的，因此如果一个析取范式包含至少一个单项式，那么该范式就是可满足的。但是，析取范式中的公式转换的效率并不高，因为对于具有 n 个变量的公式，必须对具有 2^n 行的整个真值表进行搜索，即使等价置换也不能保证更有效的流程。

对于在合取范式中创建等价公式也是如此，使用所描述的方法执行效率也不高。虽然不能像析取范式那样，直接从这种范式中读取出公式是否是可满足的，但是这种范式可以为算法满足性测试提供一个很好的起点。但是，现在还没有一种已知的算法可以有效地测试可满足性。在下文中，我们将集中讨论公式的可满足性，而略过其表示的抽象逻辑事物。为此，我们可以使用一种有效的转换方法，该方法可以实现从任意公式 α 生成一个可满足性等价公式 α'。

▲ **定义 13.6** 公式 α' 对于公式 α 是可满足性等价的，如果满足条件：α 是可满足的，当且仅当 α' 是可满足的。

示例 13.6

(1) 公式 x_1 和 $\neg(x_1 \vee \neg x_2) \wedge (\neg(x_1 \wedge x_3))$ 是可满足性等价的，因为这两个公式都是可满足的。第一个公式的可满足分配是 $A_1(x_1) = T$。第二个公式的可满足分配是通过满足 $A_2(x_1) = F$、$A_2(x_2) = T$ 和 $A_2(x_3) = F$ 的 A_2 给出的。

(2) 公式 $x_1 \vee x_2$ 和 $(x_1 \vee x_2) \wedge \neg(x_1 \vee x_2)$ 不是可满足性等价的。因为两个公式中的第一个是可满足的，但是第二个是不可满足的。

接下来我们来看一个例子，结构如下的公式：

$$\alpha = (a \wedge \neg b) \vee (a \wedge \neg c)$$

可以通过图 13.3 中的树结构来描述。这个树结构包含了 3 个结点，但是这些结点不是用文字而是用运算符来标记的。我们为这些结点引入新的变量 S_1、S_2 和 S_3（参见图 13.4）。这些变量可以被视为下面给出的树的根，每个都代表了 α 的一个子公式。

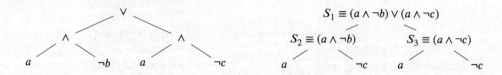

图 13.3　用树结构来表示公式 $(a \wedge \neg b) \vee (a \wedge \neg c)$　　图 13.4　用树表示公式 $(a \wedge \neg b) \vee (a \wedge \neg c)$

这样我们就可以看出 S_1 和公式 α 是等价的，并且满足：

(1)　$S_1 \equiv (S_2 \vee S_3)$;

(2)　$S_2 \equiv (a \wedge \neg b)$;

(3)　$S_3 \equiv (a \wedge \neg c)$。

对应 α 的每个分配 A 都可以为了变量 S_1、S_2 和 S_3 的分配进行扩展，这样就可以给出公式

$$(S_1 \leftrightarrow (S_2 \vee S_3)) \wedge (S_2 \leftrightarrow (a \wedge \neg b)) \wedge (S_3 \leftrightarrow (a \wedge \neg c))$$

的模型。其中，A' 下的 S_i 的真值刚好是 A 下子公式的真值，为此引入了 S_i。因此，A' 下的 S_1 的真值与 A 下的 α 的值是一致的。如果我们将 S_1 添加到这个合取里，那么公式

$$\alpha' = S_1 \wedge (S_1 \leftrightarrow (S_2 \vee S_3)) \wedge (S_2 \leftrightarrow (a \wedge \neg b)) \wedge (S_3 \leftrightarrow (a \wedge \neg c))$$

的值在 A' 下等于 $A(\alpha)$。这样就可以得出：α' 和 α 是可满足性等价的。最后，α' 本身可以很容易地转换为等价的合取范式。α' 是一个子公式的合取，其中每个子公式包含最多 3 个不同的变量。通过参考真值表，可以将这些子公式分别转换为合取范式。其中，公式的大小最高可以扩大 8 倍。

■　**定理 13.2**　存在一种有效的算法，可以根据公式 α 计算出一个可满足等价的合取范式 α'。

证明： 设 α 是任意一个公式。首先，我们对 α 进行重新转换，以便 α 中的所有否定符号 $\neg$ 只能直接位于变量的前面。为此，我们需要应用德·摩根定律和双重否定律。$\alpha_1, \cdots, \alpha_m$ 是 α 通过应用二元运算产生的所有子公式，$\alpha_{m+1}, \cdots, \alpha_k$ 是 α 的文字。这里，假设 $\alpha = \alpha_1$，并且 $\alpha_i = \alpha_{i_1} \circ \alpha_{i_2}$，对于 $1 \leqslant i \leqslant m$ 成立，并且 $\circ$ 是一个任意的二元连接符。设 $S_1, \cdots, S_m$ 是没有出现在 α 中的变量。我们定义：

$$D(\alpha) = \bigwedge_{i=1,2,\cdots,m; \alpha_i=\alpha_{i_1}\circ\alpha_{i_2}} \left[S_i \leftrightarrow (S_{i_2} \circ S_{i_2}) \right] \wedge \bigwedge_{i=m+1,\cdots,k} \left[S_i \leftrightarrow \alpha_i \right]$$

(1) 声明：如果 A 是 $D(\alpha)$ 的模型，那么对于每个 α_i，$A(\alpha_i) = A(S_i)$ 都成立。

我们通过对 α 子公式的数量 k 的数学归纳法来证明该声明。当 $k = 1$ 时，对于文字 ℓ，$\alpha = \ell$ 成立。因此，可得 $D(\alpha) = S_1 \leftrightarrow \ell$。如果对于 $D(\alpha)$，A 是一个模型，那么 $A(S_1) = A(\ell)$ 成立。

现在，α 具有 $k+1$ 个子公式和文字（$k > 1$），那么可得 $\alpha = \alpha_a \circ \alpha_b$。如果 A 是 $D(\alpha)$ 的一个模型，那么可得 $A(\alpha) = A(\alpha_a) \circ A(\alpha_b)$。通过归纳假设，$A(S_a) = A(\alpha_a)$ 和 $A(S_b) = A(\alpha_b)$ 成立。由 $A(S_a) \circ A(S_b) = A(S_1)$，可得 $A(S_1) = A(\alpha)$。

(2) 声明：如果 A 是 α 的一个模型，那么存在一个分配 A'，该分配是 α 的模型和 $D(\alpha)$ 的模型。

A' 可以通过设置 $A'(S_i) = A(\alpha_{i_1}) \circ A(\alpha_{i_2})$ 得到，并且刚好其下面所有其他变量都被占用，就像在 A 下面那样。

现在，我们可以得出证明：如果 α 是不可满足的，那么 $D(\alpha)$ 只具有一个满足 $A(S_1) = f$ 的模型 A，因此，$D(\alpha) \wedge S_1$ 是不可满足的。如果 α 是可满足的，那么 $D(\alpha)$ 具有一个满足 $A(S_1) = w$ 的模型 A，因此，$D(\alpha) \wedge S_1$ 是可满足的。

$D(\alpha)$ 是一个多个公式的合取，每个公式都是由 3 个文字组成的。因此，每个公式的合取范式是由最多 8 个子句组成的（取决于使用的 $\circ$ 运算）。因此，可以将 $D(\alpha) \wedge S_1$ 转换为合取范式中的等价公式 α'，其对应的大小最多为原始公式大小的 8 倍。∎

示例 13.7

我们使用在证明中描述的构造来给出示例的公式：

$$((x_1 \leftrightarrow x_2) \to \neg(x_1 \vee \neg x_2)) \vee \neg x_1$$

首先，所有否定符号都直接出现在变量前面。由于 $\neg(x_1 \vee \neg x_2) \equiv (\neg x_1 \wedge x_2)$ 成立，我们可以得到：

$$\alpha = ((x_1 \leftrightarrow x_2) \to (\neg x_1 \wedge x_2)) \vee \neg x_1$$

现在，我们将 α 分解为子公式：

$$\alpha_1 = ((x_1 \leftrightarrow x_2) \to (\neg x_1 \wedge x_2)) \vee \neg x_1$$
$$\alpha_2 = (x_1 \leftrightarrow x_2) \to (\neg x_1 \wedge x_2)$$
$$\alpha_3 = x_1 \leftrightarrow x_2$$
$$\alpha_4 = \neg x_1 \wedge x_2$$
$$\alpha_5 = x_1$$
$$\alpha_6 = \neg x_1$$
$$\alpha_7 = x_2$$

我们为 7 个子公式 $\alpha_1, \cdots, \alpha_7$ 引入新的变量 $S_1, \cdots, S_7$。作为 α 可满足性等价的公式，

我们可以得到公式：

$$D(\alpha) = (S_1 \leftrightarrow (S_2 \vee S_6)) \wedge (S_2 \leftrightarrow (S_3 \rightarrow S_4)) \wedge (S_3 \leftrightarrow (S_5 \leftrightarrow S_7))$$

$$\wedge (S_4 \leftrightarrow (S_6 \wedge S_7)) \wedge (S_5 \leftrightarrow x_1) \wedge (S_6 \leftrightarrow \neg x_1) \wedge (S_7 \leftrightarrow x_2) \wedge S_1$$

最后，我们必须将每个通过合取联结到一起的子公式转换为一个合取范式。这样我们就获得了所期望的、对于 α 是可满足性的等价的合取范式：

$$(\neg S_1 \vee S_2 \vee S_6) \wedge (S_1 \vee \neg S_2) \wedge (S_1 \vee \neg S_6)$$

$$\wedge (\neg S_2 \vee \neg S_3 \vee S_4) \wedge (S_2 \vee S_3) \wedge (S_2 \vee \neg S_4)$$

$$\wedge (\neg S_3 \vee \neg S_5 \vee S_6) \wedge (\neg S_3 \vee S_5 \vee \neg S_6) \wedge (S_3 \vee S_5 \vee S_6) \wedge (S_3 \vee \neg S_5 \vee \neg S_6)$$

$$\wedge (\neg S_4 \vee S_6) \wedge (\neg S_4 \vee S_7) \wedge (S_4 \vee \neg S_6 \vee \neg S_7)$$

$$\wedge (\neg S_5 \vee x_1) \wedge (S_5 \vee \neg x_1) \wedge (\neg S_6 \vee \neg x_1) \wedge (S_6 \vee x_1)$$

$$\wedge (\neg S_7 \vee x_2) \wedge (S_7 \vee \neg x_2) \wedge S_1$$

现在，由于我们可以将每个公式有效地转换为可满足性的等价的合取范式，因此就回答了有关对合取范式的公式可满足性的可满足性测试。其中，我们将合取范式看作集合：每个子句都被描述为其中包含文字的集合。因此，子句 $(x_1 \vee \neg x_2 \vee x_3)$ 被描述为集合 $\{x_1, \neg x_2, x_3\}$。合取范式中的公式，即子句的合取，被表示为子句的集合，称为子句集合。例如，合取范式

$$(x_1 \vee \neg x_2 \vee x_3) \wedge (\neg x_1 \vee \neg x_2 \vee x_3) \wedge (x_2 \vee \neg x_3)$$

被表示为集合：

$$\{\{x_1, \neg x_2, x_3\}, \{\neg x_1, \neg x_2, x_3\}, \{x_2, \neg x_3\}\}$$

通过这种表示法可以实现一种简单的分配视图：分配刚好包含的可满足文字也可以被理解为集合。例如，具有

$$A(x_1) = A(x_3) = \mathrm{T} \text{ 和 } A(x_i) = \mathrm{F}, \text{ 其中 } i \notin \{1, 2, 3\}$$

的分配表示为集合：

$$\{x_1, \neg x_2, x_3, \neg x_4, \neg x_5, \cdots\}$$

另外，我们现在还允许存在那种不是为每个变量都分配真值的分配。

为子句集合定义的有效性、不可满足性和可满足性这些术语和那些为公式定义的术语完全相同。这种集合表示的最大优点是：我们现在可以通过集合性质来描述模型。例

如, 一个分配是子句 C 的 A 模型, 当且仅当 $A \cap C \neq \varnothing$ 成立。类似地, A 模型是一个子句集合 S, 如果对于每个子句 $C \in S$, $A \cap C \neq \varnothing$ 都成立。

所谓的空子句是一个（文字的）空集, 被表示为 □。空子句是不可满足的, 因为每次分配的空子句的平均值也是空的。相反, 空子句集合 $\varnothing$ 是有效的。

一个子句始终是一个文字的有限集合。但是, 一个子句集合也可以包含无限多个子句集合。

13.4　不可满足的子句集合

现在, 我们来找出所有不可满足的子句集合的集合特征。要为给定的子句集合 S 确定其是否是不可满足的, 需要回答问题: S 的元素是否是所有不可满足的子句集合的集合? 我们对不可满足的子句集合的直观和自发的想法不足以从算法上（例如, 借助计算机程序）回答这个问题。因此, 我们将刻画不可满足的子句集合的"句法", 即通过公式的性质。这里, 我们使用与我们的直觉想法相反的子句集合的结构性质。

如果子句集合 S 是可满足的, 那么根据定义: 存在 S 的一个模型 A, 对于每个在 S 中出现的变量 x_i 都包含文字 $\ell = x_i$ 或者 $\ell = \neg x_i$。设 A_ℓ 是带有 $\ell \in A_\ell$ 的一个分配。如果 A_ℓ 是 S 的一个模型, 那么 A_ℓ 也是子句集合的模型, 该子句集合可以如下那样从 S 获得:

(1)　从 S 中删除包含 ℓ 的所有子句。

(2)　从其余子句中删除文字 $\overline{\ell}$。

这样构造的子句集合被记作 S^ℓ。该子句集合满足:

$$S^\ell = \{C - \{\overline{\ell}\} \mid C \in S \text{ 和 } \ell \notin C\}$$

这里, 我们可以用简化的写法 $S^{\ell, \ell'}$ 来替代 $S^{\ell \ell'}$。

示例 13.8

对于

$$S = \big\{\{a, \neg b, c\}, \{\neg a, c\}, \{\neg a, b\}, \{\neg b, c\}\big\}$$

可以表示为

$$S^a = \big\{\{c\}, \{b\}, \{\neg b, c\}\big\}$$

和

$$S^{a, \neg b} = \big\{\{c\}, \square\big\}$$

现在, 我们来看上面给出的集合 S 的模型 $A = \{a, b, c\}$。由于 $a \in A$, 因此 A 也是 S^a 的模型, 这是因为 S^a 可以说是由 S 的"剩余"部分组成的, 而这些部分还不满足 a

具有真值 T。使用更正式的术语可以表示为: 如果 S 具有满足 $\ell \in A$ 的模型 A, 那么 A 也是 S^ℓ 的模型。因此, 如果 S 具有一个模型, 那么要么 S^ℓ, 要么 $S^{\bar{\ell}}$ 具有一个模型。另外, 每个 S^ℓ 或者 $S^{\bar{\ell}}$ 的模型都可以被扩展为一个 S 的模型。

■ **定理 13.3** 设 S 是一个子句集合, ℓ 是一个文字, 那么 S 是可满足的, 当且仅当 S^ℓ 或者 $S^{\bar{\ell}}$ 是可满足的。

证明:

- $(\rightarrow)$: 设 S 是可满足的。那么存在一个分配 A, 对于每个 $C \in S$, $A \cap C \neq \varnothing$ 都成立。如果 $\bar{\ell} \notin A$, 那么对于每个 $C \in S$, $A \cap C = A \cap (C - \{\bar{\ell}\})$ 都成立。因此, A 是 S^ℓ 的模型。如果 $\ell \notin A$, 那么对应地, A 是 $S^{\bar{\ell}}$ 的模型。综上, S^ℓ 或者 $S^{\bar{\ell}}$ 是可满足的。

- $(\leftarrow)$: 设 S^ℓ 是可满足的, A 是 S^ℓ 的模型。那么 $B = (A - \{\bar{\ell}\}) \cup \{\ell\}$ 也是 S^ℓ 的模型, 因为 ℓ 和 $\bar{\ell}$ 都不出现在 S^ℓ 的子句中。因为在 S 中的每个子句要么出现在 S^ℓ 中, 要么通过向 $\bar{\ell}$ 添加产生 S^ℓ 中的子句, 要么包含 ℓ, 因此, B 也是 S 的模型。

如果 $S^{\bar{\ell}}$ 是可满足的, 那么 $B' = (A - \{\ell\}) \cup \{\bar{\ell}\}$ 是 S 的模型, 可以用类似的方法进行证明。   ■

定理 13.3 也可以用于构建不可满足的子句集合。

□ **推论 13.3** 设 S 是一个子句集合, ℓ 是一个文字, 那么 S 是不可满足的, 当且仅当 S^ℓ 和 $S^{\bar{\ell}}$ 都不是可满足的。

通过该推论, 我们可以在下面的定理中推论出所有不可满足的子句集合的一个归纳定义。并且可以再次推断出, 在该集合中, 不仅包含有限的子句集合, 而且包含 (有限的) 子句的无限集合。因此, 从定义 8.3 得出的公式的归纳定义不足以表示其特征。例如, 有限的、不可满足的子句集可以通过将不可满足的公式转换为等价的子句集的方式获得。包含空子句的任何无限子句集同样都是不可满足的。但是, 也有不包含空子句的无限子句集是不可满足的。例如, $\{\{\neg x_1\}, \{x_1\}, \{x_2\}, \{x_3\}, \cdots\}$。这些无限子句集的不可满足性可以很容易地通过其有限子集 $\{\{\neg x_1\}, \{x_1\}\}$ 的不可满足性来确定。有趣的是, 每个不可满足的子句集都具有一个有限的不可满足的子集。这个结论将在稍后出现的有限性定理 13.5 中进行证明。

■ **定理 13.4** 设 U 是子句集的集合。该集合可以归纳定义为:

(1) 每个具有 □ 的子句集属于 U。
(2) 如果 $S^\ell \in U$ 和 $S^{\bar{\ell}} \in U$ 成立, 那么 $S \in U$ 也成立。

这样被定义的集合 U 是所有无法满足的子句集合的集合。

证明： 这里，我们需要证明：

- U 中的任何一个子句集都是不可满足的。
- 任何一个不属于 U 的子句集都是可满足的。

(1) 证明：U 中每个子句集都是不可满足的。

我们通过对集合 U 的构造使用归纳法来进行证明。在归纳基础上，我们需要考虑 U 中具有所有满足 $\square \in S$ 的元素 S。由于 $\square$ 是不可满足的，因此那些包含 $\square$ 的所有子句集 S 也是不可满足的。

归纳假设确定了：U 中的集合 S^ℓ 和 $S^{\overline{\ell}}$ 是不可满足的。在归纳总结中，我们需要考虑从 S^ℓ 和 $S^{\overline{\ell}}$ 中构造出来的集合 S。根据 U 的定义，子句集 S 属于 U。从推论 13.3 中可以直接得出，S 也是不可满足的。这样就完成了该归纳证明。

(2) 证明：不属于 U 的每个子句集是不可满足的。

我们考虑一个具有变量 $x_1, x_2, \cdots, x_i, \cdots$ 的子句集 $S \notin U$。根据 U 定义的第 2 点，存在一系列满足 $\ell_j \in \{x_j, \neg x_j\}$ 的文字 $\ell_1, \ell_2, \cdots, \ell_i, \cdots$。因此，对于任何 $n \geqslant 0$，$S^{\ell_1, \cdots, \ell_n} \notin U$ 都成立。现在，我们定义一个恰好包含了这些文字的赋值 A，即 $A = \{\ell_1, \cdots, \ell_i, \cdots\}$，并且证明 A 是 S 的一个模型。

为此，我们必须证明，A 是 S 中的每个子句的模型。因此假设，C 是 S 中的一个任意子句。由于 C 是有限的，因此 C 仅包含来自 $\{x_1, \cdots, x_m\}$ 中适合于 m 的变量。假设，A 不是 C 的一个模型，即 $A \cap C = \varnothing$。那么 A 不包含 C 中的文字。也就是说，C 只包含 $\{\overline{\ell_1}, \cdots, \overline{\ell_m}\}$ 中的文字。因此，$C - \{\overline{\ell_1}, \cdots, \overline{\ell_i}\}$ 包含在 $S^{\ell_1, \cdots, \ell_i}$ 中，其中 $0 \leqslant i \leqslant m$。这就意味着，$S^{\ell_1, \ell_2, \cdots, \ell_m}$ 包含子句 $C - \{\overline{\ell_1}, \overline{\ell_2}, \cdots, \overline{\ell_m}\}$，而这恰好是空子句 $\square$。因此，$S^{\ell_1, \ell_2, \cdots, \ell_m}$ 必须属于 U 这种结论就和假设 $S^{\ell_1, \ell_2, \cdots, \ell_m} \notin U$ 相矛盾。这也与假设 $A \cap C = \varnothing$ 相矛盾。因此，A 是 S 中任意子句 C 的模型，进而也是 S 本身的模型。因此，S 是可满足的。∎

为了图形化上面证明的流程，我们可以使用一个二叉树，其中每个节点表示一个子句集 S，并且对应的两个后继节点为 S^ℓ 和 $S^{\overline{\ell}}$（参见图 13.5）。沿着从一个节点到其对应的一个后继节点的边，每次都是从 S 中删除一个文字。这里，每个文字在每条路径上只被删除一次。根据定理 13.4 中对不可满足子句集的刻画可以得出：对于这种树根是由一个不可满足的无限子句集表示的树，在每条路径上经过有限步骤后都可以得到一个包含空子句 $\square$ 的子句集合。

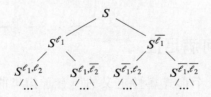

图 13.5　更改子句集的想法

示例 13.9

这里，我们来观察那些尽管有限却不可满足的子句集：$S = \{\{x, y\}, \{\neg x, \neg y\},$ $\{\neg x, y\}, \{x, \neg y, z\}, \{\neg z\}\}$。图 13.6 中显示了该子句集对应的二叉树。

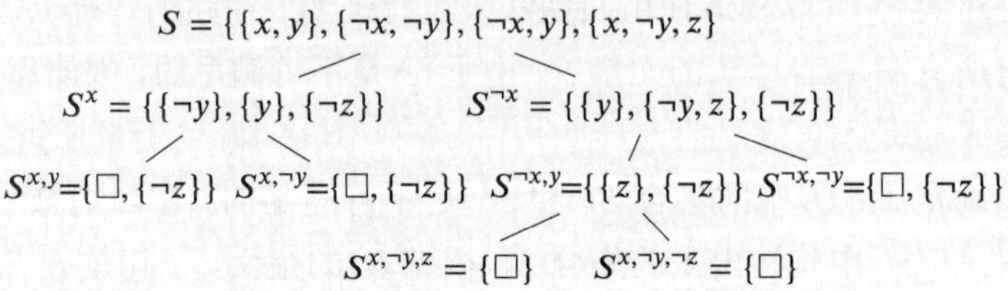

$$S = \{\{x, y\}, \{\neg x, \neg y\}, \{\neg x, y\}, \{x, \neg y, z\}$$

$$S^x = \{\{\neg y\}, \{y\}, \{\neg z\}\} \qquad S^{\neg x} = \{\{y\}, \{\neg y, z\}, \{\neg z\}\}$$

$$S^{x,y} = \{\Box, \{\neg z\}\} \quad S^{x,\neg y} = \{\Box, \{\neg z\}\} \quad S^{\neg x,y} = \{\{z\}, \{\neg z\}\} \quad S^{\neg x, \neg y} = \{\Box, \{\neg z\}\}$$

$$S^{x,\neg y,z} = \{\Box\} \qquad S^{x,\neg y,\neg z} = \{\Box\}$$

图 13.6　对示例 13.9 中子句集 S 的不可满足性的证明

如果在每条路径上都重构 S 中的子句，那么最终会得到空子句 $\Box$，进而获得 S 的一个不可满足的子集。由于树的每个内部节点都具有恰好两个后继节点，根据著名的柯尼希定理，这个不可满足的子集必须是有限的。

■ **定理 13.5**（紧致性定理）　设 S 是一个子句集。S 是不可满足的，当且仅当 S 具有一个有限的不可满足的子集。

证明： 设 $F = \{S \mid S$ 具有一个有限的不可满足的子集$\}$。

显然，F 中的每个子集都是不可满足的。因此，我们只需要证明每个不可满足的子集也属于 F。为此，我们使用定理 13.4 中不可满足子句集的集合 U 的归纳定义，并且通过归纳法进行证明。

在归纳基础中，我们考虑包含空子句 $\Box$ 的子句集 S。由于 $\{\Box\}$ 是 S 的一个有限的不可满足子集，因此 S 属于 F。

归纳假设给定了：S^ℓ 和 $S^{\overline{\ell}}$ 是不可满足的，并且每个都具有有限的不可满足的子集 $S_1 \subseteq S^\ell$ 和 $S_2 \subseteq S^{\overline{\ell}}$。在归纳结论中，我们考虑子句集合 S。由于 S 中的子句存在一个子集 S_3，因此 $S_3^\ell = S_1$ 和 $S_3^{\overline{\ell}} = S_2$。由于 S_1 和 S_2 是不可满足的，因此根据定理 13.4 可知，S_3 也是不可满足的。S_3 中的每个子句都在 $S_1 \cup S_2$ 中，或者由 S_1 中的一个子句通过添加 $\overline{\ell}$ 获得，或者由 S_2 中的一个子句通过添加 ℓ 获得。由于 S_1 和 S_2 是有限的，因此 S_3 也是有限的。这样就可知，S_3 是我们寻找的 S 的有效不可满足的子集，因此 S 属于 F。　■

13.5　霍恩子句的可满足性

一个句法，即通过一个形式属性定义的所有子句集的子集是霍恩子句（Horn Clause）集。霍恩子句仅包含最多一个变量 x_i 的文字，该文字被称为肯定文字。在一个霍恩子句中，所有其他文字都是否定变量 $\neg x_j$，即否定文字。因此，霍恩子句集由于其可以有效地被测试而特别受到关注。

▲ **定义 13.7** 霍恩子句是带有最多一个肯定文字的子句。一个肯定霍恩子句（明确子句）仅由一个肯定文字组成。

示例 13.10

$\{\neg x_1, x_2, \neg x_3\}$、$\{x_1\}$、$\{\neg x_1, \neg x_2\}$ 和 □ 是霍恩子句。$\{x_2\}$ 是一个肯定霍恩子句。$\{x_1, \neg x_2, x_3\}$ 不是霍恩子句。

这里需要注意的是，霍恩子句等价于不带否定符号的蕴含。例如，$\{\neg x_1, \neg x_2, \cdots, \neg x_n, x_{n+1}\}$ 等价于蕴含 $(x_1 \wedge x_2 \wedge \cdots \wedge x_n) \to x_{n+1}$。因此，霍恩子句也可以从（肯定）事实来表达良好的"结论"。这就是为什么通常使用霍恩子句可以很好地描述"自然"事件的原因。例如，逻辑编程语言 PROLOG 就是在霍恩子句的基础上进行工作的。

但是，也有一些子句集没有等价的霍恩子句集。例如，$\{\{x, y\}\}$。但是这种表现力的缺失也有其积极的一面：可以为霍恩子句集指定一个有效的可满足性测试。

□ **引理 13.1** 设 S 是一个不可满足的霍恩子句集。那么 S 包含一个肯定子句 $\{x_i\}$。

证明：假设 S 不包含一个肯定的子句 $\{x_i\}$。那么 S 的每个子句都包含一个否定的文字。由于子句集的每个模型都具有一个与每个子句的非空的交集，因此所有否定文字集 $A = \{\neg x_i \mid i \geqslant 0\}$ 是 S 的一个模型。因此，S 是可满足的。∎

对于霍恩子句集，我们可以得出定理 13.3 的一个简化的版本。

□ **推论 13.4** 设 S 是一个可满足的霍恩子句集，并且 $\{x_i\} \in S$。那么 S^{x_i} 是可满足的。

证明：由于 $\{x_i\}$ 属于 S，因此 $S^{\neg x_i}$ 包含了空子句，并且是不可满足的。由于 S 是可满足的，那么根据定理 13.3，S^{x_i} 也必须是可满足的。∎

上面介绍的这两个性质被合并为霍恩子句定理。

■ **定理 13.6** （霍恩子句定理）设 S 是霍恩子句集。S 是可满足的，当且仅当满足下面两个条件之一：

(1) S 不包含肯定子句 $\{x_i\}$。

(2) S 包含一个肯定子句 $\{x_i\}$，并且 S^{x_i} 是可满足的。

基于霍恩子句定理，可以直接得到一个非常有效的对霍恩子句可满足性的测试，即霍恩子句算法（参见图 13.7）。霍恩子句算法的正确性可以直接从霍恩子句定理得出。由于在每个循环流程中，变量的所有肯定和否定的出现都被从集合 T 中删除，因此循环的流程数受到了 S 中出现的变量数的限制。在一个循环流程中进行的操作是有效且可执行的。因此，霍恩子句算法被认为是一种非常有效的算法。

> **input** S (∗ S 是一个霍恩子句的有限集合 ∗)
> $T := S$
> **while** T 包含一个肯定子句 $\{x_i\}$ **do**
> 　$T := T^{x_i}$
> **end**
> **if** $\square \in T$
> 　**then output** "S 是不可满足的"
> 　**else output** "S 是可满足的"
> **end**

图 13.7　霍恩子句算法

示例 13.11

我们将图 13.7 中给出的霍恩子句算法应用在下面的霍恩子句集中：

$$S = \big\{\{\neg u, \neg v, \neg x\}, \{\neg w, u\}, \{\neg z, x\}, \{\neg y\}, \{w\}, \{v\}, \{z\}\big\}$$

设 T_i 是经过第 i 个 while 循环流程后的集合变量 T 的内容，对应肯定子句的选择是任意的。

(1) T_0 包含肯定霍恩子句 $\{w\}$。
　　因此可得：$T_1 = T_0^w = \big\{\{\neg u, \neg v, \neg x\}, \{u\}, \{\neg z, x\}, \{\neg y\}, \{v\}, \{z\}\big\}$。

(2) T_1 包含 $\{u\}$。
　　因此可得：$T_2 = T_1^u = \big\{\{\neg v, \neg x\}, \{\neg z, x\}, \{\neg y\}, \{v\}, \{z\}\big\}$。

(3) T_2 包含 $\{v\}$。
　　因此可得：$T_3 = T_2^v = \big\{\{\neg x\}, \{\neg z, x\}, \{\neg y\}, \{z\}\big\}$。

(4) T_3 包含 $\{z\}$。
　　因此可得：$T_4 = T_3^z = \big\{\{\neg x\}, \{x\}, \{\neg y\}\big\}$。

(5) T_4 包含 $\{x\}$。
　　因此可得：$T_5 = T_4^x = \big\{\square, \{\neg y\}\big\}$。

由于 T_5 包含空的子句，使得其是不可满足的，因此 S 是不可满足的。

如果霍恩子句集合 S 是可满足的，那么基于在上述算法中对肯定霍恩子句的选择可以很容易地确定 S 的模型。该模型包含了在算法的肯定霍恩子句中被选择的所有变量。其余变量在该模型中被取反。

13.6 归结原理

现在，我们回到实现任意子句集的可满足性问题上，并且介绍对应的归结方法。为了证明子句集的可满足性或者不可满足性，在归结方法中给定的子句集会被一直扩展成新的子句，即所谓的归结，直到生成空子句为止。如果成功，则初始集是不可满足的。相反，如果没有生成空子句，那么初始集是可满足的。

▲ **定义 13.8** 设 C_1 是包含了文字 ℓ 的子句，C_2 是包含了文字 $\overline{\ell}$ 的子句。那么子句

$$C = (C_1 - \{\ell\}) \cup (C_2 - \{\overline{\ell}\})$$

称为子句 C_1 和 C_2（基于文字 ℓ）的归结。

示例 13.12

(1) 由子句 $\{x, y\}$ 和 $\{\neg x, y, \neg z\}$ 可以构建归结 $\{y, \neg z\}$。

(2) 由子句 $\{x, y\}$ 和 $\{\neg x, \neg y\}$ 可以构建归结 $\{y, \neg y\}$ 和 $\{x, \neg x\}$（没有其他可能性）。

下面的归结引理指出，两个子句的所有模型也是其所有归结的模型。

□ **引理 13.2** （归结引理）设 C 是子句 C_1 和 C_2 的归结。如果 A 是 C_1 和 C_2 的模型，那么 A 也是 C 的模型。

证明： 设 C 是子句 C_1 和 C_2 基于文字 ℓ 的归结，并且 A 分别是 C_1 和 C_2 的模型。也就是说，$A \cap C_1 \neq \varnothing$ 和 $A \cap C_2 \neq \varnothing$ 成立。如果 $\ell \notin A$，那么 $A \cap (C_1 - \{\ell\}) \neq \varnothing$ 成立。如果 $\overline{\ell} \notin A$，那么 $A \cap (C_2 - \{\overline{\ell}\}) \neq \varnothing$ 成立。因为这两种情况肯定会发生一种，所以 $A \cap ((C_1 - \{\ell\}) \cup (C_2 - \{\overline{\ell}\})) \neq \varnothing$ 成立，因此 A 是 C 的模型。 ■

这样一来，如果将一个子句集与由其子句构建的归结组合在一起，那么可以得到一个逻辑等价的子句集。该子句集还可以与其归结再次组合，却不会对其可满足性产生影响，以此类推。如果最终构建出作为归结的不可满足的空子句，那么可以证明初始集的不可满足性。该方法被称为归结方法。归结方法是由一个用于证明公式不可满足性的句法形式组成的。

▲ **定义 13.9** 设 C 是一个子句，S 是一个子句集。从 S 到 C（通过归结）的导出是一个子句 $C_1, C_2, \cdots, C_n$ 的有限序列，其中

(1) $C_n = C$。

(2) $C_i \in S$，或者 C_i 是 C_a 和 C_b 的归结，其中 $a, b < i$，对于所有的 $1 \leqslant i \leqslant n$。

S 的反驳（通过归结）是一个从 S 中派生出的空子句 □。在这种情况下，S 称为可反驳的（通过归结）。

示例 13.13

(1) 我们来考虑子句集 $S = \{\{x, y\}, \{\neg x\}, \{\neg y\}\}$。那么 $\{x, y\}, \{\neg x\}, \{y\}$ 是来自 S 中 $\{y\}$ 的派生。下面的子句 $\{x, y\}, \{\neg x\}, \{y\}, \{\neg y\}, \square$ 是来自 S 中 $\square$ 派生:

$$
\begin{aligned}
&C_1 = \{x, y\} && \text{来自 } S \text{ 中的子句} \\
&C_2 = \{\neg x\} && \text{来自 } S \text{ 中的子句} \\
&C_3 = \{y\} && \text{来自 } C_1 \text{ 和 } C_2 \text{ 中的归结} \\
&C_4 = \{\neg y\} && \text{来自 } S \text{ 中的子句} \\
&C_5 = \square && \text{来自 } C_3 \text{ 和 } C_4 \text{ 中的归结}
\end{aligned}
$$

因此,S 是可反驳的。

(2) 子句集 $S = \{\{x, y\}, \{\neg x, y\}, \{x, \neg y\}, \{\neg x, \neg y\}\}$ 通过如下证明是可反驳的:

$$
\begin{aligned}
&C_1 = \{x, y\} && \text{来自 } S \text{ 的子句} \\
&C_2 = \{\neg x, y\} && \text{来自 } S \text{ 的子句} \\
&C_3 = \{y\} && \text{来自 } C_1 \text{ 和 } C_2 \text{ 的归结} \\
&C_4 = \{x, \neg y\} && \text{来自 } S \text{ 的子句} \\
&C_5 = \{\neg x, \neg y\} && \text{来自 } S \text{ 的子句} \\
&C_6 = \{\neg y\} && \text{来自 } C_4 \text{ 和 } C_5 \text{ 的归结} \\
&C_7 = \square && \text{来自 } C_3 \text{ 和 } C_6 \text{ 的归结}
\end{aligned}
$$

上面这种过程也可以通过归结的推导可视化为树结构(参见第 12 章)。对应树的结点是由子句进行标记的。如果子句 C 是一个归结,那么构建出该归结的两个子句 C_1 和 C_2 就是 C 的两个后继结点。C_1 和 C_2 也被称为 C 的父辈子句。

从示例 13.13 中得到的两个派生可以在图 13.8 中进行解释。

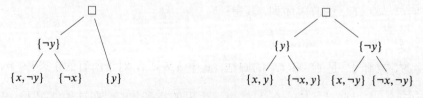

图 13.8 通过归结得到的子句集反驳

现在，我们要来证明这些概念是可反驳的，并且是不可满足的。由子句集 S 的可反驳性可以得出其不可满足性（归结方法的正确性）。反之亦然，从 S 的不可满足性出发，可以通过归结得出 S 的可反驳性（归结方法的完整性）。

■ **定理 13.7** （归结方法的正确性）如果子句集 S 是可满足的，那么 S 通过归结是不可反驳的。

证明： 设 S 是一个可满足的子句集，那么存在一个 S 的模型 A。假设 $C_1, C_2, \cdots, C_n$ 是 S 中 C_n 的一个派生。由于 $C_1 \in S$，因此 A 是 C_1 的模型。如果 $C_{i+1} \in S$，那么 A 同样是 C_{i+1} 的模型；否则，C_{i+1} 是 C_a 和 C_b 的归结，其中 $a, b < i+1$。如果 A 是 C_a 和 C_b 的模型，那么根据归结引理，A 同样是 C_{i+1} 的模型。因此可以得出，A 是 C_n 的模型。由于 $\square$ 是不可满足的，因此 A 不是 $\square$ 的模型。因此 $C_n \neq \square$ 成立。所以，S 中没有 $\square$ 的派生，也就是说，S 是不可反驳的。 ■

定理 13.7 实际上给出了归结方法的正确性：如果子句集 S 通过归结是可反驳的，那么 S 是不可满足的。

现在，我们还需要证明归结方法的完整性。为此，我们首先通过一个示例来考虑，如何在 S 中通过派生从 S^ℓ 构建空子句，从 $S^{\bar{\ell}}$ 构建空子句。

例如，给定了子句集 S

$$S = \{\{u, \neg v, w, x\}, \{u, v, w, x\}, \{u, \neg w\}, \{u, w, \neg x\}, \{\neg u, x\}, \{\neg u, \neg x\}\}$$

为了根据推论 13.3 来证明 S 的不可满足性，我们必须给出两个子句集：$S^x = \{\{u, \neg w\}, \{u, w\}, \{\neg u\}\}$ 和 $S^{\neg x} = \{\{u, \neg v, w\}, \{u, v, w\}, \{u, \neg w\}, \{\neg u\}\}$ 的反驳。图 13.9 显示了这种反驳。在该图中，两棵树的"叶子"分别是 S^x 的子句和 $S^{\neg x}$ 的子句。现在，我们在所有未使用 S 中的子句标记的叶子中重新引入被删除的文字 x 和 $\neg x$，并且照常执行归结步骤（参见图 13.10）。这样，我们就从 S^x 和 $S^{\neg x}$ 的两个 $\square$ 的派生中得到两个来自 S 的派生：一个是 $\{x\}$，另一个是 $\{\neg x\}$。这时就可以得到作为 $\{x\}$ 和 $\{\neg x\}$ 归结的空子句。因此，我们可以将这两个派生结合起来，并且通过附加的归结步骤对 S 中的 $\square$ 派生进行补充。

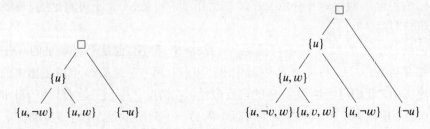

图 13.9 S^x 和 $S^{\neg x}$ 的反驳

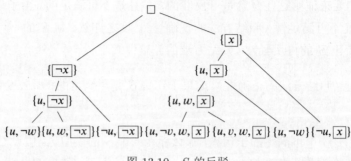

图 13.10　S 的反驳

□　**引理 13.3**　如果 S^ℓ 是可反驳的，那么从 S 中可以派生出 □ 或者 $\{\bar{\ell}\}$。

证明： 假设 S^ℓ 是可反驳的。那么存在一个 S^ℓ 中的 □ 派生 $C_1, \cdots, C_m$。我们通过如下方式将被删除的文字 $\bar{\ell}$ 引入到 S^ℓ 中的 □ 派生中。对于 $1 \leqslant i \leqslant m$，我们定义子句 C_i' 为

$$
C_i' = \begin{cases}
C_i, & C_i \in S \\
C_i \cup \{\bar{\ell}\}, & C_i \cup \{\bar{\ell}\} \in S \text{ 和 } C_i \notin S \\
C, & C_i \text{ 根据 } \ell' \text{ 是 } C_a \text{ 和 } C_b \text{ 的归结，其中 } C \text{ 根据 } \ell' \text{ 是 } C_a' \text{ 和 } C_b' \text{ 的归结}
\end{cases}
$$

由于 $C_i' \in \{C_i, C_i \cup \{\bar{\ell}\}\}$，并且 $C_m = \square$，因此 $C_1', \cdots, C_m'$ 是 S 中 □ 或者 $\{\bar{\ell}\}$ 的一个派生。　■

■　**定理 13.8**　（归结方法的完整性）如果子句集 S 是不可满足的，那么 S 通过归结是可反驳的。

证明： 假设 S 是不可满足的。我们可以根据定理 13.4 中关于不可满足子句集的定义来进行归纳证明。

- 归纳基础：如果 $\square \in S$，那么 □ 是 S 的一个反驳。
- 归纳假设：假设对于任意文字 ℓ 都适用于：如果 S^ℓ 是不可满足的，那么 S^ℓ 是可反驳的。
- 归纳总结：假设 S 是不可满足的。那么 S^ℓ 和 $S^{\bar{\ell}}$ 也是不可满足的。根据引理 13.3 可知：① □ 可以从 S 中派生出；② $\{\ell\}$ 和 $\{\bar{\ell}\}$ 是从 S 中派生出来的。在情况①中，我们已经给出了 S 的可反驳性。在情况②中，□ 是 $\{\ell\}$ 和 $\{\bar{\ell}\}$ 的归结。因此，根据 $\{\ell\}$ 和 $\{\bar{\ell}\}$ 的派生可以引入另一个归结步骤，使用该步骤将从 $\{\ell\}$ 和 $\{\bar{\ell}\}$ 中归结 □，从而从 S 中构建 □ 的一个派生。因此，S 是可反驳的。　■

通过归结方法的正确性和完整性可以给出命题逻辑的归结原理。

■ **定理 13.9** （归结原理）设 S 是一个子句集。S 是不可满足的，当且仅当 S 通过归结是可反驳的。

任意一个公式 α 的不可满足性可以通过如下进行证明：在合取范式中构建一个对于 α 是可满足性等价的公式 α'。该公式被表示为子句集合，并且通过归结派生出对应的空子句。

对应地，公式 α 的有效性也可以通过如上所给出的 $\neg\alpha$ 的不可满足性进行证明。下面来看一个例子。

示例 13.14

我们给出

$$\alpha = \big((\neg x \vee y) \wedge (\neg y \vee z) \wedge (x \vee \neg z) \wedge (x \vee y \vee z)\big) \to (x \wedge y \wedge z)$$

是一个重言式。

那么可以证明 $\neg\alpha$ 的不可满足性：

$$\neg\alpha \equiv (\neg x \vee y) \wedge (\neg y \vee z) \wedge (x \vee \neg z) \wedge (x \vee y \vee z) \wedge (\neg x \vee \neg y \vee \neg z)$$

图 13.11 通过归结给出了证明，因此 α 也是一个重言式。

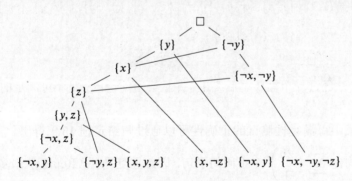

图 13.11　通过归结得出的 $\neg\alpha$ 反驳

这里比较有趣的是，从归结方法中派生出来的用于测试给定子句集的不可满足性的简单算法流程[1]：将归结添加到子句的初始集中，直到生成空子句为止，这时该初始集是不可满足的；或者直到无法形成新的轨迹为止，这时该初始集是可满足的。图 13.12 中描述了该算法流程。

---

[1] 这里被检查的子句集是有限的。

```
input 子句集 S
R := ∅
repeat
  S := S ∪ R; R := ∅
  for 所有来自 S 的子句对 C_i, C_j, 并且
        所有 C_i 和 C_j 的归结 C ∉ S do
    R := R ∪ {C}
  end (* for *)
until R = ∅
if □ ∈ S then
  output "不可满足的"
else output "可满足的"
end
```

图 13.12　对子句集的不可满足性测试

示例 13.15

我们将图 13.12 中给出的算法应用在如下子句集上：

$$S = \{\{x, y, z\}, \{\neg y, z\}, \{y, \neg z\}, \{\neg x, z\}, \{\neg y\}\}$$

其中，R_i 表示重复循环 i 次后集合变量 R 的内容。具体如下：

$$R_0 = \varnothing,$$
$$R_1 = R_0 \cup \{\text{ 来自 } R_0 \text{ 的所有归结 }\}$$
$$= R_0 \cup \{\{x, z\}, \{x, y\}, \{y, z\}, \{z, \neg z\}, \{y, \neg y\}, \{\neg x, y\}, \{\neg z\}\}$$
$$R_2 = R_1 \cup \{\{y\}, \{z\}, \{x\}\}$$
$$R_3 = R_2 \cup \{\square\}$$

因此，该算法经过三个循环之后终止，并且给出结论：S 是不可满足的。

用于子句集不可满足性测试的正确性可以通过归结定理 13.9 得出。由于通过 n 个变量可以总共构建 $\sum_{i=0}^{2n} \binom{2n}{i}$ 个不同的子句，因此重复循环（Repeat）最多遍历 2^{2n} 次。为了了解公式 $\phi_0, \phi_1, \phi_2, \cdots$ 的序列，该算法（以及其他所有基于归结的算法）实际上还必须创建 $2^{\varepsilon \cdot n}$ 个子句（其中 $\varepsilon > 0$），直到找到从 α_n 派生出的空子句为止。因此，该归结方法并不被认为是 "有效的"。对于这种公式的一个示例是：通过命题逻辑公式来描述鸽巢原理（Pigeonhole principle）。鸽巢原理是说：当每个鸽巢里最多只能有一只鸽子的时候，$k + 1$ 只鸽子不能正好被关进 k 个鸽巢里。现在，我们给出这个命题作为命题逻辑公式的否定描述：

"$k + 1$ 只鸽子被关进 k 个鸽巢里，并且每个鸽巢里最多有一只鸽子。"

由于鸽巢原理是一个真命题，因此其对应的否定命题是不可满足的。其中，原子命题是 "i 只

鸽子被关进 j 个鸽巢里",并且由变量 $x_{i,j}$ $(1 \leqslant i \leqslant k+1, 1 \leqslant j \leqslant k)$ 表示。首先,我们来看子命题 "$k+1$ 只鸽子站在 k 个鸽巢里"。那么,必须任意一只鸽子 i 都站在 k 个鸽巢中的一个里,也就是说,变量 $x_{i,1}, \cdots, x_{i,k}$ 中的一个为真。由此可以得到如下公式:

$$\alpha_k = \bigwedge_{i=1}^{k+1} (x_{i,1} \vee \cdots \vee x_{i,k})$$

第二个子命题 "在 j 个鸽巢中,每个笼子最多被关了一只鸽子" 可以被改写为 "如果 i 只鸽子被关在 j 个鸽巢中,那么不会有多余的鸽子存在"。由此我们得到蕴含 $x_{i,j} \to \neg x_{i',j}$。其中,所有鸽对满足 $i \neq i'$。通过转换到合取范式可以得到如下第二个子命题的公式:

$$\beta_k = \bigwedge_{j=1}^{k} \bigwedge_{i=1}^{k} (\neg x_{i,j} \vee \neg x_{i+1,j}) \wedge \cdots \wedge (\neg x_{i,j} \vee \neg x_{k+1,j})$$

对于 $k+1$ 只鸽子的鸽巢原理是公式 $\phi_k = (\alpha_k \wedge \beta_k)$。每个公式 ϕ_k 是不可满足的,是由少于 k^3 个子句组成,并且可以很高效地被生成。这样就证明了:通过归结方法不能有效地派生出空子句。

示例 13.16

现在,我们来考虑有 3 只鸽子的鸽巢原理,即公式 ϕ_2。为了更好地概述,我们给出如下变量:

$$x_{1,1} \quad x_{1,2} \quad x_{2,1} \quad x_{2,2} \quad x_{3,1} \quad x_{3,2}$$
$$\text{作为} \quad a \qquad b \qquad c \qquad d \qquad e \qquad \text{F}$$

这样我们可以得到 ϕ_2 的子句集:

$$\left\{ \begin{array}{l} \{a,b\}, \{c,d\}, \{e,f\}, \\ \{\neg a, \neg c\}, \{\neg a, \neg e\}, \{\neg b, \neg d\}, \{\neg b, \neg f\}, \{\neg c, \neg e\}, \{\neg d, \neg f\} \end{array} \right\}$$

由此产生的空子句的归结派生参考图 13.13。

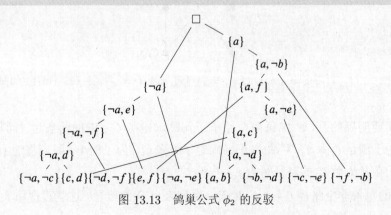

图 13.13 鸽巢公式 ϕ_2 的反驳

13.7   2KNF 中的子句集

与一般情况不同的是，2KNF（合取范式，英语表示为 CNF）可以有效地测试那些子句最多包含两个文字的有限子句集的不可满足性。也就是说，由两个这种子句得到的归结不能再次包含两个以上的文字。因此，在应用归结方法时可以在具有 n 个变量的子句集上构建最多 $\binom{2 \cdot (n+1)}{2}$ 个子句。

这里，不可满足性测试基于由有向图描述的子句集。该有向图可以执行可达性测试（参见定理 12.7）。每个子句 $\{\ell_1, \ell_2\}$ 都与 $\overline{\ell_1} \to \ell_2$ 和 $\overline{\ell_2} \to \ell_1$ 两个蕴含等价。原子子句 $\{\ell\}$ 相当于 $\{\ell, \ell\}$，因此等价于 $\overline{\ell \to \ell}$。由这种具有最多两个文字的"小的"子句构成的子句集被称为 2KNF。这种子句集可以通过图形进行观察，对应的结点是出现的文字，边对应的是等价的蕴含。

▲   **定义 13.10** 设 S 是 2KNF 中的一个不包含空子句的子句集。设 $\{x_1, \cdots, x_n\}$ 是在 S 中出现的变量。那么 $G_S = (V, E)$ 是满足下面条件的图：

(1) $V = \{x_1, \cdots, x_n, \neg x_1, \cdots, \neg x_n\}$。

(2) $E = \{(\ell_1, \ell_2) \mid \{\overline{\ell_1}, \ell_2\} \in S\}$。

> **示例 13.17**
>
> 子句集
>
> $$\{\{x_1, \neg x_2\}, \{x_1, x_3\}, \{\neg x_1, \neg x_2\}, \{x_2, \neg x_3\}\}$$
>
> 可以被描述为图 13.14。

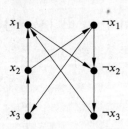

图 13.14   对应子句集 $S = \{\{x_1, \neg x_2\}, \{x_1, x_3\}, \{\neg x_1, \neg x_2\}, \{x_2, \neg x_3\}\}$ 的图

这里需要明确的是，S 中每两个原子子句都确定了 G_S 中的两条边。而每个单独的原子子句由于满足 $\ell_1 = \ell_2$，因此也正好确定了一条边。为了简单，我们将边 (ℓ_1, ℓ_2) 写为 $\ell_1 \to \ell_2$。一条从 ℓ 到 ℓ' 的路径写为 $\ell \to^* \ell'$。

G_2 中的每条非空路径 $\ell \to^+ \ell'$ 对应一系列来自 S 的蕴含。这些蕴含由 ℓ 开始，ℓ' 结束。基于蕴含 $\to$ 的可传递性可知，$\ell \to \ell'$ 是来自 S 的推论。此外，该子句可以通过归结来派生。

□ **引理 13.4** G_S 具有路径 $\ell \to^+ \ell'$，当且仅当 $\{\bar{\ell}, \ell'\}$ 可以通过归结从 S 派生而来。

证明： 如果 G_S 包含路径 $\ell \to^+ \ell'$，并且该路径由边

$$\ell \to \ell_1, \ell_1 \to \ell_2, \cdots, \ell_k \to \ell'$$

组成。那么，S 包含子句

$$\{\bar{\ell}, \ell_1\}, \{\bar{\ell_1}, \ell_2\}, \cdots, \{\bar{\ell_k}, \ell'\}$$

首先，构建前两个子句的归结，然后再与下一个子句进行归结，以此类推，最后会得到一个派生子句 $\{\bar{\ell}, \ell'\}$。

假设 $C = \{\bar{\ell}, \ell'\}$ 可以通过归结由 S 派生出。如果派生的长度为 1，那么 $\{\bar{\ell}, \ell'\}$ 在 S 中，因此 $\ell \to \ell'$ 是 G_S 中的一条边。如果派生的长度为 $n+1$，那么我们需要考虑如下两种情况。一种是 $C \in S$，可以参考上面给出的论证。另一种是 C 是两个子句 $C_a = \{\bar{\ell}, \overline{\ell''}\}$ 和 $C_b = \{\ell'', \ell'\}$ 的归结。根据归纳假设，存在路径 $\ell \to^+ \overline{\ell''}$ 和 $\overline{\ell''} \to^+ \ell'$。而这两个路径可以被合并为一个路径 $\ell \to^+ \ell'$。 ■

如果 G_S 包含路径 $x \to^+ \neg x$，那么 $\{\neg x\}$ 就是可以从 S 派生出的。如果 G_S 还包含路径 $\neg x \to^+ x$，那么 $\{x\}$ 也可以从 S 派生出。这两个子句可以归结出空子句。

■ **定理 13.10** S 是不可满足的，当且仅当变量 x 出现在 S 中。因此，G_S 包含路径 $x \to^+ \neg x$ 和 $\neg x \to^+ x$。

证明： 假设 S 是不可满足的，那么存在一个来自 S 派生的空子句。由于该空子句只能从两个原子子句归结而来，因此存在一个变量 x 可以从 S 中派生出 $\{x\}$ 和 $\{\neg x\}$。根据引理 13.4 可以得出，G_S 必须包含路径 $\neg x \to^+ x$ 和 $x \to^+ \neg x$。

假设 S 是可满足的。这里我们假设，G_S 包含路径 $x \to^+ \neg x$ 和 $\neg x \to^+ x$。根据引理 13.4 可知，$\{\neg x\}$ 和 $\{x\}$ 可以从 S 中派生出来。因此，通过进一步的归结步骤也可以从 S 中派生出空子句。基于归结的正确性可知，S 是不可满足的，而这与我们最初的假设相矛盾。 ■

示例 13.18

(1) 在示例 13.17 中的子句集是可满足的，因为对于任意一个 x_i，两条路径 $x_i \to^{\neg} x_i$ 和 $\neg x_i \to^x_i$ 中的一条都是不存在的。也就是说，不存在路径 $x_1 \to^{\neg} x_1$，$\neg x_2 \to^x_2$ 和 $\neg x_3 \to^x_3$。

(2) 图 13.15 描述了一个不可满足的子句集的图形表示。该图包含路径 $x_3 \rightarrow^+ \neg x_3$ 和路径 $\neg x_3 \rightarrow x_3$。

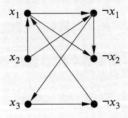

图 13.15 描述子句集 $\{\{x_1, \neg x_2\}, \{x_1, x_3\}, \{\neg x_1, \neg x_2\}, \{\neg x_3\}, \{\neg x_1\}\}$ 的图

第14章 模 算 术

本章，我们会将整数的计算规则扩展到有限的数字范围中，而这种扩展对于使用计算机进行计算尤其重要。虽然如今的计算机都具有较大容量的内存，但是还只能对有限的数字进行处理。为了说明这一点，我们将介绍一种被广泛使用的加密方法：RSA 加密算法。

通俗地说，算术是指整数运用加、减、乘、除（带余数）这些基本运算进行的计算。例如，对任意大小的整数进行相加是一种众所周知的算术函数。我们还可以在不同的背景下使用加法运算。例如，如果从傍晚 18 点开始一场历时 14 小时的旅程，那么会在第二天的早上 8 点到达目的地。在这个背景下可以看到：18 + 14 相加的结果为 8。而对于整数来说，该加法为 18 + 14 = 32。对于时间来说（这里我们只考虑整点的时间），其结果只能是集合 {0, 1, 2, · · · , 23} 中的一个值（这里 0 点和 24 点被视为是相同点）。也就是说，我们在只考虑整点的时间背景下，超过 23 点的时间会再次从 0 开始。这时，32 和 8 就具有了相同的含义。图 14.1 可以帮助我们更好地计算时间。图中灰色的部分显示的是实际的时间，即从 0 点到 23 点。如果在计算时间的时候得到的是这些实际时间范围外的数字，那么可以朝着圆心的方向（或者远离圆心的方向）移动，直到到达灰色区域的时间点。例如，从 32 开始向着圆心的方向移动，直到到达 8 这个时间点。与 8 对应的数字还有 56、80、104 等。在这种计算的类型中，所有能够到达 8 的数字都具有与 8 相同的含义。

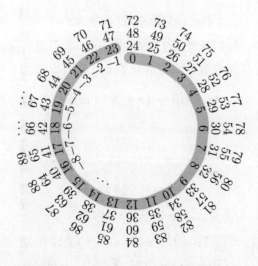

图 14.1 时间和与其相同含义的数字

我们可以将这种想法进行概括，然后将基于有限集合 $\mathbb{Z}_k = \{0, 1, 2, 3, \cdots, k-1\}$ 上的加法和乘法扩展到任意集合 $k \in \mathbb{N}^+$ 上（例如对于时间，我们可以在 $\mathbb{Z}_{24} = \{0, 1, 2, \cdots, 22, 23\}$ 中进行计算）。这时，加法和乘法的定义域为 $\mathbb{Z}_k \times \mathbb{Z}_k$，对应的值域为 $\mathbb{Z}_k$。但是，这种算术运算的一般定义并不是很好用。例如，基于 $\mathbb{Z}_{24}$ 上的加法就无法适用于 $16 + 19 = 35$。甚至对于 $(16, 19)$ 这种位于定义域 $\mathbb{Z}_{24} \times \mathbb{Z}_{24}$ 内的数对，其相加后所得的结果 35 也并不位于值域 $\mathbb{Z}_{24}$ 内。但是，借助图 14.1 却可以找到 $16 + 19$ 相加后在 $\mathbb{Z}_{24}$ 中的结果，即从图中可以看出 35 与 11 的含义相同。因此，$16 + 19$ 相加的和在 $\mathbb{Z}_{24}$ 中等于 11。在 $\mathbb{Z}_{24}$ 中的乘法运算与加法的方式相同。例如，$5 \cdot 13$ 相乘所得的结果，在 $\mathbb{Z}_{24}$ 中为 17。那么，如何使用数学语言来精确地描述这种计算方式呢？其实，这种关系的基础是因数关系。因数关系我们已经在第 5 章中给出了介绍，并且在 14.1 节中进行详细的讨论。那么，这种关系对于计算究竟有什么意义呢？其实早在数百年前，人们就对自然数的这种性质进行了基础性研究，发现通过这种方法可以对其进行描述（参见 14.3 节 ～ 14.5 节）。令人惊讶的是，这些结果在今天竟然可以用于信息的加密。例如，用于加密那些通过互联网或者移动网络传递的信息（参见 14.7 节）。人们在当前研究的基础上甚至还发现，使用这种方法被加密的信息在现实中是不可能被未经授权的盗用者进行解密的。而这种方法的发现者当时甚至都没有想到过这种应用。这些方法的数学精确描述以及对应功能的理解，是在诸如加密学这种敏感领域分析的基础。

14.1　因数关系

一个正整数 $a\,(a \neq 0)$ 可以整除一个整数 b，如果存在一个整数 k，使得 $b = k \cdot a$ 成立。这里，"a 整除 b" 可以等价地表达为 "a 是 b 的因数" 或者 "b 是 a 的倍数"。"a 整除 b" 这种因数关系通常被记作 $a|b$。也就是说，整除关系 | 是 $\mathbb{N}^+ \times \mathbb{Z}$ 的子集，并且被定义为

$$\{(a, b) \mid \exists k \in \mathbb{Z} : b = k \cdot a\}$$

在这种因数关系中，我们只考虑正因数的情况，即当我们提及因数的时候，指向的总是正数。整数 n 的所有因数集合被表示为 $T(n)$，并且定义为

$$T(n) = \{a \in \mathbb{N}^+ \mid a|n\}$$

示例 14.1

(1)　14 是 154 的一个因数，因为 $154 = 11 \cdot 14$ 成立。

14 是 0 的一个因数，因为 $0 = 0 \cdot 14$ 成立。

14 是 14 的一个因数，因为 $14 = 1 \cdot 14$ 成立。

14 是 -42 的一个因数，因为 $-42 = -3 \cdot 14$ 成立。

14 不是 21 的一个因数，因为 $21 = \dfrac{3}{2} \cdot 14$，而 $\dfrac{3}{2} \notin \mathbb{Z}$。

(2) 这里，我们将上面示例 14.1(1) 中的因数关系改写为 | 表示法： 14 | 154、 14 | 0、 14 | 14、 14 | −42 和 14 ∤ 21。

(3) 在图 14.1 中，与整数 24 同列的数都是具有因数为 24 的整数。

(4) 下面的表格给出了不同整数和与其对应的因数。

a	8	12	15	28
$T(a)$	$\{1,2,4,8\}$	$\{1,2,3,4,6,12\}$	$\{1,3,5,15\}$	$\{1,2,4,7,14,28\}$

显然，因数关系是自反的、可传递的和不对称的。接下来，我们考虑这种关系的其他性质。

□ **引理 14.1** 设 $m \in \mathbb{N}^+$，$b \in \mathbb{N}$，并且 $m|b$ 成立。那么对于所有的 $a \in \mathbb{N}$，如下推论成立：$m|a$ 成立，当且仅当 $m|(a+b)$ 成立。

证明： 一方面，由于 $m|b$ 成立，因此存在一个 $k \in \mathbb{Z}$，使得 $b = k \cdot m$ 成立。

由 $m|a$ 可得 $a = l \cdot m$，其中 $l \in \mathbb{N}$。因此可以得出 $a + b = (l + k) \cdot m$，其中 $l, k \in \mathbb{N}$。所以存在一个整数 $s = l + k$，使得 $a + b = s \cdot m$ 成立。因此，$m|(a+b)$ 成立。

另一方面，由 $m|(a+b)$ 可得 $a + b = q \cdot m$，其中 $q \in \mathbb{Z}$。由于 $b = k \cdot m$，因此可得 $a = (q - k) \cdot m$。由于 $a + b \geqslant a$，因此 $q - k \geqslant 0$ 成立。所以存在一个整数 $r = q - k$，使得 $a = r \cdot m$ 成立。因此，$m|a$ 成立。■

示例 14.2

14 | 42 成立。

由于 14 | 70 成立，因此可得 14 | 112，因为 102 = 42 + 70 成立。

由于 14 | 168 成立，因此可得 14 | 126，因为 168 = 126 + 42 成立。

两个数字 a 和 b 的公因数是指那些既是 a 的因数，同时也是 b 的因数的整数。因此，这些公因数的集合是 $T(a) \cap T(b)$。

示例 14.3

8 和 12 的公因数有：

$$\underbrace{\{1,2,4,8\}}_{T(8)} \cap \underbrace{\{1,2,3,4,6,12\}}_{T(12)} = \{1,2,4\}$$

8 和 15 的公因数有：

$$\underbrace{\{1,2,4,8\}}_{T(8)} \cap \underbrace{\{1,3,5,15\}}_{T(15)} = \{1\}$$

引理 14.1 指出: a 和 b 的公因数刚好对应 $a+b$ 和 b 的公因数。现在,我们将使用这种表述形式再次描述引理 14.1。

□ **推论 14.1** 设 $a,b \in \mathbb{N}^+$。如下公式成立:

$$T(a) \cap T(b) = T(a+b) \cap T(b)$$

现在,我们将该推论进行扩展。

□ **引理 14.2** 设 $a,b \in \mathbb{N}^+$。对于所有的 $k \in \mathbb{N}$,下面公式成立:

$$T(a) \cap T(b) = T(a+k \cdot b) \cap T(b)$$

证明: 这里,我们通过对 k 的归纳来证明该引理。对于 $k=0$ 的归纳基础,显然该引理是成立的。作为归纳假设,假设 $T(a) \cap T(b) = T(a+k \cdot b) \cap T(b)$ 对于一个任意的 $k \in \mathbb{N}$ 都是成立的。因此在归纳总结中,必须要证明 $T(a) \cap T(b) = T(a+(k+1) \cdot b) \cap T(b)$ 也是成立的。通过推论 14.1 可知,$T(a+k \cdot b) \cap T(b) = T(a+(k+1) \cdot b) \cap T(b)$ 是成立的。结合归纳假设可以得出:

$$T(a) \cap T(b) = T(a+k \cdot b) \cap T(b) = T(a+(k+1) \cdot b) \cap T(b)$$

这样就证明了归纳总结。∎

在数学科学中,两个自然数的最大公因数是指这两个数的所有公因数中最大的那个数。任意整数对都具有一个大于或者等于 1 的公因数。如果 a 和 b 两个数的最大公因数是 1,那么 1 就是这两个数的唯一公因数。在这种情况下,a 和 b 被称为是互质的。

示例 14.4

(1) 这里,我们将继续扩展示例 14.1。8 和 12 的最大公因数是 4,而 12 和 15 的最大公因数是 3,15 和 28 的最大公因数是 1。因此,15 和 28 是互质的。8 和 12 不是互质的,同样,12 和 15 也不是互质的,

(2) 1 与任何一个其他的数都是互质的。因为任意一个数 a 与 1 都只有一个公因数,即 1 本身。

数 1 是其他所有整数的因数,并且任意一个自然数 a 都是其本身的因数(除了 $a=0$)。0 的因数集合 $T(0)$ 是无限大的,因为所有的数都可以整除 0(除了 0 本身)。1 的因数集合 $T(1)$ 是一个单元素集合,因为只包含 1 自己。满足 $a \geq 2$ 的自然数都具有至少两个因数,即 1 和自己本身。正好具有两个因数的自然数被称为质数。任意一个质数 a 的因数是 1 和 a 本身。最小的几个质数是 2、3、5、7、11、13、17、19。我们已经知道的有关质数的两个重要性质是:存在无限多个质数(参见定理 7.1)和每个满足 ≥ 2 的自然数都可以唯一地表示为质数的乘积(参见定理 8.7)。

如果 b 不是 a 的因数，那么用 a 除以 b 的时候会出现余数。例如，39 除以 16 等于 2，余数为 7，因为 $39 = 2 \cdot 16 + 7$。这里的余数也是一个自然数，并且小于除数。下面的定理指出：两个整数相除时，如果存在余数，那么这个余数是唯一的。

■ **定理 14.1** 设 a 和 b 是自然数，并且 $b \geqslant 1$，那么存在唯一确定的自然数 q 和 r，具有如下性质：

$$a = q \cdot b + r, \quad 并且 \quad 0 \leqslant r < b$$

证明： 该证明分为两部分。首先需要证明，对任意选择的自然数 a 和 b，存在自然数 q 和 r。然后需要证明，满足所描述性质的自然数对 (q, r) 是唯一的。

第一部分可以通过对 a 使用归纳法进行证明。

(1) 归纳基础 $a = 0$：当 $q = 0$，$r = 0$ 时，$0 = q \cdot b + r$ 对于任意的 b 都成立。因为 $b \geqslant 1$，因此 $r < b$ 也成立。

(2) 归纳假设：假设该声明适用于 a 为自然数的时候。

(3) 归纳总结：需要对自然数 $a + 1$ 来证明该声明。根据归纳假设，存在唯一确定的 q' 和 r'，满足 $a = q' \cdot b + r'$。

    (a) 情况 1：$r' + 1 = b$。那么可得 $a + 1 = q' \cdot b + (r' + 1) = (q' + 1) \cdot b + 0$。因此，$a + 1 = q \cdot b + r$ 成立，其中 $q = q' + 1$ 和 $r = 0$。

    (b) 情况 2：$r' + 1 < b$。那么可得 $a + 1 = q' \cdot b + (r' + 1)$。因此，$a + 1 = q \cdot b + r$ 成立，其中 $q = q'$ 和 $r = r' + 1$。

在这两种情况下，$0 \leqslant r < b$ 成立。这就证明了该归纳总结。

现在，我们来证明第二部分。假设 (q, r) 和 (s, t) 是两对满足条件的数对，即 $a = q \cdot b + r = s \cdot b + t$，其中 $0 \leqslant r < b$，以及 $0 \leqslant t < b$。那么 $q \cdot b + r = s \cdot b + t$ 成立，并且可以进一步得出 $(q - s) \cdot b = t - r$。如果 $q \neq s$，那么 $(q - s) \cdot b \in \{\cdots, -3 \cdot b, -2 \cdot b, -b, b, 2 \cdot b, 3 \cdot b, \cdots\}$，并且 $t - r \in \{-b+1, \cdots, -2, -1, 0, 1, 2, \cdots, b-1\}$。由于 $b \geqslant 1$，所以这两个集合的交集是空的。因此，当 $q \neq s$ 时，等式 $(q - s) \cdot b = t - r$ 没有解。所以，$q = s$ 必须成立。由 $q = s$ 可得 $0 = t - r$，因此 $t = r$。这时就可以得出 $(q, r) = (s, t)$ 是成立的。因此，满足这种性质的自然数对是唯一的。 ■

14.2 模的加法和乘法

由于对于每对数 $(a, b) \in \mathbb{N} \times \mathbb{N}^+$，满足 $a = q \cdot b + r$ 和 $0 \leqslant r < b$ 的数对 $(q, r) \in \mathbb{N} \times \mathbb{N}$ 都是被唯一确定的，因此 (q, r) 也可以被作为 (a, b) 在适当函数下的函数值来解释。这里，q 是 a 除以 b 后所得到的整数值，可以被表示为 $\left\lfloor \dfrac{a}{b} \right\rfloor$，并且被定义为如下的形式：

$$\left\lfloor \frac{a}{b} \right\rfloor = 最大的整数 \ m, \ 其中 \ m \leqslant \frac{a}{b}$$

示例 14.5

(1) $\left\lfloor \dfrac{135}{24} \right\rfloor = 5$, 因为 $5 \leqslant \dfrac{135}{24} = 5\dfrac{15}{24} < 6$。

(2) $\left\lfloor \dfrac{6}{2} \right\rfloor = 3$, 因为 $3 \leqslant \dfrac{6}{2} = 3 < 4$。

(3) 这里需要注意的是使用负数进行的整数除法。

例如, $\left\lfloor \dfrac{-135}{24} \right\rfloor = -6$, 因为 $-6 \leqslant \dfrac{-135}{24} = -5\dfrac{15}{24} < -5$。

在整数除法中, 余数 r 可以表示为 $r = a - \left\lfloor \dfrac{a}{b} \right\rfloor \cdot b$。这种余数可以通过模数方程来表示, 即

$$a \bmod b = a - \left\lfloor \frac{a}{b} \right\rfloor \cdot b$$

这里, "$a \bmod b$" 可以读作 "a 模 b"。虽然该函数的正式定义看起来有些复杂, 但是其含义却很容易理解。根据定理 14.1, $a = \left\lfloor \dfrac{a}{b} \right\rfloor \cdot b + (a \bmod b)$ 显然是成立的。

示例 14.6

(1) 135 被 24 整除后所得的余数为

$$135 - \left\lfloor \frac{135}{24} \right\rfloor \cdot 24 \; = \; 135 - 120 \; = \; 15$$

即 $135 \bmod 24 = 15$。

(2) $-135 \bmod 24 = 9$, 因为 $-135 - (-6 \cdot 24) = 9$。

(3) 在图 14.1 中, 每列都是由那些被 24 整除后所得余数相同的数组成。例如, 3、27、51、75 分别被 24 整除后所得的余数都为 3。在计算时间的时候, 所有被 24 整除后所得的余数相同的结果都是指示着相同的时间。

取模运算 mod 给出了在 5.4 节中已经讨论过的如下等价关系。

▲ **定义 14.1** 设 m 是一个正自然数。关系 $R_m \subseteq \mathbb{Z} \times \mathbb{Z}$ 被定义如下:

$$R_m = \big\{ (a,b) \ \big| \ m | (a-b) \big\}$$

在示例 5.9(5) 中, 我们已经给出了 R_m 是一种等价关系。m 整除 $a - b$, 当且仅当 $a - b$ 是 m 的倍数。因此, a 被 m 整除所得的余数与 b 被 m 整除所得的余数相同。这就意味着, $a \bmod m = b \bmod m$。而且, 即使 a 和 b 是不同的, 它们对 m 取模也可以是相同的。

□ **引理 14.3** 设 $a, b \in \mathbb{Z}$，并且 $m \in \mathbb{N}^+$。那么下面结论成立：

$$aR_m b \text{ 在逻辑上等价于 } (a \bmod m) = (b \bmod m)$$

证明： 根据定义，$aR_m b$ 表示为 $m|(a - b)$，也可以表示为

$$\exists k \in \mathbb{Z} : a - b = k \cdot m$$

现在，我们使用 m 的倍数和对应的余数的和来表示 a 和 b，这样就得到如下的等价命题：

$$\exists k \in \mathbb{Z} : \left(\left\lfloor \frac{a}{m} \right\rfloor \cdot m + a \bmod m \right) - \left(\left\lfloor \frac{b}{m} \right\rfloor \cdot m + b \bmod m \right) = k \cdot m$$

我们将 m 的所有倍数转移到等式的右边，并且将公因数 m 提出来：

$$\exists k \in \mathbb{Z} : (a \bmod m) - (b \bmod m) = \left(k - \left\lfloor \frac{a}{m} \right\rfloor + \left\lfloor \frac{b}{m} \right\rfloor \right) \cdot m$$

而等式的左边是 $\mathbb{Z}_m$ 域中两个数 $(a \bmod m)$ 和 $(b \bmod m)$ 的差：$(a \bmod m) - (b \bmod m)$。这个差值可能取到的最小值为 $0 - (m - 1) = -m + 1$，而可能取到的最大值为 $(m - 1) + 0 = m - 1$。因此，该差值的取值范围对应的集合为

$$D = \{-m + 1, -m + 2, \cdots, -1, 0, 1, \cdots, m - 2, m - 1\}$$

而 $k - \left\lfloor \frac{a}{m} \right\rfloor + \left\lfloor \frac{b}{m} \right\rfloor$ 的和对应的是一个整数。因此，等式的右边是 m 的倍数。在 D 中，m 的唯一倍数是 0，因为 $-m$ 已经小于 D 的所有元素，而 m 大于 D 的所有元素。因此，上面的命题等价于

$$(a \bmod m) - (b \bmod m) = 0$$

因此也等价于

$$a \bmod m = b \bmod m$$

∎

基于这种性质，$aR_m b$ 也可以写为 $a \equiv b \pmod m$。由于 R_m 涉及一种同余关系，因此命题"a 和 b 对于 m 具有相同的模"可以表示为 $a \equiv b \pmod m$。

示例 14.7

$47 \equiv 22 \pmod 5$ 成立，因为 $47 \bmod 5 = 22 \bmod 5 = 2$。因此，47 和 22 模 5 是相同的。

相反，$47 \equiv 22 \pmod 6$ 不成立，因为 $47 \bmod 6 = 5$，而 $22 \bmod 6 = 4$。因此，47 和 22 模 6 是不相同的。

对于 $\mathbb{Z}_m = \{0, 1, 2, \cdots, m-1\}$ 中的每个 k, 等价类

$$[k]_{R_m} = \{a \in \mathbb{Z} \mid a \bmod m = k\}$$

就是在除以 m 后余数都为 k 的所有数的集合。每个集合 $[k]_{R_m}$ 被称为模 m 的余数类。对应的因子集

$$\mathbb{Z}/R_m = \big\{[0]_{R_m}, [1]_{R_m}, [2]_{R_m}, \cdots, [m-1]_{R_m}\big\}$$

就是模 m 的所有余数类的集合。

刚好包含每个模 m 余数类中的一个元素的集合被称为 $\mathbb{Z}/R_m$ 的代表系统。例如, $\mathbb{Z}/R_5 = \{[0], [1], [2], [3], [4]\}$ 具有代表系统 $\{0, 1, 2, 3, 4\}(= \mathbb{Z}_5)$ 和 $\{1, 5, 7, 19, 23\}$。显然, $\mathbb{Z}_m = \{0, 1, 2, \cdots, m-1\}$ 是 $\mathbb{Z}/R_m$ (对于每个 $m \in \mathbb{N}^+$) 的一个代表系统。现在, 在 $\mathbb{Z}_m$ 上可以定义对应整数的加法运算。其中, a 和 b 的和是 $\mathbb{Z}_m$ 中 $[a+b]_{R_m}$ 的代表。

示例 14.8

在 $\mathbb{Z}_5$ 上, 3 和 4 的和是 $\mathbb{Z}_5$ 中余数类 $[3+4]_{R_5}$ 的代表。由 $7R_52$ 可以得到 $[7]_{R_5} = [2]_{R_5}$。由于在 $\mathbb{Z}_5$ 中, 2 是 $[2]_{R_5}$ 的代表, 因此 2 也是 $\mathbb{Z}_5$ 中 $[7]_{R_5}$ 的代表。因此, 3 和 4 在 $\mathbb{Z}_5$ 上的和等于 2。

由于 $(a+b) \bmod m = ((a+b) \bmod m) \bmod m$ 成立, 因此根据引理 14.3 可得余数类等式 $[a+b]_{R_m} = [(a+b) \bmod m]_{R_m}$, 数 $(a+b) \bmod m$ 包含在 $\mathbb{Z}_m$ 中。因此, a 和 b 在 $\mathbb{Z}_m$ 上的和等于 $(a+b) \bmod m$。因而, a 和 b 在 $\mathbb{Z}_m$ 上的乘积被定义为 $(a \cdot b) \bmod m$。

这样一来, 位于因子集上的加法 (以及乘法) 最终可以通过位于整数上的加法 (以及乘法) 和模运算来表达。除了因子集外, 计算只能在 $\mathbb{Z}_m$ 上进行。所有位于 $\mathbb{Z}_m$ 之外的计算结果都被取模 m, 然后被再次回归到 $\mathbb{Z}_m$ 上。这与使用因子集的元素进行计算是完全相同的, 但是更易于表达, 更符合日常的算术思想。这种位于 $\mathbb{Z}_m$ 上的加法和乘法类型被称为模加和模乘。

示例 14.9

(1) 我们在 $\mathbb{Z}_{14}$ 上对 5、8、13 和 7 进行相加, 得到的结果为

$$(5 + 8 + 13 + 7) \bmod 14 = 33 \bmod 14 = 5$$

(2) 位于 $\mathbb{Z}_m$ 上的加法也可以被描述为具有 m 个单位 (= 小时) 的钟表上的一个转动的指针。我们来考虑 $\mathbb{Z}_{11}$ 上的加法 $2+6$, 即将指向 2 的指针进一步转动 6 个单位。之后, 指针指向 8。得到的结果为 $(2+6) \bmod 11 = 8$, 或者另外一种表达形式 $2 + 6 \equiv 8 \pmod{11}$。在图 14.2 中, 使用了图形化的形式描述了这种计算类型。在 $\mathbb{Z}_{11}$ 上进行加法 $7+8$ 的时候, 结果超出了 "零点"。也就是说, 指针开始指向的是 7, 然后前进 8 个单位, 其得到的结果为 4。对应地, 这个结果同样适用于 $(7+8) \bmod 11 = 4$ 和 $7 + 8 \equiv 4 \pmod{11}$。

(3) 现在，我们在 $\mathbb{Z}_{14}$ 上进行 5、4 和 12 的乘法。得到的结果为

$$(5 \cdot 4 \cdot 12) \bmod 14 = 240 \bmod 14 = 2$$

(4) 这里，我们希望将 $\mathbb{Z}_{14}$ 上的乘法再次对应到"时钟模型"上。乘积 $9 \cdot 3$ 可以表达为和 $9 + 9 + 9$。因此，指针首先被设置在位置 0，然后进行 3 次，每次 9 个单位的转动。得到的结果为 $3 \cdot 9 \bmod 14 = 27 \bmod 14 = 13$（参见图 14.2）。

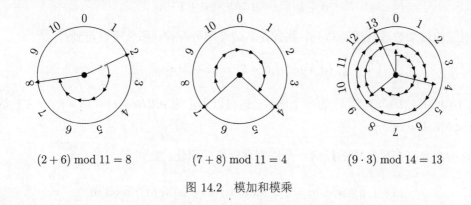

$$(2 + 6) \bmod 11 = 8 \qquad (7 + 8) \bmod 11 = 4 \qquad (9 \cdot 3) \bmod 14 = 13$$

图 14.2 模加和模乘

(5) 我们计算 $\mathbb{Z}_{14}$ 上的 2^{10}，得到的结果为

$$2^{10} \bmod 14 = 1024 \bmod 14 = 2$$

(6) 在 $\mathbb{Z}_3$ 上进行 2^{2+2+1} 计算的时候，可能会首先想到确定位于 $\mathbb{Z}_3$ 上的 $2+2+1$ 指数，然后对 2 进行求幂。由于 $2 + 2 + 1 \bmod 3 = 2$，因此得到的结果为 $2^2 \bmod 3 = 1$。但是，这个结果是错误的！而正确的结果需要通过先求幂才能得到，即

$$2^{2+2+1} \bmod 3 = 2^5 \bmod 3 = 32 \bmod 3 = 2$$

通过这些示例我们还可以看到，在模运算中如何简化幂运算。

14.3 模运算

在模运算中存在一些规则，使得对模加和模乘做运算要比对整数更容易。这是因为：中间结果已经被模减化，却不会影响最终结果。例如：

$$9 \cdot 8 \cdot 10 \bmod 11 = (9 \cdot 8 \bmod 11) \cdot 10 \bmod 11 = 6 \cdot 10 \bmod 11 = 5$$

这里，乘积 $9 \cdot 8 \cdot 10$ 可以首先被简化为 $9 \cdot 8$。也就是说，被 $9 \cdot 8 \bmod 11$ 所代替。现在，我们来考虑完成这种操作需要的条件。就像将算术等式 $x = y$ 通过在等式两边相加相同的部分后转换为 $x + z = y + z$ 那样，也可以对同余 $a \equiv b (\bmod m)$ 通过在两边相加相同的值进行转换。

对于所有的 $a, b, c, d \in \mathbb{Z}$ 和所有的 $m \in \mathbb{N}^+$，下面的引理都适用。

□ **引理 14.4** 由 $a \equiv b \,(\mathrm{mod}\, m)$ 和 $c \equiv d(\mathrm{mod}\, m)$ 可得:

$$a + c \equiv b + d \,(\mathrm{mod}\, m)$$

证明: $a \equiv b \,(\mathrm{mod}\, m)$ 表示为 $m|(a-b)$。因此,存在一个 $k \in \mathbb{Z}$,满足 $a - b = k \cdot m$。相同地,从 $c \equiv d \,(\mathrm{mod}\, m)$ 可以得出满足 $c - d = l \cdot m$ 的 $l \in \mathbb{Z}$ 的存在性。这两个等式相加可得:

$$a - b + c - d = k \cdot m + l \cdot m$$

如果对左边的加数进行重新排列,并且在右边使用分配律,那么可以得到:

$$(a + c) - (b + d) = (k + l) \cdot m$$

因此,$(a + c) - (b + d)$ 是 m 的一个倍数。这可以表示为 $m|((a+c) - (b+d))$,并且满足 $a + c \equiv b + d \,(\mathrm{mod}\, m)$。 ∎

该引理允许在模加中的任何一个位置进行模的简化。公式

$$(x + y) \,\mathrm{mod}\, m = ((x \,\mathrm{mod}\, m) + (y \,\mathrm{mod}\, m)) \,\mathrm{mod}\, m$$

成立,因为 $z \equiv z \,\mathrm{mod}\, m \,(\mathrm{mod}\, m)$ 对于所有的 $z \in \mathbb{Z}$ 都成立。因此,(1234+6789) mod 10 可以如下面等式那样进行计算:

$$
\begin{aligned}
(1234 + 6789) \,\mathrm{mod}\, 10 &= ((1234 \,\mathrm{mod}\, 10) + (6789 \,\mathrm{mod}\, 10)) \,\mathrm{mod}\, 10 \\
&= (4 + 9) \,\mathrm{mod}\, 10 \\
&= 3
\end{aligned}
$$

对应地,公式

$$(x + y) \,\mathrm{mod}\, m = (x + (y \,\mathrm{mod}\, m)) \,\mathrm{mod}\, m$$

和

$$(x + y) \,\mathrm{mod}\, m = ((x \,\mathrm{mod}\, m) + y) \,\mathrm{mod}\, m$$

都成立。

在模运算中,对于乘法也存在着对应的转换规则。

□ **引理 14.5** 由 $a \equiv b \,(\mathrm{mod}\, m)$ 和 $c \equiv d \,(\mathrm{mod}\, m)$ 可得:

$$a \cdot c \equiv b \cdot d \,(\mathrm{mod}\, m)$$

证明: 假设 $r_a = a \,\mathrm{mod}\, m$。由于 $a \equiv b \,(\mathrm{mod}\, m)$,因此 $r_a = b \,\mathrm{mod}\, m$ 成立。根据定理 14.1,存在 $k_a, k_b \in \mathbb{N}$,使得 $a = k_a \cdot m + r_a$ 和 $b = k_b \cdot m + r_a$ 成立。类似地,对于 $r_c = c \,\mathrm{mod}\, m$ 存在自然数 k_c 和 k_d,使得 $c = k_c \cdot m + r_c$ 和 $d = k_d \cdot m + r_c$ 成立。现在可以得出:

$$(a \cdot c) \bmod m$$
$$= ((k_a \cdot m + r_a) \cdot (k_c \cdot m + r_c)) \bmod m$$
$$= (m \cdot (k_a \cdot k_c \cdot m + r_a \cdot k_c + r_c \cdot k_a) + r_a \cdot r_c) \bmod m$$
$$= ((m \cdot (k_a \cdot k_c \cdot m + r_a \cdot k_c + r_c \cdot k_a)) \bmod m + r_a \cdot r_c) \bmod m$$
$$= (r_a \cdot r_c) \bmod m$$

对应地还可以得到:

$$(b \cdot d) \bmod m = (r_a \cdot r_c) \bmod m$$

因此, $(a \cdot c) \bmod m = (b \cdot d) \bmod m$ 成立, 并且满足 $a \cdot c \equiv b \cdot d \pmod{m}$。

这样一来就可以给出以下等式:

$$(x \cdot y) \bmod m = ((x \bmod m) \cdot (y \bmod m)) \bmod m$$

$$(x \cdot y) \bmod m = (x \cdot (y \bmod m)) \bmod m$$

$$(x \cdot y) \bmod m = ((x \bmod m) \cdot y) \bmod m$$

在乘法中, 对模计算的简化要比在加法中的幅度大。例如

$$(1234 \cdot 6789) \bmod 10 = ((1234 \bmod 10) \cdot (6789 \bmod 10)) \bmod 10$$
$$= (4 \cdot 9) \bmod 10$$
$$= 6$$

这里要注意的是: 引理 14.5 中蕴含的反转是不成立的。因此, 由 $c \equiv d \pmod{m}$ 和 $a \cdot c \equiv b \cdot d \pmod{m}$ 也不能得出 $a \equiv b \pmod{m}$。例如, $c \bmod m = d \bmod m = 0$, 那么所有的 a 和 b 都满足等价 $a \cdot c \equiv b \cdot d \pmod{m}$。那么其中的等价 $a \equiv b \pmod{m}$ 会出现除以 0 的情况, 而这种情况在模运算中也是不被允许的。同时, 0 也可以由 c 和 d 的倍数产生。对于 $m = 9$, 可以选择 $c = d = 3$, 以及 $a = 3$ 和 $b = 6$。显然, $c \equiv d \pmod{m}$ 和 $a \cdot c \equiv b \cdot d \pmod{m}$ 成立, 而 $a \equiv b \pmod{m}$ 不成立。要避免除数为 0 的除法, 只能当 c 和 m 是互质的。

□ **引理 14.6** 设 c 和 m 是互质的, 那么由 $a \cdot c \equiv b \cdot c \pmod{m}$ 可以得出 $a \equiv b \pmod{m}$。

证明: 由已知 $a \cdot c \equiv b \cdot c \pmod{m}$ 成立。因此, $m|((a - b) \cdot c)$ 成立。如果 c 和 m 是互质的, 那么可得 $m|(a - b)$, 因此 $a \equiv b \pmod{m}$ 成立。 ∎

□ **引理 14.7** 如果 m 和 $a \cdot b$ 不是互质的, 那么 m 和 a, 或者 m 和 b 也不是互质的。

证明： 假设 t 是 m 和 $a \cdot b$ 的公因数，其中 $t \geqslant 2$。由于 t 是质数的乘积（根据定理 8.7），因此 t 会包含一个质数的因数，该因数被称为质数因数。根据可除性关系的可传递性可得，p 也是 m 和 $a \cdot b$ 的因数。而 $a \cdot b$ 作为质数的乘积当然也包含 p。$a \cdot b$ 的每个质数因数不是 a 的质数因数，就是 b 的质数因数，或者两个都是。因此，p 是 a 的或者 b 的质数因数，从而也是 a 或者 b 的因数。∎

通过等价转换，可以从该引理引申出如下的命题。

□ **推论 14.2** 如果 m 与 a 和 b 是互质的，那么 m 与 $a \cdot b$ 也是互质的。

在模算术中，质数发挥着特殊的作用。质数与 $\mathbb{Z}_p^+ = \{1, 2, \cdots, p-1\}$ 中的每个数都是互质的。这就导致了，对于 $\mathbb{Z}_p$ 中每个 $n \in \mathbb{Z}_p^+$ 都可以被理解为 n 的所有倍数（模 p）的集合。

示例 14.10

我们考虑使用质数 $p = 7$ 和 $n = 4$ 的命题。在所有 4 的倍数进行模 7 的集合中，并不需要考虑 $\geqslant 7$ 的因数，因为它们可以通过简化转换为较小的因数。因此，集合

$$\{(0 \cdot 4) \bmod 7, (1 \cdot 4) \bmod 7, (2 \cdot 4) \bmod 7, \cdots, (6 \cdot 4) \bmod 7\}$$

是所有 4 的倍数进行模 7 的集合。现在，我们通过计算得到集合中的各个元素：

$$\{0, 4, 1, 5, 2, 6, 3\}$$

该集合刚好是集合 $\mathbb{Z}_7$。

对于 $p = 5$ 和 $n = 4$，我们再次使用"钟表模型"来看一看。指针在开始的时候位于 0，然后反复将指针向前移动 3 个单位。当指针再次到达 0 的时候，该指针已经按照 $0, 3, 1, 4, 2, 0$ 的顺序遍历了钟面上的所有数字。这个例子可以参考图 14.3。从图 14.3 中可以看出，这个属性并不适用于所有的 p 和 n。对于 $p = 6$ 和 $n = 4$，指针只能遍历数字序列 $0, 4, 2, 0$。

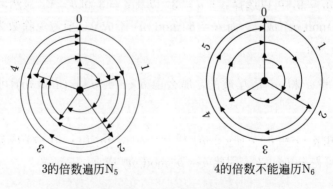

3的倍数遍历N_5　　　4的倍数不能遍历N_6

图 14.3　定理 14.8 的示例

□ **引理 14.8** 对于每个质数 p 和每个 $n \in \mathbb{Z}_p^+$，下面的等式成立：

$$\{i \cdot n \bmod p \mid i \in \mathbb{Z}_p^+\} = \mathbb{Z}_p^+$$

证明： 假设 p 是一个质数，并且 $n \in \mathbb{Z}_p^+$。我们考虑 n 的两个倍数 $a \cdot n$ 和 $b \cdot n$，其中 $a, b \in \mathbb{Z}_p^+$，并且 $a \neq b$。那么，$a \not\equiv b \pmod{p}$ 也成立。由于 $n \in \mathbb{Z}_p^+$，并且 p 是一个质数，因此 n 和 p 是互质的。根据引理 14.6 可得 $a \cdot n \not\equiv b \cdot n \pmod{p}$，因此 $(a \cdot n \bmod p) \neq (b \cdot n \bmod p)$ 成立。

因此，集合 $\{i \cdot n \bmod p \mid i \in \mathbb{Z}_p^+\}$ 的元素是成对不同的。所以，该集合具有 $\sharp(\mathbb{Z}_p^+) = p - 1$ 个元素。显然，该集合是 $\mathbb{Z}_p$ 的一个子集。另外，该集合不包含 0，因为 n 和每个 $i \in \mathbb{Z}_p^+$ 对于 p 都是互质的。因此，$\{i \cdot n \bmod p \mid i \subset \mathbb{Z}_p^+\} = \mathbb{Z}_p^+$ 成立。 ∎

由于 $0 \cdot n \equiv 0 \pmod{p}$，因此该引理可以被直接进行扩展。

□ **推论 14.3** 对于每个质数 p 和每个数 $n \in \mathbb{Z}_p^+$，下面等式成立：

$$\{i \cdot n \bmod p \mid i \in \mathbb{Z}_p\} = \mathbb{Z}_p$$

14.4 最大公因数和欧几里得算法

两个数字之间至少会存在一个公因数，即公因数 1。如果知道了两个数之间最大的公因数，那么就会知道这两个数是否互质。为了找出数字之间的最大公因数，我们可以不必确定两个数之间所有的公因数。在本节中，我们将学习一种可以快速确定最大公因数的方法。这里，我们首先来看看最大公因数的两个简单的性质。

假设 a 和 b 是两个正的自然数。这两个数的最大公因数可以使用 $ggT(a, b)$ 来表示。例如，$ggT(12, 15) = 3$ 和 $ggT(27532216, 23838008) = 4712$。接下来，我们将介绍一种可以快速计算出最大公因数的方法。首先，我们来看如下的引理，该引理构成了这种方法的基础。

□ **引理 14.9** 设 $a, b \in \mathbb{N}^+$。那么下式成立：

$$ggT(a, b) = ggT(a \bmod b, b)$$

证明： 假设 a 和 b 的取值范围是 $\mathbb{N}^+$。那么，存在一个 $k \in \mathbb{N}$，使得 $a \bmod b = a - k \cdot b$ 成立。经过转换可得 $a = (a \bmod b) + k \cdot b$。根据引理 14.2，$a \bmod b$ 和 b 的公因数正好与 $a \bmod b + k \cdot b$ 和 b 的公因数相同。也就是说，$T(a \bmod b) \sqcap T(b) = T(a \bmod b + k \cdot b) \cap T(b)$。因此，这两组的最大公因数也是相同的，即

$$ggT(a \bmod b, b) = ggT(\underbrace{a \bmod b + k \cdot b}_{=a}, b) = ggT(a, b)$$

∎

计算两个数的最大公因数的方法与欧几里得（大约公元前 325— 前 265 年）这名数学家是密不可分的，因此被称为欧几里得算法。欧几里得算法可以通过方程 $ggT_E : \mathbb{N}^+ \times \mathbb{N}^+ \to \mathbb{N}^+$ 的归纳定义来表示：

$$ggT_E(a,b) = \begin{cases} b, & \text{如果 } a \bmod b = 0 \\ ggT_E(b, a \bmod b), & \text{否则 (即如果 } a \bmod b \neq 0) \end{cases}$$

这个方程意味着：函数值 $ggT_E(a,b)$ 的计算取决于 $a \bmod b = 0$ 是否出现。

情况 (1)：出现 $a \bmod b = 0$，那么 $ggT_E(a,b) = b$。

情况 (2)：出现 $a \bmod b \neq 0$，那么 $ggT_E(a,b) = ggT_E(b, a \bmod b)$。

因此，我们可以使用归纳定义进行证明。

示例 14.11

(1) 现在，我们来考虑如何确定 $ggT_E(116, 34)$ 的值。首先，我们必须计算 $116 \bmod 34$，以便确定出现的情况是 (1) 还是 (2)。由于 $116 \bmod 34 = 14$，因此出现了情况 (2)。所以可得：

$$ggT_E(116, 34) = ggT_E(34, 14)$$

现在需要计算 $34 \bmod 14$。由于 $34 \bmod 14 = 6$，因此再次出现了情况 (2)，所以可得：

$$ggT_E(34, 14) = ggT_E(14, 6)$$

由于 $14 \bmod 6 = 2$，所以可得：

$$ggT_E(14, 6) = ggT_E(6, 2)$$

现在，出现了 $6 \bmod 2 = 0$，这是情况 (1)，因此最终可得：

$$ggT_E(6, 2) = 2$$

现在，汇总一下：

$$ggT_E(116, 34) = ggT_E(34, 14) = ggT_E(14, 6) = ggT_E(6, 2) = 2$$

因此，计算得出 $ggT_E(116, 34) = 2$。

由于 $\{1, 2, 17, 34\}$ 是 34 的因数，$\{1, 2, 4, 29, 58, 116\}$ 是 116 的因数，因此 $ggT_E(116, 34)$ 是 116 和 34 的真正的最大公因数。

(2) 现在，我们来考虑 $ggT_E(27532216, 23838008)$ 的计算。

$$ggT_E(27532216, 23838008)$$

$$= ggT_E(23838008, 3694208) = ggT_E(3694208, 1672760)$$

$$= ggT_E(1672760, 348688) = ggT_E(348688, 278008)$$

$$= ggT_E(278008, 70680) = ggT_E(70680, 65968)$$

$$= ggT_E(65968, 4712) = 4712$$

这里，我们就不再能够轻松地验证，上述计算得出的值是否是 27532216 和 23838008 真正的最大公因数。

下面给出的定理指出了，$ggT_E(a, b)$ 始终是 a 和 b 的最大公因数。这就意味着，使用欧几里得算法可以正确地计算出两个数的最大公因数。

■ **定理 14.2** 设 a 和 b 是正的自然数。下式成立：

$$ggT_E(a, b) = ggT(a, b)$$

证明： 这里，我们会借助 b 的大小进行归纳证明。

- 归纳基础：$b = 1$。那么 $ggT(a, b) = b$。由于 $a \bmod 1 = 0$，根据欧几里得算法的定义可得 $ggT_E(a, b) = b$。因此，$ggT_E(a, b) = ggT(a, b)$ 成立。

- 归纳假设：假设 $ggT_E(a, b) = ggT(a, b)$ 对于所有的 $b \leqslant m$ 都成立。

- 归纳总结：我们需要证明 $ggT_E(a, m+1) = ggT(a, m+1)$。为了简化书写，上面的式子可以表示为 $m' = m + 1$。我们将分别考虑 ggT_E 中的两种情况。

情况 (1)：假设 $a \bmod m' = 0$。那么，m' 是 a 的一个因数。由于 m' 是 m' 的最大公因数，因此 $ggT(a, m') = m'$ 成立。根据欧几里得算法的定义可得 $ggT_E(a, m') = m'$。因此，$ggT_E(a, m') = ggT(a, m')$ 成立。

情况 (2)：假设 $a \bmod m' \neq 0$。这里又可以区分为两种情况：

(a) $a < m'$。那么 $a \bmod m' = a$。根据欧几里得算法的定义可得 $ggT_E(a, m') = ggT_E(m', a)$。由于 $a < m'$，因此根据归纳假设可得 $ggT_E(m', a) = ggT(m', a)$。由于 $ggT(x, y) = ggT(y, x)$，因此最终可得 $ggT_E(a, m') = ggT(a, m')$。

(b) $a > m'$。根据欧几里得算法的定义可得：

$$ggT_E(a, m') = ggT_E(m', a \bmod m')$$

由于 $(a \bmod m') < m'$，因此由归纳假设可得：

$$ggT_E(m', a \bmod m') = ggT(m', a \bmod m')$$

这里，参数的顺序对最大公约数来说是无关紧要的。也就是说，$ggT(x,y) = ggT(y,x)$ 对于所有 $x,y \in \mathbb{N}^+$ 都成立。因此可得：

$$ggT(m', a \bmod m') = ggT(a \bmod m', m')$$

根据引理 14.9 可得：

$$ggT(a \bmod m', m') = ggT(a, m')$$

等式的这个序列提供了最后的表达：

$$ggT_E(a, m') = ggT(a, m') \qquad \blacksquare$$

借助欧几里得算法可以很快地确定最大公因数。这里顺便提及一下，在考虑数字大小的时候，对于两个连续的斐波那契（Fibonacci）数使用欧几里得算法的计算是最复杂的。

a 和 b 的最大公因数可以描述为 a 和 b 的倍数之和。例如，$a = 116$ 和 $b = 34$ 的最大公约数是 $ggT(116, 34) = 2$，并且 $2 = (-12) \cdot 116 + 41 \cdot 34$。这种 $ggT(a, b)$ 的表示形式被称为倍数和表示。

■ **定理 14.3** 设 a 和 b 是正的自然数。那么存在具有如下性质的整数 p 和 q：

$$ggT(a, b) = p \cdot a + q \cdot b$$

证明： 假设 a 和 b 是正的自然数。我们对这两个自然数应用上面给出的公式 ggT_E，并且使用归纳证明来计算最大公因数。

- 归纳基础：a 和 b 的最大公因数 $ggT(a, b)$ 可以应用 ggT_E 进行计算。之后可得 $a \bmod b = 0$，并且 $ggT(a, b) = b$。因此，对于 $p = 0$ 和 $q = 1$，$ggT(a, b) = p \cdot a + q \cdot b$ 成立。

- 归纳假设：假设该声明对于数 a 和 b 是成立的，其中 $ggT(a, b)$ 可以通过 ggT_E 的应用进行计算。

- 归纳总结：假设 a 和 b 是可以通过 ggT_E 的应用进行计算的数。因此，$ggT(a, b) = ggT(b, a \bmod b)$ 成立。由于 $ggT(b, a \bmod b)$ 可以通过 ggT_E 的应用来计算，因此根据归纳假设，存在整数 p' 和 q' 满足 $ggT(b, a \bmod b) = p' \cdot b + q' \cdot (a \bmod b)$。通过使用 mod 的定义，我们可以得到：

$$p' \cdot b + q' \cdot (a \bmod b) = p' \cdot b + q' \cdot \left(a - \left\lfloor \frac{a}{b} \right\rfloor \cdot b\right)$$

如果加上 b 的倍数，那么可以得到：

$$p' \cdot b + q' \cdot \left(a - \left\lfloor \frac{a}{b} \right\rfloor \cdot b\right) = q' \cdot a + \left(p' - q' \cdot \left\lfloor \frac{a}{b} \right\rfloor\right) \cdot b$$

使用 $ggT(a, b) = ggT(b, a \bmod b)$，最终可以得到：

$$ggT(a, b) = p \cdot a + q \cdot b$$

其中，$p = q'$ 和 $q = p' - q' \cdot \left\lfloor \dfrac{a}{b} \right\rfloor$。 ∎

对于互质的数，这个定理被称为裴蜀定理（Bézout's lemma），是根据法国数学家艾蒂安·裴蜀（1581—1638）命名的。上面给出的定理证明允许在计算 ggT_E 的时候确定被搜索的值 p 和 q。

示例 14.12

现在，我们要确定 116 和 34 的最大公因数的倍数和表示。为此，我们反过来考虑上面给出的 $ggT_E(116, 34)$ 计算。最后一步的计算是 $ggT_E(6, 2) = 2$。根据归纳基础可得 $ggT_E(6, 2) = p \cdot 6 + q \cdot 2$，其中 $p = 0$ 和 $q = 1$。14 和 6 的最大公约数可以通过 $ggT_E(14, 6) = ggT_E(6, 2)$ 进行计算。由 $ggT_E(6, 2) = 0 \cdot 6 + 1 \cdot 2$ 可得如下的归纳总结，其中 $p' = 0$ 和 $q' = 1$：

$$
\begin{aligned}
ggT_E(14, 6) &= q' \cdot 14 + \left(p' - q' \cdot \left\lfloor \frac{14}{6} \right\rfloor \right) \cdot 6 \\
&= 1 \cdot 14 + (0 - 1 \cdot 2) \cdot 6 \\
&= 1 \cdot 14 - 2 \cdot 6
\end{aligned}
$$

因此可得：

$$ggT_E(34, 14) = -2 \cdot 34 + \left(1 - 2 \cdot \left\lfloor \frac{34}{14} \right\rfloor \right) \cdot 14 = -2 \cdot 34 + 5 \cdot 14$$

最终可得：

$$ggT_E(116, 34) = 5 \cdot 116 + \left(-2 - 5 \cdot \left\lfloor \frac{116}{34} \right\rfloor \right) \cdot 34 = 5 \cdot 116 - 17 \cdot 34$$

14.5 费马小定理

首先，我们来考虑取值整数的情况下，模加和模乘是否可以像加法和乘法那样逆转。也就是说，对于加法和乘法，我们可以将相加的结果通过减法进行逆转，乘法通过除法进行逆转。

现在，我们来考虑整数集上的函数 $f(n) = n + 5$。由于该函数是一个双射函数，因此存在一个反函数 f^{-1}：$f^{-1}(f(n)) = n$。显然，$f^{-1}(z) = z + (-5)$ 成立。因此，整数集上的加法也可以通过相加一个负数进行逆转。现在，如果观察函数 f 的模，例如，在 $\mathbb{Z}_7$ 上

作为 $f(n) = (n+5) \bmod 7$, 那么对应的反函数也可以通过相加一个正数来表示。这是因为 $-5 \equiv 2 \pmod 7$。因此，模 7 减去 5 与加上 2 的效果是相同的。所以，f^{-1} 同样可以通过一个加法来表示: $f^{-1}(z) = (z+2) \bmod 7$。下式成立:

$$
\begin{aligned}
f^{-1}(f(n)) &= (((n+5) \bmod 7) + 2) \bmod 7 \\
&= ((n+5) + 2) \bmod 7 \\
&= (n+7) \bmod 7 \\
&= n
\end{aligned}
$$

函数 $f(n) = (n+a) \bmod m$ 的反函数是 $f^{-1}(z) = (z+b) \bmod m$。其中，$b$ 由 $a+b \equiv 0 \pmod m$ 确定。显然，对于每个 a 和 m 都存在一个这样的 b。

现在，让我们考虑一个模乘函数。例如，$f(n) = (n \cdot 5) \bmod 7$。这里需要考虑的问题是: 函数 f 的反函数是否也可以表示为乘法函数? 为此，必须要找到一个满足 $(n \cdot 5) \cdot b \equiv n \pmod 7$ 的 b。这就意味着，对于 b, $5 \cdot b \equiv 1 \pmod 7$ 必须成立。当 $b = 3$ 时，该等式成立。因此，f 的反函数是 $f^{-1}(z) = (z \cdot 3) \bmod 7$。

这里，3 被称为 5 关于 1 模 7 的乘法逆元，因为 $5 \cdot 3 \equiv 1 \pmod 7$。

▲ **定义 14.2** 设 $a, b \in \mathbb{N}$, 并且 $m \in \mathbb{N}^+$。b 称为 a 关于 n 模 m 的乘法逆元，如果 $n \cdot a \cdot b \equiv n \pmod m$, 对于所有的 $n \in \mathbb{Z}_m$ 成立。

并不是每个模乘函数都具有一个反函数，因为并不是所有对应的函数都是双射的。例如，$g(n) = (n \cdot 6) \bmod 8$ 就没有反函数。这是因为，6 是一个偶数，并且 6 的任意一个倍数模 8 也是一个偶数。因此，不会存在一个 6 的倍数，模 8 后得 1。

从定理 14.3 可以总结出: 如果 $ggT(a, m) = 1$, 那么 a 具有一个关于乘法 $\bmod\, m$ 的逆元。

■ **定理 14.4** 设 a 和 m 是互质的两个自然数。那么，存在一个 $b \in \mathbb{N}$, 使得 $a \cdot b \equiv 1 \pmod m$ 成立。

证明: 已知数 a 和 m 互质，那么可知 $ggT(a, m) = 1$。因此，存在 p 和 q, 使得 $1 = p \cdot a + q \cdot m$ 成立。那么，取模可得:

$$
\begin{aligned}
1 &\equiv p \cdot a + q \cdot m \pmod m \\
&\equiv (p \cdot a) \bmod m + \underbrace{(q \cdot m) \bmod m}_{=0} \pmod m \\
&\equiv p \cdot a \pmod m
\end{aligned}
$$

■

示例 14.13

假设 $a = 9$ 和 $m = 16$。显然，这两个数是互质的，即 $ggT(9, 14) = 1$。根据示例 14.12，我们可以得出 $1 = -3 \cdot 9 + 2 \cdot 14$。由于 $-3 \equiv 11 \ (\mathrm{mod} \ 14)$，因此根据定理 14.4 的证明可以得到：$1 \equiv 11 \cdot 9 \ (\mathrm{mod} \ 14)$。

因此，9 关于 1 模 14 的乘法逆元为 11。因此，函数 $f(n) = (n \cdot 9) \ \mathrm{mod} \ 14$ 的反函数是 $f^{-1}(z) = (z \cdot 11) \ \mathrm{mod} \ 14$。

如果 m 是一个质数，那么每个 $a \in \mathbb{Z}_m^+$ 都具有一个关于 1 模 m 的乘法逆元。因此，每个函数 $f(n) = (n \cdot a) \ \mathrm{mod} \ m$ 都具有一个反函数。

现在，我们来考虑相对较难的算术运算：幂（指数）运算。我们来看函数 $f(n) = (n^5) \ \mathrm{mod} \ 7$。那么，该函数是否具有一个反函数呢？反函数是否也可以通过幂的形式来表示呢？

▲ **定义 14.3** 设 a、b 和 m 是整数。b 称为 a 关于模 m 的幂逆元，如果 $\left(n^a\right)^b \equiv n \ (\mathrm{mod} \ m)$ 对于所有的 $n \in \mathbb{Z}_m$ 成立。

示例 14.14

(1) 假设 $a = 7$ 和 $m = 11$。那么，$b = 3$ 是 7 关于模 11 的幂逆元。

图 14.4 显示了如何计算 n^7 和 $\left(n^7\right)^3$。在图中还可以看出 $\{n^7 \ \mathrm{mod} \ 11 \mid n \in \mathbb{Z}_{11}\} = \mathbb{Z}_{11}$。这意味着，$n^7 \ \mathrm{mod} \ 11$ 是一个单射函数。

n	0	1	2	3	4	5	6	7	8	9	10
n^7	0	1	128	2187	16384	78125	279936	823543	2097152	4782969	10000000
$n^7 \ \mathrm{mod} \ 11$	0	1	7	9	5	3	8	6	2	4	10
$\left(n^7\right)^3$	0	1	8	27	64	125	216	343	512	729	1000
$\left(n^7\right)^3 \ \mathrm{mod} \ 11$	0	1	2	3	4	5	6	7	8	9	10

图 14.4 函数 $f(n)$ 以其反函数 $f^{-1}(z)$

(2) 对于 $a = 6$，不存在一个关于模 11 的幂逆元，因为函数 $f(n) = n^6 \ \mathrm{mod} \ 11$ 不是单射的。例如，$f(5) = f(6) = 5$。

下面给出的幂运算性质是由 Pierre de Fermat（1607—1665）发现的，因此被称为费马小定理。该定理是确定具有反函数的幂函数的基础。

■ **定理 14.5** 对于每个质数 p 和每个数 $n \in \mathbb{Z}_p^+$，如下等式都成立：

$$n^{p-1} \equiv 1 \ (\mathrm{mod} \ p)$$

证明: 首先,我们来看下面的乘积: $n \cdot (2 \cdot n) \cdot (3 \cdot n) \cdot \cdots \cdot ((p-1) \cdot n)$,其所有的元素都来自 $\{i \cdot n \bmod p \mid i \in \mathbb{Z}_p^+\}$。根据引理 14.8 可得:

$$\underbrace{n \cdot (2 \cdot n) \cdot (3 \cdot n) \cdot \cdots \cdot ((p-1) \cdot n)}_{\{i \cdot n \bmod p \mid i \in \mathbb{Z}_p^+\}内所有元素的乘积} \equiv \underbrace{1 \cdot 2 \cdot 3 \cdot \cdots \cdot (p-1)}_{\mathbb{Z}_p^+ 内所有元素的乘积} (\bmod p)$$

通过对等式的左边进行转换可得:

$$1 \cdot 2 \cdot 3 \cdot \cdots \cdot (p-1) \cdot n^{p-1} \equiv 1 \cdot 2 \cdot 3 \cdot \cdots \cdot (p-1) (\bmod p)$$

由于 p 与 $\mathbb{Z}_p^+$ 中的所有元素都是互质的,因此 p 与 $\mathbb{Z}_p^+$ 中所有元素的乘积 $1 \cdot 2 \cdot 3 \cdot \cdots \cdot (p-1)$ 也是互质的。根据引理 14.6,可以将等式两边同时移除该乘积,然后就可以得到:

$$n^{p-1} \equiv 1 \pmod p$$

∎

通过对等式两边都乘以 n 的运算可以得出下面的等式,该等式显然对于 $n = 0$ 也成立。

□ 推论 14.4 对于每个质数 p 和每个 $n \in \mathbb{Z}_p$ 的数,$n^p \equiv n \pmod p$ 成立。

由于 $n = n^1$,因此 p 和 1 在幂中具有相同的含义。因此,$p \equiv 1 \pmod{p-1}$ 成立。实际上,上面的推论可以概括为如下的命题:如果计算一个质数 p 的模,那么可以在幂中计算模 $p-1$。

□ 推论 14.5 对于每个质数 p,每个 $n \in \mathbb{Z}_p$ 和 $m \in \mathbb{N}$ 的数,$n^m \equiv n^{m \bmod (p-1)} \pmod p$ 成立。

证明: 假设 p 是一个质数,并且 $n \in \mathbb{Z}_p^+$。假设 m 是一个任意的自然数,那么,存在一个自然数 k,满足 $m = k \cdot (p-1) + (m \bmod (p-1))$。因此,根据定理 14.5 可得:

$$\begin{aligned} n^m &= n^{k \cdot (p-1)+(m \bmod p-1)} \\ &= \underbrace{n^{p-1} \cdot \cdots \cdot n^{p-1}}_{k\text{-mal}} \cdot n^{m \bmod (p-1)} \\ &\equiv n^{m \bmod (p-1)} (\bmod p) \end{aligned}$$

∎

对于函数 $f(n) = n^a \bmod p$,可以使用如下的条件来寻找其对应的反函数:① p 必须是一个质数;② a 和 $p-1$ 必须是互质的。我们通过第二个条件可以得出:存在一个 a 关于模 $p-1$ 的乘法逆元。假设 b 是这个逆元。那么 $a \cdot b \equiv 1 \pmod{p-1}$ 成立。因此可得:

$$
\begin{aligned}
\left(n^{a}\right)^{b} &= n^{a \cdot b} \\
&\equiv n^{a \cdot b \bmod (p-1)} \pmod{p} \\
&\equiv n \pmod{p}
\end{aligned}
$$

其中，对于所有 $n \in \mathbb{Z}_p$ 都成立。

示例 14.15

在示例 14.14(1) 中，$a = 7$，并且 $p = 11$。因此，p 是一个质数，并且 a 与 $p - 1 = 10$ 是互质的。现在，我们可以确定 a 关于模 $p - 1$ 的乘法逆元。由于 $1 = 3 \cdot 7 - 2 \cdot 10$，因此 $3 \cdot 7 \equiv 1 \pmod{10}$ 成立。因此，3 是 7 关于模 10 的乘法逆元。所以可得：

$$
\left(n^{7}\right)^{3} \equiv n \pmod{11}
$$

其中，对于所有的 $n \in \mathbb{Z}_{11}$ 成立。

我们可以将这些因素总结在如下的推论中。

□ **推论 14.6** 设 p 是一个质数，并且 a 与 $p - 1$ 是互质的。那么，存在一个自然数 b，使得对于所有的 $n \in \mathbb{Z}_p$，下式都成立：

$$
\left(n^{a}\right)^{b} \equiv n \pmod{p}
$$

14.6 使用费马小定理的加密

一位发送者（这里通常称为Alice）想要将信息通过数据线发送到一位接收者（这里通常称为Bob）。在下面给出的示例中，Alice 将信息 "ICH SCHWÄNZE DIE VOR-LESUNG"（我逃课了）发送给了 Bob。由于这条信息是 Alice 通过数据线以明文的形式进行发送的，因此在消息的传输过程中，存在任何人都可以看到该信息并且获取其真实内容的潜在风险。

但是，如果 Alice 和 Bob 将他们之间的信息进行了加密，那么这种信息就只能发送双方才可以理解。为此，两个人之间达成了协议，将根据如下的加密表格来交换消息的字母。该表格中包含了字母表中的所有字母和空格所对应的密码，这些密码也是字母或者空格。

字母	A	B	C	D	E	F	G	H	I	J	K	L	M	N	O	P	Q	R	S	T	U	V	W	X	Y	Z	Ä
密码	D	Z	W	X	Q	A	Ä	K	U	I	V	C	B	Y	F	H	G	E	P	R	S	J	M	N	L		T	O

现在，Alice 就可以在发送信息之前，将明文中的每个字母使用密码表格中对应的密码来替代。也就是说，明文

ICH SCHWÄNZE DIE VORLESUNG

被加密后变为

UWKOPWKMTY QOXIQOJFECQPSYÄ

之后，这条被加密的信息传递给了 Bob。

Bob 将接收到的信息进行解密，即将加密信息中每个密码使用密码表格中对应的原始字母进行替代。

这种加密的基本类型被称为分组密码（Block Cipher）。也就是说，将需要加密的数据（明文）划分成固定长度的分组（例如字母和空格），然后按照分组进行加密。这种方法的优点在于，可以对任意长度的文本进行加密。分组的固定长度可以被任意选择。在上面的示例中，我们也可以使用由两个字母组成的分组的加密表格来替换由一个字母组成的分组进行加密。

在计算机中，字母表中的任意一个字符都是由 0 和 1 的序列（位和字节）来表示的。这些序列可以被解释为数字。那么，加密表格只能被描述为一个具有相同定义域和值域的双射函数。这种加密表格可以用于加密 28 个不同的字符，从而可以产生一个函数 f。其中，定义域和值域都为 $\mathbb{Z}_{28} = \{0, 1, 2, \cdots, 27\}$。

n	0	1	2	3	4	5	6	7	8	9	10	11	12	13	14	15	16	17	18	19	20	21	22	23	24	25	26	27
$f(n)$	3	25	22	23	16	0	26	10	20	8	21	2	1	24	5	7	6	4	15	17	18	9	12	13	11	27	19	14

因此，每条消息就会依次对应一个数字 $n_1, \cdots, n_k$ 的序列。这样一来，Alice 如果想要向 Bob 发送一条被加密的消息，那么 Alice 必须具有一个加密方程。而对应地，Bob 必须具有该加密方程的逆方程，即解密方程。这种加密方程的选择需要满足如下的条件：

(1) 未经授权的用户不能解密被加密的消息，满足这样条件的加密方程被称为是安全的。

(2) 加密方程和对应的解密方程必须可以被快速计算。

(3) 找到加密方程和对应的解密方程应该不难。

最终，加密和解密会通过$\mathbb{Z}_k = \{0, 1, 2, 3, \cdots, k-1\}$上的双射函数来表示。用数学的形式来描述加密是具有优势的，即可以仔细检查安全性，以及快速地确定可计算性等。这里需要注意的是，许多现代的加密技术所基于的数学理论都是几个世纪前就已经存在的。换句话说，这些理论出现的时候还没有想到可以被应用在计算机的加密技术上。这些基本理论包括诸如前面已经提及的来自古希腊的欧几里得（约公元前 300 年）理论，或者来自中国的理论（约 300 年），以及基于来自欧洲的费马（约 1650 年）和欧拉（约 1750 年）的那些理论。

对定义域和值域都为 $\mathbb{Z}_k$ 的双射函数进行模块化有助于构造加密函数。但是，加法和乘法的函数并不是一个好的选择，因为即使不知道加密和解密的函数，也可以通过统计分析轻松地对被加密了的消息进行解密。相反，通过模幂可以获得相对更加安全的加密函数。

可以构造一个求幂的加密函数对应的推论 14.6。该推论基于的是费马小定理（定理 14.5）。具体构造过程如下：

(1) 选择一个质数 $p > 2$ 和一个与数 $p-1$ 互为质数的数 $a \in \mathbb{Z}_p^+$。那么，加密函数就是函数 $v: \mathbb{Z}_p \to \mathbb{Z}_p$，并且满足：

$$v(n) = n^a \bmod p$$

(2) 由于 a 和 $p-1$ 是互质的，因此根据推论 14.6 存在一个数 b，满足 $(n^a)^b \equiv n \pmod{p}$。现在，$b$ 是解密函数 $e: \mathbb{Z}_p \to \mathbb{Z}_p$ 的指数，并且满足：

$$e(n) = n^b \bmod p$$

现在，对于所有 $n \in \mathbb{Z}_p$ 都满足：

$$e(v(n)) = (n^a \bmod p)^b \bmod p$$
$$= (n^a)^b \bmod p$$
$$= n \bmod p$$

为了实现 Alice 和 Bob 可以发送加密了的消息，Bob 可以选择上面示例给出的那些具有特定性质的数 p、a 和 b。现在，Bob 告诉 Alice 两个值：p 和 a。然后，Alice 使用加密函数 $v(x) = x^a \bmod p$ 对要发送给 Bob 的消息进行加密。Bob 使用解密函数 $e(y) = y^b \bmod p$ 解密 Alice 发送过来的消息。当质数 p 比较小的时候，可以在不知道加密函数的时候借助计算机来解密这种加密函数。迄今为止，还没有一种快速的通用计算方法，在 a 和 p（或者 b 和 p）未知的情况下，解密 Alice 加密过的消息。

示例 14.16

加密和解密函数的确定：假设需要传输一列数字序列 $\{0, 1, 2, \cdots, 31\}$。为了加密这些数字，必须选择一个质数 $\geqslant 32$。这里，我们选择数字 $p = 47$。那么，$p - 1 = 46$，并且 $a = 15$ 与 $p - 1$ 是互质的。因此，我们可得加密方程

$$v(n) = n^{15} \bmod 47$$

为了确定对应的解密函数，我们必须确定 15 关于乘法（$\bmod 46$）的倒数。使用欧几里得算法我们可得 $b = 43$。因此，我们得出解密函数为

$$e(n) = n^{43} \bmod 47$$

现在，我们来加密数字 27，即来计算 $v(27) = 27^{15} \bmod 47$。为了避免进行 15 次乘法，我们可以使用一个小技巧，即快速求幂。例如，

$$3^8 = 3^{2 \cdot 4} = \left(3^2\right)^4 = \left(\left(3^2\right)^2\right)^2$$

为了避免 8 次 3 的相乘，我们可以通过 3 个平方来代替。在模运算中，可以分别计算各个平方。例如，$3^8 \bmod 11$ 的计算可以如下：

$$3^8 \bmod 11 = \left(\left(3^2\right)^2\right)^2 \bmod 11 = \left(9^2\right)^2 \bmod 11 = 4^2 \bmod 11 = 5$$

如果指数是 2 的幂，那么只能使用平方来表示。通常，对于任意的指数，可以将幂表示为二元项（参见定义 8.4 和定理 8.12）。例如，10 作为二项式表示如下：

$$10 = 2 \cdot (2 \cdot (2 \cdot (2 \cdot 0 + 1) + 0) + 1) + 0$$

因此，可得：

$$
\begin{aligned}
n^{10} &= n^{2 \cdot (2 \cdot (2 \cdot (2 \cdot 0+1)+0)+1)+0} \\
&= \left(n^2\right)^{2 \cdot (2 \cdot (2 \cdot 0+1)+0)+1} \\
&= \left(n^2\right)^{2 \cdot (2 \cdot (2 \cdot 0+1)+0)} \cdot n^2 \\
&= \left(\left(n^2\right)^2\right)^{2 \cdot (2 \cdot 0+1)} \cdot n^2 \\
&= \left(\left(\left(n^2\right)^2\right)^2\right)^{(2 \cdot 0+1)} \cdot n^2 \\
&= \left(\left(n^2\right)^2\right)^2 \cdot n^2
\end{aligned}
$$

幂乘方的这种表示形式可以从数字的二进制表示中很快获得。例如，10 的二进制表示形式为 $b_3 b_2 b_1 b_0 = 1010$。在这种二进制表示形式中，每个 1 提供给了一个因子。彼此

嵌套的平方数取决于 1 在二进制表示形式中的位置。这里，通过 $b_3 = 1$ 可以得出被嵌套的平方数因子为 3。即

$$\left(\left(n^2\right)^2\right)^2$$

通过 $b_1 = 1$ 可以得出每个平方的因子为

$$n^2$$

这样，我们就可以得出用于表示 n^{10} 的所有因子。

示例 14.17

(1)　计算 $v(27) = 27^{15} \bmod 47$。15 的二进制表示形式为

$$b_3 b_2 b_1 b_0 = 1111$$

这样就可以得到：

$$n^{15} = \underbrace{\left(\left(n^2\right)^2\right)^2}_{b_3=1} \cdot \underbrace{\left(n^2\right)^2}_{b_2=1} \cdot \underbrace{n^2}_{b_1=1} \cdot \underbrace{n}_{b_0=1}$$

这个表达式包含了平方 n^2 和其平方 $(n^2)^2$。为了尽快地计算出结果，最好按照从右向左的顺序进行计算。这样，每次只需要计算一个平方，然后在随后出现的项中直接使用即可。

$$
\begin{aligned}
27^{15} \bmod 47 &= \left(\left(27^2\right)^2\right)^2 \cdot \left(27^2\right)^2 \cdot 27^2 \cdot 27 \quad \bmod 47 \\
&= \left(24^2\right)^2 \cdot 24^2 \cdot 24 \cdot 27 \quad \bmod 47 \\
&= 12^2 \cdot 12 \cdot 24 \cdot 27 \quad \bmod 47 \\
&= 3 \cdot 12 \cdot 24 \cdot 27 \quad \bmod 47 \\
&= 3 \cdot 12 \cdot 37 \quad \bmod 47 \\
&= 3 \cdot 21 \quad \bmod 47 \\
&= 16
\end{aligned}
$$

因此，$v(27) = 16$。

(2)　计算 $e(16) = 16^{43} \bmod 47$。现在，我们需要将 16 再次解密。对应的解密函数为 $e(n) = n^{43} \bmod 47$。43 的二进制表示形式为

$$b_5 b_4 b_3 b_2 b_1 b_0 = 101011$$

从中可以得出如下的表达式来计算 n^{43}:

$$n^{43} = \underbrace{\left(\left(\left(\left(n^2\right)^2\right)^2\right)^2\right)^2}_{b_5=1} \cdot \underbrace{\left(\left(n^2\right)^2\right)^2}_{b_3=1} \cdot \underbrace{n^2}_{b_1=1} \cdot \underbrace{n}_{b_0=1}$$

通过这种方法，我们现在就可以计算 $e(16) = 16^{43} \bmod 47$。

$$
\begin{aligned}
16^{43} \bmod 47 &= \left(\left(\left(\left(16^2\right)^2\right)^2\right)^2\right)^2 \cdot \left(\left(16^2\right)^2\right)^2 \cdot 16^2 \cdot 16 \quad \bmod 47 \\
&= \left(\left(\left(21^2\right)^2\right)^2\right)^2 \cdot \left(21^2\right)^2 \cdot 21 \cdot 16 \quad \bmod 47 \\
&= \left(\left(18^2\right)^2\right)^2 \cdot 18^2 \cdot 21 \cdot 16 \quad \bmod 47 \\
&= \left(42^2\right)^2 \cdot 42 \cdot 21 \cdot 16 \quad \bmod 47 \\
&= 25^2 \cdot 42 \cdot 21 \cdot 16 \quad \bmod 47 \\
&= 14 \cdot 42 \cdot 21 \cdot 16 \quad \bmod 47 \\
&= 14 \cdot 42 \cdot 7 \quad \bmod 47 \\
&= 14 \cdot 12 \quad \bmod 47 \\
&= 27
\end{aligned}
$$

因此，当 Alice 想要发送消息

$$27, 28, 29, 30, 25, 18$$

给 Bob 的时候，Alice 可以将加密函数 v 应用在消息中的每个数字上，然后将加密后的序列

$$16, 8, 10, 35, 36, 37$$

发送给 Bob。随后，Bob 将解密函数 e 应用在接收到的每个数字上。这样，就可以得到 Alice 发送的消息的实际内容了。

14.7 RSA 加密算法

这种加密类型的实际问题在于对加密函数的传递。在我们的示例中，Bob 设置了参数 p、a 和 b，并且将加密参数，即 p 和 a 发送给 Alice。这里，必须假定 Alice 和 Bob 之间的通信是被窃听的（否则加密就是多余的）。这样一来，Bob 必须选择另外一个可以防

窃听的通道，以便可以将加密参数安全地传递给 Alice。这是因为，如果加密函数的参数 a 和 p 被其他人获得，那么解密函数，即对应的参数 b 和 p，也就很容易地被确定。

上述流程的一个非常著名的扩展是公开密钥加密。该方法实现了更加安全的加密，即加密函数是公开可知的。公开密钥加密法替换了使用一个质数进行的模运算，而是采用了两个质数的乘积。如果两个质数已知，那么确定解密函数就很容易。但是，如果只是两个质数的乘积已知，那么直到今天都没有一种可行的方法可以快速确定对应的解密函数。从数学理论上来说，该方法基于的是费马小定理的一种扩展，这已经由莱昂哈德·欧拉（1707—1783）证明了。

■ **定理 14.6** 设 p 和 q 是两个质数，a 是一个与 $(p-1) \cdot (q-1)$ 互质的数。那么，存在一个数 b，满足 $a \cdot b \equiv 1 \pmod{(p-1) \cdot (q-1)}$。因此，对于所有的 $n \in \mathbb{Z}_{p \cdot q}$ 适用于

$$\left(n^a\right)^b \equiv n \pmod{p \cdot q}$$

在该定理的基础上，Ron Rivest、Adi Shamir 和 Leonard Adleman 在 1977 年提出了 RSA 加密算法。该算法堪称计算机学的巨大成果之一。提出该算法的三位科学家也在 2002 年获得了图灵奖，而该奖被认为是计算机科学奖项中的诺贝尔奖。

RSA 加密算法的具体流程如下：

(1) Bob 选择两个质数 p 和 q，计算 $m = p \cdot q$，以及 $k = (p-1) \cdot (q-1)$，并且选择一个与 a 互为质数的数 k。最后，Bob 使用 $a \cdot b \equiv 1 \pmod{(p-1) \cdot (q-1)}$ 计算得出一个数 b。

(2) Bob 将 m 和 a 发送给 Alice。

(3) Alice 使用加密函数 $v(n) = n^a \bmod m$ 加密需要发送给 Bob 的消息。

(4) Bob 使用解密函数 $e(n) = n^b \bmod m$ 来解密 Alice 发送来的被加密的消息。

这里，Bob 可以将加密函数，即参数 m 和 a，放心地发送给 Alice，而不必担心传输信道是否被窃听。迄今为止，还没有一种快速方法可以从 m 和 a 中快速计算得出解密函数所需的参数 b。

示例 14.18

Alice 和 Bob 想要将消息以来自 $\{0, 1, 2, \cdots, 127\}$ 中数的序列的形式进行发送。Bob 来确定加密和解密的函数。因此，Bob 必须选择两个质数 p 和 q，并且满足 $p \cdot q \geqslant 128$。Bob 选择了 $p = 37$ 和 $q = 5$。这样，Bob 就可以计算得到 $m = p \cdot q = 185$ 和 $k = (p-1) \cdot (q-1) = 144$。数字 $a = 65$ 与 144 是互质的。65 与 mod 144 的乘法的倒数是 113。

因此，加密函数为

$$v(n) = n^{65} \bmod 185$$

解密函数为

$$e(n) = n^{113} \bmod 185$$

Bob 将参数 $a = 65$ 和 $m = 185$ 发送给 Alice。这样，Alice 就可以将需要发送给 Bob 的消息进行加密了。

上述示例说明了，如今还没有一种快速的通用方法可以在不知道 a、p 和 q 的情况下，解密由 Alice 加密的消息。随着计算机计算性能的提升，用于实际安全加密的质数也越来越大。如今，使用的质数通常在 200 位左右。而查找此类质数，并且确定加密和解密函数的其他参数却非常快。

RSA 加密算法的特别之处（公钥的性质）在于：Bob 可以在一本"电话簿"中公开自己的加密函数，这样任何人都可以使用该加密函数来加密发送给 Bob 的消息。由于 Bob 知道解密函数，并且没人可以推导出该解密函数，因此 Bob 就成为了唯一可以解密这些被加密的消息的人。

14.8 参考资料

布尔代数：

G. Birkhoff, T.C. Bartee.
   Angewandte Algebra.
   R.Oldenbourg Verlag, 1973.

F.M. Brown.
   Boolean reasoning.
   Kluwer Academic Publishers, 1990.

Ch. Meinel, Th. Theobald.
   Algorithmen und Datenstrukturen im VLSI-Design.
   Springer-Verlag, 1998.

E. Mendelson.
   Boole'sche Algebra und logische Schaltungen.
   McGraw-Hill, 1982.

图论：

B. Bollobás.
   Extremal graph theory.
   Academic Press, 1978.

N. Christofides. *Graph theory: an algorithmic approach.*
　　Academic Press, 1975.

F. Harary.
　　Graph theory.
　　Addison-Wesley, 1969.

S.O. Krumke, H. Noltemeier.
　　Graphentheoretische Konzepte und Algorithmen.
　　Teubner Verlag, 2005.

D.B. West.
　　Introduction to graph theory.
　　Prentice Hall, 1996.

数理逻辑:

D. Gries, F.B. Schneider.
　　A logical approach to discrete math.
　　Springer-Verlag, 1993.

M. Fitting.
　　First-order logic and automated theorem proving.
　　Springer-Verlag, 1996.

E. Mendelson.
　　Introduction to mathematical logic.
　　Wadsworth, 1987.

A. Nerode, R.A. Shore.
　　Logic for applications.
　　Springer-Verlag, 1993.

U. Schöning.
　　Logik für Informatiker.
　　Spektrum Akademischer Verlag; Bibliographisches Institut, 5. Auflage, 2000.

模算术:

A. Bartholomé, J. Rung, H. Kern.
　　Zahlentheorie f ür Einsteiger.
　　Vieweg, 1995.

J. Ziegenbalg.

Elementare Zahlentheorie.

Verlag Harri Deutsch, 2002.

K.H. Rosen.

Elementary number theory and its applications.

Addison-Wesley, 1993.

P. Bundschuh.

Einführung in die Zahlentheorie.

Springer-Verlag, 2002.